Elektrischer Strom und Oberflächenladungen

was Wilhelm Weber schon vor mehr als 150 Jahren wußte

André Koch Torres Assis

Julio Akashi Hernandes

Aus dem Englischen von Hermann Härtel

Apeiron
Montreal

Veröffentlicht von C. Roy Keys Inc.
4405, rue St-Dominique
Montreal, Quebec H2W 2B2 Canada
http://redshift.vif.com

Erste veröffentlichung 2013

Library and Archives Canada Cataloguing in Publication

Assis, André Koch Torres, 1962-
[Electric force of a current. German]
Elektrischer Strom und Oberflächenladungen : was Wilhelm Weber schon vor mehr als 150 Jahre wusste / Andre Koch Torres Assis, Julio Akashi Hernandes ; [Übersetzung von Hermann Härtel].

Translation of: The electric force of a current.
Includes bibliographical references.
ISBN 978-0-9920456-0-9 (pbk.)

1. Electric circuits. 2. Electric conductors. 3. Electrostatics. 4. Electromagnetism. 5. Electric currents. 6. Weber, Wilhelm Eduard, 1804-1891. I. Hernandes, Julio Akashi, 1977-, author II. Härtel, Hermann, 1936-, translator III. Title. IV. Title: Electric force of a current. German.

QC610.4.A4715 2013 537'.2 C2013-904940-1

Vorderer Buchdeckel:

Ein Gleichstrom I fließt in einem ohmschen Leiter, der an den Ausgängen einer Batterie mit der Spannung V angeschlossen ist. Auf der linken Seite ist in qualitativer Form die Verteilung von Ladungsträger längs der Oberfläche des Leitungsdrahtes dargestellt. Die rechte Seite zeigt das innere und äußere elektrische Feld, das durch diese Verteilung von Oberflächenladungen bewirkt wird.

Elektrischer Strom und Oberflächenladungen: Was Wilhelm Weber schon vor mehr als 150 Jahren wußte

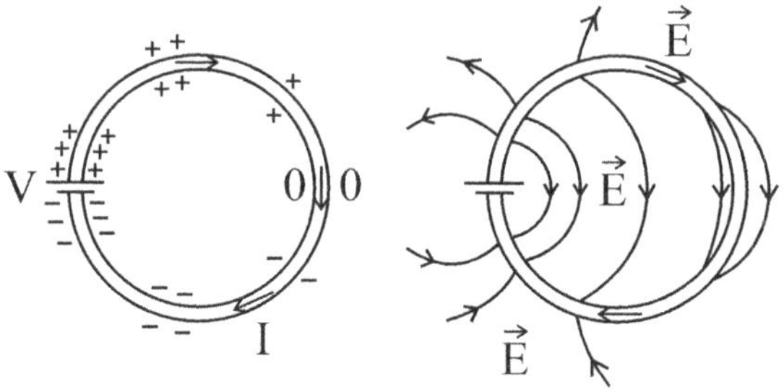

Andre Koch Torres Assis[1] und Julio Akashi Hernandes[2]

Aus dem Englischen von Hermann Härtel

1 - Institute of Physics
University of Campinas—UNICAMP
13083-859 Campinas - SP, Brazil
E-mail: assis@ifi.unicamp.br
Homepage: http://www.ifi.unicamp.br/~assis

2 - Physics Department, Institute of Exact Sciences
Federal University of Juiz de Fora—UFJF
36036-330 Juiz de Fora - MG, Brazil
E-mail: jahernandes@gmail.com

Inhaltsverzeichnis

Danksagung iii

Vorwort v

I Einführung 1

1 Zentrale Fragen und unzutreffende Antworten 7
- 1.1 Einfache Fragen . . . 7
- 1.2 Ladungsneutralität des Widerstandsdrahtes . . . 9
- 1.3 Magnetismus als relativistischer Effekt . . . 15
- 1.4 Webers Electrodynamik . . . 17
- 1.5 Elektrisches Feld a) auf Grund von elektrostatischer Induktion; b) proportional zur Spannung der Batterie; und c) 2. Ordnung . 25

2 Gründe für die Existenz eines externen elektrischen Feldes 29
- 2.1 Gekrümmte Leiter . . . 29
- 2.2 Kontinuität der tangentialen Komponente des elektrischen Feldes 32

3 Experimente 35
- 3.1 Elektrisches Feld auf Grund von elektrostatischer Induktion . . . 35
- 3.2 Elektrisches Feld proportional zur Spannung der Batterie 36
- 3.3 Elektrisches Feld 2. Ordnung . . . 50

4 Wechselwirkung auf Grund elektrostatischer Induktion 53
- 4.1 Einführung . . . 53
  - 4.1.1 Punktladung und unendlich groß[illegible]äche . . . 53
  - 4.1.2 Punktladung und Kugelschale . . . 54
- 4.2 Punktladung und zylinderförmiges Rohr . . . 55
- 4.3 Endliches leitendes zylindrisches Rohr mit interner Punktladung. Lösung der Poissonschen Gleichung . . . 55
  - 4.3.1 Zylindrisches Rohr auf Potential Null . . . 58
- 4.4 Unendlich langes zylindrisches Rohr mit interner Punktladung . 58
  - 4.4.1 Zylindrisches Rohr auf Potential Null . . . 59

4.5 Leitendes zylindrisches Rohr unendlicher Länge mit externer Punktladung . . . 61
4.5.1 Zylindrisches Rohr auf Potential Null . . . 62
4.5.2 Dünnes zylindrisches Rohr auf Nullpotential . . . 65
4.5.3 Unendlich langes zylindrisches Rohr auf Nullpotential . . 67
4.6 Diskussion . . . 71

5 Wichtige Themen **75**
5.1 Eigenschaften des elektrostatischen Feldes . . . 75
5.2 Das elektrische Feld an verschiedenen Punkten des Leiterquerschnitts . . . 76
5.3 Elektromotorische Kraft versus Potentialdifferenz . . . 77
5.4 Russellsches Theorem . . . 79

II Geradlinige Leiter **81**

6 Ein langer geradliniger Draht mit kreisförmigem Querschnitt **85**
6.1 Konfiguration des Problems . . . 85
6.2 Kraftwirkung auf den Leiter proportional zur Potentialdifferenz. 87
6.3 Kraft proportional zum Quadrat der Stromstärke . . . 92
6.4 Radialer Halleffect . . . 94
6.5 Diskussion . . . 97
6.6 Zusammenfassung . . . 102

7 Koaxialkabel **105**
7.1 Einführung . . . 105
7.2 Potentiale und Felder . . . 106
7.3 Der symmetrische Fall . . . 109
7.4 Der unsymmetrische Fall . . . 111
7.5 Diskussion . . . 112

8 Tansportleitung **115**
8.1 Einleitung . . . 115
8.2 Zweiadrige Transportleitung . . . 115
8.3 Diskussion . . . 120

9 Widerstandsplatten **125**
9.1 Einführung . . . 125
9.2 Eine einzelne Platte . . . 125
9.3 Zwei parallele Platten . . . 128
9.4 Vier parallele Platten . . . 128
9.4.1 Entgegengesetzte Potentiale . . . 129
9.4.2 Perfekt leitende Platten . . . 130

10 Streifenförmige ohmsche Leiter 133
10.1 Das Problem . . . 133
10.2 Die Lösung . . . 134
10.3 Diskussion . . . 134
10.4 Vergleich mit den experimentellen Resultaten . . . 135

III Gekrümmte Leiter 139

11 Ohmsche zylinderförmige Schale mit azimutalem Strom 143
11.1 Konfiguration des Problems . . . 143
11.2 Potential und elektrisches Feld . . . 144
11.3 Dichte der Oberflächenladungen . . . 145
11.4 Zusammengesetzte Widerstände . . . 146

12 Ohmsche Kugelschale mit einem azimutalen Strom 149
12.1 Einführung . . . 149
12.2 Beschreibung des Problems . . . 149
12.3 Allgemeine Lösung . . . 151
12.4 Zusammenfassung . . . 152

13 Ohmscher ringförmiger Leiter mit azimutalem Strom 155
13.1 Einführung . . . 155
13.2 Beschreibung des Problems . . . 156
13.3 Lösung für einen konstanten azimutal ausgerichteten Strom . . . 157
13.4 Näherung für einen dünnen Toroid . . . 160
13.5 Vergleich mit experimentellen Ergebnissen . . . 161
13.6 Zusammenfassung . . . 165

IV Offene Fragen 167

14 Zukünftige Entwicklungen 169
14.1 Zusammenfassung . . . 172

Anhänge 173

A Wilhelm Weber und Oberflächenladungen 175
A.1 Anmerkung 1 . . . 190
A.2 Anmerkung 2 . . . 192
A.3 Anmerkung 3 . . . 192
A.4 Anmerkung 4 . . . 193
A.5 Anmerkung 5 . . . 193

B Gustav Kirchhoff und Oberflächenladungen 195

Literaturverzeichnis 201

Dieses Buch ist dem Andenken an Wilhelm Eduard Weber (1804-1891) gewidmet. Er war einer der führenden Pioniere auf dem hier behandelten Gebiet, dem Studium von Oberflächenladungen, die bei jedem stationären Stromfluß in normalen Leitern auftreten. Wir hoffen, dass dieses Buch dazu beiträgt, seine grundlegenden Arbeiten besser bekannt zu machen.

Danksagung

Die Autoren bedanken sich bei all den vielen Menschen, die bei den Vorarbeiten zu dem Thema dieses Buches mit uns zusammengearbeitet haben und auch vielen anderen für ihre Unterstützung, ihre Vorschläge, Hinweise, usw. Insbesondere bedanken sie sich bei Waldyr A. Rodrigues Jr., A. Jamil Mania, Jorge I. Cisneros, Hector T. Silva, João E. Lamesa, Roberto A. Clemente, Ildefonso Harnisch V., Roberto d. A. Martins, A. M. Mansanares, Edmundo Capelas de Oliveira, Álvaro Vannucci, Iberê L. Caldas, Daniel Gardelli, Regina F. Avila, Guilherme F. Leal Ferreira, Marcelo de A. Bueno, Humberto de M. França, Roberto J. M. Covolan, Sérgio Gama, Haroldo F. de Campos Velho, Marcio A. d. F. Rosa, José Emílio Maiorino, Mark A. Heald, G. Galeczki, P. Graneau, N. Graneau, John D. Jackson, Oleg D. Jefimenko, Steve Hutcheon, Thomas E. Phipps Jr., J. Paul Wesley, Junichiro Fukai, J. Guala-Valverde, Howard Hayden, Hartwig Thim, D. F. Bartlett, F. Doran, C. Dulaney, Gudrun Wolfschmidt, Karin Reich, Karl H. Wiederkehr, Bruce Sherwood, Johann Marinsek, Eduardo Greaves, Samuel Doughty, H. Härtel und C. Roy Keys.

AKTA bedankt sich bei der Universität Hamburg und der Alexander von Humboldt Stiftung, Deutschland, für ein Forschungsstipendium zum Thema "Anwendung des Weberschen Gesetzes auf Elektromagnetismus und Gravitation." In der Zeit von August 2001 bis November 2002 wurde diese Forschungsarbeit am Institut für Geschichte der Naturwissenschaften (IGN) der Universität Hamburg, Deutschland, durchgeführt, und in dieser Zeit entstand die Idee, dieses Buch zu schreiben. Er wurde außerordentlich positiv aufgenommen in freundlicher Atmosphäre und erhielt volle wissenschaftliche und institutionelle Unterstützung durch Prof. Karin Reich und Dr. K. H. Wiederkehr. JAH bedankt sich bei CNPq, Brazilien, für eine finanzielle Unterstützung. Die Autoren bedanken sich ebenfalls bei FAEP-UNICAMP für eine finanzielle Unterstützung zu diesem Projekt und bei dem Institute of Physics der State University of Campinas—UNICAMP, für die Bereitstellung der notwendigen Bedingungen zur Durchführung dieses Projektes.

A. K. T. Assis* und J. A. Hernandes.†

*Institute of Physics, University of Campinas, 13083-859 Campinas - SP, Brazil, E-mail: assis@ifi.unicamp.br, Homepage: http://www.ifi.unicamp.br/~assis

†Physics Department, Institute of Exact Sciences, Federal University of Juiz de Fora—UFJF, 36036-330 Juiz de Fora - MG, Brazil, E-mail: jahernandes@gmail.com

Vorwort

Gibt es eine Wechselwirkung zwischen einem stromführenden Leiter und einem stationären Ladungsträger? Diese lapidare Frage enthält eine erstaunliche Brisanz, zumal die Antworten, die man bis zu diesem Tag in der Fachliteratur und auch in weit verbreiteten Lehrbüchern findet, häufig unzutreffend sind. Das vorliegende Buch beantwortet die Eingangsfrage in brillanter Weise: umfassend, mit zahlreichen Verweisen auf entsprechende Versuche und mit rigoroser, mathematischer Gründlichkeit.

Sofern Zweifel an einer positiven Antwort vorhanden waren, sind diese nach dem Studium des Buches ausgeräumt.

Erstaunlicherweise wurde bereits Mitte des 19 Jahrhunderts von den deutschen Physikern Weber und Kirchhoff eine zutreffende Antwort veröffentlicht, die jedoch von der wissenschaftlichen Gemeinde kaum rezipiert, teilweise sogar als unzutreffend zurückgewiesen wurde. Die Gründe für diesen wissenschaftlichen Rückschritt, die in dem Buch ausführlich dargestellt und mit zahlreichen Literaturzitaten belegt werden, stellen eine wahre Fundgrube für wissenschaftshistorisch interessierte Leser dar.

Sie machen deutlich, dass auch in der Physik als exakte Wissenschaft manchmal gegen methodische Grundprinzipien verstoßen wird, in dem zum Beispiel ein Verweis auf Experimente erfolgt, die nie gezielt durchgeführt wurden. So verhilft dieses Buch seinen Lesern nicht nur zu einer fundierten Kenntnis über einen stark vernachlässigten Bereich des sogenannten einfachen elektrischen Stromkreises, sondern bringt in Erinnerung, dass auch die führenden Vertreter unserer Disziplin irren können, dass unter Umständen solche Irrtümer von einer Lehrbuchgeneration auf die nächste übertragen werden und somit beständige wachsame und kritische Reflexion geboten ist.

Eine didaktische Anmerkung erscheint angebracht. Die im Physikunterricht übliche Vermittlung des elektrischen Stromkreis mit den Grundbegriffen Strom und Spannung, wird durch den Inhalt des vorliegenden Buches grundlegend in Frage gestellt.

Während zum Begriff des elektrischen Stromes noch Bilder von driftenden Elektronen angeboten werden, findet die Einführung der Spannung bzw. des Potentials auf der abstrakteren Ebene der Energie statt und läßt daher keinerlei Veranschaulichung zu. Wie die Erfahrung zeigt, gelangen nur wenige Schüler zu einem tieferen Verständnis des Spannungsbegriffs. Dagegen führt bei vielen Schülern ein solches Scheitern gerade an einem so grundlegenden Begriff wie dem der Spannung zur Aufgabe des Interesses an physikalischen Inhalten. Die Frage ist, wie viele vor allem jüngere Schüler mit noch schwach entwickeltem Selbstvertrauen ein solches Scheitern sich selbst und dem eigenen Unvermögen zuschreiben und deshalb ihre Lernbereitschaft untergraben wird?

Physik ist ein allgemein bildendendes und wichtiges Schulfach und da hiervon größere Schülerpopulationen betroffen sind, stellt die Suche nach weniger abstrakten und damit verständlicheren Alternativen eine dringende didaktische Aufgabe dar.

Das vorliegende Buch verweist auf eine solche Alternative. Es zeigt auf, dass es im Hinblick auf Oberflächenladungen keinen entscheidenden Unterschied gibt zwischen einer elektrostatischen Anordnung und einem stationären Stromfluß. Es verweist auf curriculare Neuentwicklungen zum Spannungsbegriff und gibt einen umfassenden Überblick über die wissenschaftlichen Veröffentlichungen, die seit den Arbeiten von Weber und Kirchhoff erschienen sind.

Warum sollte man also bei der Behandlung des Begriffs "elektrischer Strom" auf das Driften von Elektronen verweisen, beim Begriff "elektrische Spannung" aber nicht auf die Existenz driftender Oberflächenladungen?

Sicherlich wird es das Ziel des Unterrichts sein, den Spannungs- und Potentialbegriff auf der Ebene der Energie quantitativ zu behandeln. Eine qualitative und anschauliche Vorstufe auszulassen ist jedoch didaktisch nicht vertretbar, es sei denn, man hat von der Existenz von driftenden Oberflächenladungen keine Kenntnis.

Es gibt curriculare Neuentwicklungen zur Elektrizitätslehre, in denen die Inhalte dieses Buches ausführlich zur Sprache kommen. Vergleiche mit traditionellen Kursen hinsichtlich Lernerfolg und Lernmotivation sollten durchgeführt werden, um letzte Zweifel an der Notwendigkeit einer eigenen curricularen Neuentwicklung zu beheben.

Auf dem Weg zu einem tieferen Verständnis elektrischer Phänomene, insbesondere der Bewegung von Elektronen in Stromkreisen, liefert dieses Buch einen entscheidenden Beitrag.

Hermann Härtel
Gastwissenschaftler am Institut für Theoretische Physik und Astrophysik
Universität Kiel
Leibnizstrasse 15
D-24098 Kiel, Deutschland
E-mail: haertel@astrophysik.uni-kiel.de
Homepage: http://www.astrophysik.uni-kiel.de/~hhaertel

Teil I

Einführung

Die vorliegende Arbeit ist die deutsche Übersetzung eines Buches, dass erstmalig 2007 auf Englisch und 2009 auf Portugiesisch erschienen ist.[3] Die deutsche Übersetzung, ausgehend von dem englischen Originaltext, wurde von Hermann Härtel durchgeführt.

Ziel dieses Buches ist es, die Kraft zwischen einem stromführenden ohmschen Leiter und einer dazu in relativer Ruhe befindlichen, externen Punktladung zu untersuchen. In analoger Weise wird das Potential und das elektrische Feld innerhalb und außerhalb des gleichstromführenden ohmschen Leiters bestimmt. Außerdem wird die Ladungsverteilung auf der Oberfläche des Leiters betrachtet, die dieses Feld ermöglicht. Diese Oberflächenladungen sind bedeutsam, um den Fluß des elektrischen Stromes längs eines Leiters zu verstehen. Bedauerlicherweise wurde diese Tatsache von den meisten Autoren vernachlässigt, die auf dem Gebiet des Elektromagnetismus tätig waren. Ziel des vorliegenden Buches ist es, durch die Präsentation der Lösungen geometrisch einfacher Anordnungen die außerordentliche Bedeutung dieses Phänomens aufzuzeigen.

Dieses Buch wendet sich an Studenten aller Semester in den folgenden Fachgebieten: Physik, Elektrotechnik, Mathematik, Geschichte der Naturwissenschaften und Philosophie. Zu wünschen ist, dass es als ergänzender Text zu den Vorlesungen über Elektromagnetismus, elektrische Stromkreise, mathematische Methoden der Physik und Geschichte der Naturwissenschaften genutzt wird mit der Intention, die Studenten zu kritischem Denken anzuregen sowie ihr Verständnis über dieses grundlegende Gebiet der Physik zu vertiefen.

Zu Beginn wird gezeigt, dass viele Autoren unzutreffende Ansichten über den Gleichstrom äußern und dies nicht nur in der Vergangenheit, sondern auch in neueren Veröffentlichungen. Anschließend werden Experimente behandelt, die die Existenz einer Kraft zwischen einem gleichstromführenden ohmschen Leiter und einer dazu in relativer Ruhe befindlichen externen Ladung aufzeigen. An diesem ersten Thema wird deutlich, dass das Gebiet der klassischen Elektrodynamik noch nicht abgeschlossen ist, sondern dass es noch vieles zu entdecken gibt. Den Lesern bietet sich außerdem die Gelegenheit, ihr kritisches Verständnis bezüglich dieses Themas zu erweitern.

Ein weiteres Anliegen ist es aufzuzeigen, dass Elektrostatik und Gleichstromphänomene intrinsisch verknüpft sind. Die elektrischen Felder innerhalb und außerhalb von ohmschen Leitern sind bedingt durch entsprechend verteilte Oberflächenladungen, die ihrerseits durch die Spannungsquellen aufrechterhalten werden. Hierdurch werden die Lehrbuchinhalte zum Gebiet der Elektrostatik mit denen zum Thema "elektrischer Stromkreis" vereinigt im Gegensatz zu dem, was heutzutage in den meisten diesbezüglichen Werken vorzufinden ist.

Am Anfang steht ein rein elektrostatisches Phänomen: die Kraft zwischen einem Leiter und einer Punktladung, die sich außerhalb des Leiters und in relativer Ruhe zu ihm befindet. Das heißt, es wird das Phänomen der elektrostatischen Induktion behandelt mit Spiegelladungen und entsprechenden Themen. Insbesondere wird die Kraft zwischen einem langen zylindrischen Leiter und einer externen Punktladung in relativer Ruhe zueinander berechnet.

[3][AH07] und [AH09].

Danach wird das Hauptthema dieses Buches in Angriff genommen. Es wird die Kraft untersucht, die zwischen einem ohmschen, gleichstromführenden Leiter und einer Punktladungen auftritt, wobei sich die Punktladung außerhalb des Leiters und in relativer Ruhe zu ihm befindet. Insbesondere wird diejenige Komponente dieser Kraft betrachtet, die sich proportional zur Spannung der angeschlossenen Batterie verhält (die Unterscheidung zwischen Spannung bzw. Elektromotorischer Kraft (EMK) und dem Konzept der Potentialdifferenz wird im Abschnitt 5.3 diskutiert.) Am Anfang dieser Analyse steht die allgemeine Behandlung geradliniger Leiter von beliebigem Querschnitt und einem allgemeinen Theorem bezüglich ihrer Oberflächenladungen. Es folgen die Behandlung von geradlinigen Leitern mit kreisförmigen Querschnitt, einem Koaxialkabel und einer Transportleitung (Doppelleitung). Schließlich werden leitende Platten und gerade Streifen endlicher Länge untersucht.

Im dritten Abschnitt werden Fälle von gekrümmten stromführenden Leitern behandelt. Dabei steht wiederum die Kraft zwischen dem Leiter und einer externen Punktladung (in relativer Ruhe zum Leiter) im Zentrum des Interesses. Auf die Behandlung einer zylindrischen Mantelfläche mit einem azimutalen Stromfluß folgt die Behandlung des Stromflusses durch einen kreisförmigen Leiter. Abschließend wird der Fall eines Leiters in Form eines Torus berechnet, der von einem Strom in azimutaler Richtung durchflossen wird. Obwohl dieser letztere Fall viel komplizierter ist als die vorherigen, ist er dennoch außerordentlich bedeutsam, da er es erlaubt, einen in einem Raumgebiet eingeschlossenen Stromkreis mit einem geschlossenen konstanten Stromfluß zu modellieren wie z. B. bei einem stromdurchflossenen, ringförmigen Widerstandsdraht.

Die Zusammenstellung von analytischen Lösungen all dieser elementaren Anordnungen in einem einzigen Buch soll es ermöglichen, dieses Material für erstsemestrige und graduierte Studienfächer, wie oben schon aufgezählt, einzusetzen. Obwohl die mathematischen Methoden und Ableitungen mehr oder wenig gleich bleiben, werden sie für alle Leiter mit unterschiedlicher Form im Detail angegeben, so dass die Kapitel unabhängig von einander studiert werden können. Sie können so leicht in die Standardlehrbücher über mathematische Methoden für Naturwissenschaftler integriert werden. Teile des hier vorgestellten Materials wurde schon früher in Lehrbüchern und Forschungsberichten diskutiert. In den meisten Lehrbüchern sind diese Ergebnisse jedoch nicht zu finden, vielmehr enthalten sie oft nicht zutreffende Aussagen zu diesem Thema. Der Grund dafür mag sein, dass all diese geometrisch einfachen Fälle noch nie in einer kohärenten Form vorgestellt wurden. Es ist zu hoffen, dass dieses Defizit mit diesem Buch überwunden wird.

Am Ende des Buches werden offene Fragen und zukünftige Projekte besprochen. In einem Anhang wird eine bedeutsame Arbeit von Weber vorgestellt, in der er eine Berechnung von Oberflächenladungen auf einem ohmschen, stromführenden Leiter vorstellt; eine bemerkenswerte, wissenschaftliche Leistung, die bedauerlicher Weise vergessen und in all den Jahren nicht wieder aufgegriffen wurde. Zusätzlich wird im Anhang eine Arbeit von Kirchhoff über Oberflächenladungen vorgestellt sowie die von Weber und Kirchhoff durchgeführten Ableitungen der Telegraphengleichungen.

Ein vollständiges Literaturverzeichnis findet sich am Ende des Buches. In dieser Arbeit wird das Internationale Einheitensystem SI angewendet. Zur Definition eines Begriffs wird das $\equiv$ Symbol zu seiner Kennzeichnung verwendet. Eine Kraft, die von einem Körper j auf einen Körper i ausgeübt wird, wird mit $\vec{F}_{ji}$ angegeben. Mit der Aussage, ein Körper sei stationär oder bewege sich mit einer Geschwindigkeit $\vec{v}$, wird, sofern nichts anders vermerkt ist, das Labor als Bezugssystem vorausgesetzt. Das Laborsystem wird hier als angenähertes Inertialsystem für die Dauer eines Experimentes angesehen. Mit der Aussage, eine "Ladung" übe ein Kraft aus, erzeuge ein Feld oder es wird auf sie eine Kraft ausgeübt, ist ein "geladener Körper" gemeint oder ein "Körper mit der Eigenschaft, elektrisch geladen zu sein." Das heißt, dass Ladung als eine Eigenschaft eines Körpers angesehen wird und nicht als ein physikalisches Objekt. Das Konzept des elektrischen und magnetischen Feldes wird gesehen als eine mathematische Beschreibung der physikalischen Kräfte zwischen geladenen Körpern, zwischen Magneten oder zwischen stromführenden Leitern. Von daher ist es möglich zu sagen, dass ein stromführender Leiter ein elektrisches und magnetisches Feld erzeugt, wie sich üblicherweise auch die meisten Autoren ausdrücken. In diesem Sinne könnte ein alternativer Titel dieses Buches lauten "Das elektrische Feld außerhalb eines ohmschen stromführenden Leiters." Aber die primäre physikalische Realität bleibt für die Autoren die Kraft oder Wechselwirkung zwischen materiellen Körpern (die dadurch ihre relative Beschleunigung bezüglich eines Inertialsystems bewirken), und nicht das abstrakte Feldkonzept, das im Raum unabhängig von der Anwesenheit einer Probeladung existiert, die die Existenz dieses Feldes nachweisen kann.

Kapitel 1

Zentrale Fragen und unzutreffende Antworten

1.1 Einfache Fragen

Zur Diskussion steht ein ohmscher Stromkreis wie er in Abbildung 1.1 dargestellt ist.

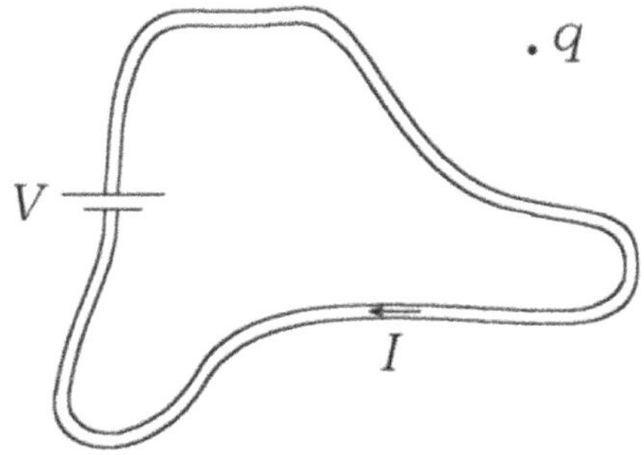

Abbildung 1.1: Eine Batterie mit einer konstanten Spannung zwischen ihren Anschlüssen erzeugt einen konstanten Strom I in einem gleichförmigen Widerstandsdraht. Frage: Existiert eine Kraft zwischen dem Stromkreis und einer externen Punktladung q, die sich relativ zum Stromkreis in Ruhe befindet? Ist irgendeine Komponente dieser Kraft proportional zur angelegten Spannung der Batterie?

Ein ruhender homogener und isotroper Draht von konstanter Leitfähigkeit sei mit einer Batterie verbunden (die eine Spannung V zwischen ihren Anschlüssen aufrecht erhält) und führe einen konstanten Strom. Die wesentlichen Fragen, die in diesem Buch behandelt werden, sind die folgenden:

a) Wird der stromführende Widerstandsdraht eine Kraft auf eine sich in der Nähe befindliche ruhende Ladung ausüben? Verhält sich irgend eine Komponente dieser Kraft proportional zu der durch die Batterie erzeugten Spannung? Dies ist die wichtigste Frage, die in dieser Arbeit diskutiert wird.

b) Eine verwandte Frage ist die folgende: Wird dieser Draht eine Wirkung auf einen in der Nähe befindlichen Leiter ausüben oder auf ein neutrales Dielektrikum? Oder genauer: Wird der stromführende Widerstandsdraht einen in der Nähe befindlichen neutralen Leiter polarisieren und ihn dadurch anziehen?

Diese Frage kann auch mit Hilfe des elektrischen und magnetischen Feldkonzepts formuliert werden. In diesem Fall kann man sagen, dass der stromführende Draht ein Magnetfeld im Außenraum erzeugt. Dieses Magnetfeld wird eine Wirkung auf bewegliche Probeladungen ausüben. Die obige Frage kann dann in Begriffen des elektrischen Feldes wie folgt umformuliert werden:

c) Erzeugt ein an eine Spannungsquelle angeschlossener stromführender Widerstandsdraht ein externes elektrisches Feld? Wenn ja, ist dieses Feld abhängig von der durch die Batterie erzeugten Spannung?

Andere verwandte Fragen:

d) Ist der stromführende Widerstandsdraht längs seiner Oberfläche neutral? Wenn nicht, wie variiert die Dichte der Oberflächenladung entlang des Drahtes? Das heißt, wie ändert sie sich als Funktion der Entfernung längs des Leiters von einem der Batterieanschlüsse? Ist die Dichte der Oberflächenladungen eine Funktion der Batteriespannung?

e) Besitzt der gleichstromführende Widerstandsdraht im Innern eine Überschußladung? Das heißt, ist er im Innern an jedem Punkt neutral? Falls er nicht neutral ist, hängt diese Raumladung von der angelegten Batteriespannung ab? Variiert diese Raumladung längs des Drahtes, d.h. ist sie eine Funktion der Entfernung längs des Leiters, gemessen von einem der Batterieanschlüsse?

f) Wo befinden sich die Ladungen, die das elektrische Feld im Innern eines stromführenden Drahtes erzeugen? Dieses Feld ist im wesentlichen in jedem Punkt parallel zum Draht ausgerichtet und folgt entsprechend dem Ohmschen Gesetz jeder Formveränderung und Krümmung des Drahtes. Aber wo befinden sich die Ladungen, die dieses Feld erzeugen? Befinden sie sich alle innerhalb der Batterie (oder längs ihrer Oberfläche)?

Dies sind die wesentlichen Fragen, die in diesem Buch behandelt werden.[1]

Unabhängig von der Größe des Stromes wird eine bestimmte Kraft immer auftreten und zwar wegen der elektrostatisch induzierten Ladung im Leitungsdraht. Das heißt, die externe Punktladung q induziert eine Verteilung von Ladungen längs der Oberfläche des Leiters und ergibt insgesamt eine elektrostatische Anziehung zwischen Leiter und q. Den meisten Autoren ist diese Tatsache bekannt, die Mehrzahl hält es jedoch nicht für nötig, sie zu erwähnen. Darüber hinaus betrachten sie diese Anziehungskraft weder im Detail noch geben sie eine Größenordnung dafür an.

Gibt es eine weitere Kraft zwischen dem Leiter und einer stationären La-

[1] [ARM99]. Alle Papiere von Assis sind im PDF-Format zugänglich unter: http://www.ifi.unicamp.br/~assis/

dung? Existiert insbesondere eine Kraft zwischen der stationären Ladung und dem stromführenden Leiter, die von der angelegten Spannung abhängig ist? Viele Physiker glauben, die Antwort auf diese Frage lautet "nein," und diese Überzeugung wird seit langer Zeit vertreten. Hierfür gibt es im wesentlichen drei Gründe, die hier im einzelnen analysiert werden. Die aufgeführten Zitate sind nicht vollständig, zeigen jedoch auf, dass unzutreffende Ansichten über Basisphänomene des Elektromagnetismus in der Tat weit verbreitet sind.

1.2 Ladungsneutralität des Widerstandsdrahtes

Der erste Grund bezieht sich auf die Annahme, dass ein ruhender stromführender Widerstandsdraht im wesentlichen an allen Punkten in seinem Innern sowie entlang seiner gesamten Oberfläche elektrisch neutral ist. Dies führt zu dem Schluß, dass ein stromführender Widerstandsdraht ausschließlich in seinem Außenraum ein Magnetfeld erzeugt. Viele Wissenschaftler sind dieser Annahme gefolgt und dies seit über einem Jahrhundert.

Clausius (1822-1888), z.B. gründete seine gesamte Elektrodynamik auf die folgende Hypothese. Im Jahr 1877 schrieb er:[2]

> Dazu wollen wir als Kriterium den Erfahrungssatz wählen, *dass ein in einem ruhenden Leiter stattfindender geschlossener und constanter galvanischer Strom auf ruhende Elektricität keine bewegende Kraft ausübt*, [...]

Obwohl sich Clausius auf ein experimentell gesichertes Ergebnis beruft, zitiert er kein einziges Experiment, mit dem versucht wurde, eine solche Kraft nachzuweisen. Wie sich zeigen wird, gründet Clausius seine Elektrodynamik auf ein unhaltbares Prinzip, denn es existiert eine Kraft zwischen einem ruhenden gleichstromführenden Leiter und einer äußeren ruhenden Ladung. Diese Kraft wurde experimentell nachgewiesen, wie weiter unter aufgezeigt wird. Außerdem wird die Existenz dieser Kraft theoretisch abgeleitet.

Kürzlich wurde die Bezeichnung "Clausius Postulat" von einigen Autoren zur Kennzeichnung der folgender Behauptung benutzt:

- Jedes Stromelement eines geschlossenen Stromkreis in einem ruhenden Leiter ist elektrisch neutral;[3]
- Für einen ruhenden Leiter ist die Ladungsdichte ρ gleich Null;[4]
- $\Phi = 0$.[5]

[2] [Cla77, Seite 86] und [O'R65, Seite 589].
[3] [BC91a].
[4] [BC91b].
[5] Das heißt, dass das von einem geschlossenen, gleichstromführenden Stromkreis erzeugte Potential an allen äußeren Punkten gleich Null ist, [CM00] und [BCM01].

Es finden sich Zitate wie diese sogar in recht neuen Lehrbüchern zur Elektrodynamik. Wie gezeigt werden wird, erzeugen Oberflächenladungen längs eines stromführenden Leiters ein elektrisches Feld innerhalb und außerhalb dieses Leiters. Andererseits sind zum Beispiel Reitz, Milford und Christy anscheinend der Ansicht, dass keine dauerhafte Oberflächenladung auf einem Widerstandsdraht existieren kann:[6]

> Gegeben sei ein Teil eines ohmschen Leiters in der Form eines geraden Drahtes von konstantem Querschnitt, über dessen Enden eine konstante Potentialdifferenz, $\triangle\varphi$, aufrecht erhalten wird. Der Draht sein von homogenem Material und charakterisiert durch eine konstante Leitfähigkeit g. Unter diesen Bedingungen existiert im Leiter ein elektrisches Feld, dass mit $\triangle\varphi$ durch die Beziehung $\triangle\varphi = \int \vec{E}\cdot d\vec{\ell}$ verbunden ist. Es ist evident, dass eine stationäre Komponente des elektrischen Feldes senkrecht zur Achse des Leiters nicht existieren kann, denn wegen der Gleichung $\vec{J} = g\vec{E}$ würde dadurch eine dauerhafte Aufladung der Drahtoberfläche hervorgerufen. Deshalb ist das elektrische Feld ausschließlich longitudinal.

Obwohl Russell diese Aussage nach Veröffentlichung der zweiten Auflage des Buches kritisierte (1967),[7] wurde sie nicht wesentlich in der dritten und vierten Auflage abgeändert. Im folgenden wird gezeigt werden, dass eine dauerhafte Oberflächenladung bei diesem Leiter existiert und dass im Gegensatz zu der obigen Aussage eine stationäre Komponente des elektrischen Feldes senkrecht zur Achse des Leiters vorhanden ist.

In dem Buch von Jackson findet sich die folgende Aussage:[8]

> Als Idealisierung eines konstanten Stromes in einem Leiter wird ein System von N identischen Ladungen q betrachtet, die sich mit konstanter Driftgeschwindigkeit (*speed*) v (aber möglicherweise einer Beschleunigung unterliegend) auf einem beliebig geschlossenen Pfad bewegen. Aufeinander folgende Ladungen sind durch einen kleinen Abstand $\triangle$ getrennt. Ausgehend von dem Liénard-Wiechert Feld für jedes Teilchen und ohne Annahmen bezüglich der Geschwindigkeit v im Vergleich zur Lichtgeschwindigkeit zeigt sich beim Übergang von $N \to \infty$, $q \to 0$, und $\triangle \to 0$, aber mit $Nq =$ konstant und $q/\triangle =$ konstant, dass von dem System keine Strahlung emittiert wird und dass die elektrischen und magnetischen Felder die üblichen stationären Werte annehmen. (Zu beachten ist, dass in realen Stromkreisen die stationären positiven Ionen ein elektrisches Feld erzeugen, dass das der beweglichen Ladungen aufhebt.)

In dieser Aussage bezieht sich Jackson auf das elektrische Feld zweiter Ordnung und auf das Fehlen einer Strahlung durch alle Elekronen, obwohl die Elektronen beschleunigt werden. Dennoch wird ein unkritischer Leser aus dieser

---

[6] [RMC93, Seiten 168-169].

[7] [Rus68].

[8] [Jac62, Aufgabe 14.12, Seite 503] und [Jac75, Aufgabe 14.13, Seite 697].

Aussage, besonders wegen des Klammersatzes zu dem Schluß gelangen, dass Clausius Recht hat.

Es wird jedoch gezeigt werden, dass insgesamt ein von Null verschiedenes Feld außerhalb eines gleichstromführenden Widerstandsdrahtes existiert. Trotz der Wortwahl in dieser Übung muß betont werden, dass Jackson einer der wenigen modernen Autoren ist, der weiß (wie aus seinem wichtigem Werk von 1996 zu entnehmen ist), [9] dass ein elektrisches Feld außerhalb eines stromführenden Leiters existiert. In der dritten Auflage dieses Buches wurde der Klammersatz wie folgt geändert:[10]

> (Es ist zu beachten, dass in einem realen Stromkreis die stationären positiven Ionen des Leiters die gesamte Menge der driftenden freien Ladungen neutralisieren.)

Aus dieser Formulierung geht nicht mehr explizit hervor, ob ein äußeres Feld existiert oder nicht. Aber sogar die Aussage über eine Ladungsneutralität innerhalb eines gleichstromführenden Leiters ist diskussionswürdig - siehe Abschnitt 6.4.

Edwards erklärt im ersten Paragraphen seines 1974 erschienenen Beitrags über die Messung eines elektrischen Feldes zweiter Ordnung:[11]

> Seit mehr als einem Jahrhundert gilt im Elektromagnetismus nahezu axiomatisch, dass das von einem Strom in einem ruhenden geschlossenen Stromkreis erzeugte elektrische Feld, exakt gleich Null ist. Sicherlich gilt, dass das vom Strom I abhängige Feld erster Ordnung experimentell und theoretisch gleich Null ist, aber verschiedene frühere elektromagnetische Theorien, einschließlich der von Weber, Riemann und Ritz, sagen einen Effekt zweiter Ordnung in Abhängigkeit von I^2 oder v^2/c^2 voraus mit $\mathbf{v}$ gleich der Driftgeschwindigkeit der Ladungsträger.

Es wird im folgenden gezeigt werden, dass ein elektrisches Feld im Außenraum eines gleichstromführenden Widerstandsdrahtes existiert. Dieses elektrische Feld ist proportional zur Spannung der Batterie oder zur Potentialdifferenz, die längs des Leiters auftritt.

Edwards, Kenyon und Lemon veröffentlichten folgendes zu Größen erster Ordnung wie z.B. zu Kräften proportional zur Stärke des Stromes durch einen Widerstandsdraht oder zu Kräften proportional zu v_d/c mit v_d als Driftgeschwindigkeit der beweglichen Ladungsträger innerhalb des Leiters und c als Lichtgeschwindigkeit:[12]

> Es ist seit langem bekannt, dass die Kraft erster und zweiter Ordnung auf einen geladen Körper in der Nähe eines ladungsneutralen stromführenden ruhenden Leiters die Stärke Null aufweisen.

[9] [Jac96].
[10] [Jac99, Aufgabe 14.24, Seiten 705-706].
[11] [Edw74].
[12] [EKL76].

Die im folgenden vorgestellten Experimente und die zugehörigen Berechnungen zeigen, dass ein normaler gleichstromführender Widerstandsdraht nicht an allen Punkten elektrisch neutral sein kann. Darüber hinaus wird dieser Leiter eine Kraft erster Ordnung auf einen in der Nähe befindlichen geladenen Körper ausüben. Diese Kraft ist proportional zur angelegten Spannung und wirkt auf jeden geladenen Körper, der in die Nähe des Leiters gebracht wird. Diese Kraft wird schließlich jeden neutralen Körper in der Nähe des Leiters polarisieren.

Eine gleichbedeutende Aussage findet sich in dem Buch von Griffiths:[13]

> Innerhalb eines Materials von homogener Leitfähigkeit gilt $\nabla \cdot \mathbf{E} = (\nabla \cdot \mathbf{J})/\sigma = 0$ für konstante Ströme (Gleichung $\nabla \cdot \mathbf{J} = 0$), und deshalb ist die Ladungsdichte gleich Null. Irgendwelche nicht ausgeglichene Ladung befindet sich auf der *Oberfläche*.

Dagegen wird sich zeigen, dass eine nicht neutralisierte Ladung im Innern eines gleichstromführenden Widerstandsdrahtes existiert.

Weiterhin in gleicher Weise (Betonung durch die Autoren):[14]

> Zwei Drähte hängen von der Decke herab, einige Inch von einander entfernt. Wenn ich den Strom einschalte, so dass er den einen Draht hinauf und den anderen hinunter fließt, so springen die Drähte zur Seite, sie stoßen sich ganz einfach gegenseitig ab. Wie erklären Sie sich das? Nun, Sie könnten annehmen, dass die Batterie (oder wodurch auch immer der Strom angetrieben wird) den Draht auflädt, so dass natürlicherweise die beiden Abschnitte sich abstoßen. Aber diese "Erklärung" ist inkorrekt. **Ich könnte eine Testladung in die Nähe der Drähte bringen und es würde keine Kraft auftreten, wodurch angezeigt wird, dass die Drähte in der Tat neutral sind. (Es ist richtig, dass Elektronen den Leiter hinab fließen, - das ist es, was den Strom** *darstellt* **- aber es gibt immer genau so viele positive wie negative Ladungen auf jedem vorgegebenen Leiterabschnitt)**. Zusätzlich könnte ich meine Demonstration so gestalten, dass der Strom in *beiden* Drähten aufwärts fließt und in diesem Fall ergäbe sich, dass die Drähte sich *anziehen*.

Im Folgenden wird gezeigt, dass die Aussage in Fettdruck falsch ist.

Trotz dieser Aussagen muß erwähnt werden, dass Griffiths sich bewußt ist, dass Oberflächenladungen auf stromführenden Leitern existieren sowie die damit einhergehenden elektrischen Feldern im Außenraum.[15]

Eine ähnliche Aussage machen Coombes und Laue:[16]

> Für einen konstanten Strom in einem homogenen Leiter ist die Ladungsdichte ρ im Innern des Leiters gleich Null.

[13] [Gri89, Seite 273].
[14] [Gri89, Seite 196].
[15] [Gri89, Seiten 279 und 336-337].
[16] [CL81].

mit anderen Lehrbuchautoren an, dass ein gleichstromführender ohmscher Leiter an allen Punkten im wesentlichen elektrisch neutral sei und beschränkte sein Interesse auf die Existenz eines elektrisches Feldes zweiter Ordnung, das auch in diesem Buch behandelt wird. Durch das Studium der zwischen 1849 und 1857 veröffentlichten Arbeiten von Kirchhoff,[25] die um das Jahr 1992 herum begannen, wuchs die Einsicht in die Existenz von Oberflächenladungen und einem dadurch bedingten äußeren elektrischen Feld proportional zur angelegten Spannung. Am Anfang mußten die von Kirchhoff durchgeführten Ableitungen der Telegraphengleichungen auf der Basis des Weberschen Kraftgesetzes verstanden, wiederholt und erweitert werden. Diese Arbeit wurde 1996 erfolgreich abgeschlossen und im Jahre 2000 und 2005 veröffentlicht.[26] Parallel dazu wurde während mehrerer Jahre versucht, eine Lösung für das Potential außerhalb eines gleichstromführenden ohmschen Leiters zu finden. Diese Lösung wurde 1996 gefunden und wird hier im Kapitel 6 vorgestellt. In den gleichen Jahren wurde das Buch und die Arbeiten von Jefimenko entdeckt, die Veröffentlichung seiner Experimente sowie die zahlreichen, schon aufgeführten Papiere anderer Autoren. Die folgenden Kapitel zeigen, wieviel von den wichtigen neueren Arbeiten gelernt wurde, die sich mit Oberflächenladungen beschäftigt haben sowie mit verwandten Themen bezogen auf spezifische Anordnungen. Die Zitate zu diesen Arbeiten finden sich in den entsprechenden Abschnitten. Die ersten eigenen Arbeiten zu diesem Thema wurden im Jahr 1999 veröffentlicht.[27] Seit dieser Zeit sind weitere Arbeiten erschienen, in denen verschiedene räumliche Anordnungen behandelt werden. Erst während eines Forschungsaufenthaltes in Deutschland 2001-2002 ergab sich eine Begegnung mit der Arbeit von Weber aus dem Jahr 1852,[28] in der die entsprechenden Themen behandelt werden (siehe Danksagungen). In der Zeit von 2004 bis 2006 ergab sich die Gelegenheit, Webers Arbeiten ausführlich kennenzulernen. Eine Diskussion dieser Arbeit findet sich im ersten Anhang dieses Buches.

Durch die Veröffentlichung dieses Buches ist zu hoffen, dass nicht noch andere diesen mühsamen Weg der Entdeckung gehen müssen. Im Literaturverzeichnis am Ende dieses Buches findet sich eine Sammlung vieler wichtiger Papiere von Autoren aus jüngster Zeit, die hoffentlich dazu dienen, dass weitere Arbeiten in einer effizienteren Weise zu neuen Resultaten führen.

1.3 Magnetismus als relativistischer Effekt

Ein zweiter Grund, der zu dem Schluß verleitet, dass ein normaler stromführender Widerstandsdraht kein elektrisches Feld erzeugt, ist in der Annahme zu suchen, dass der Magnetismus ein relativistischer Effekt sei. Eine typische Aussage zu dieser Position findet sich in *Feynman's Lectures on Physics*, insbesondere im Abschnitt 13-6 (Die Relativität von elektrischen und magnetischen Feldern

---

[25] [Kir49], [Kir57a] und [Kir57b].
[26] [Ass00] und [AH05].
[27] [ARM99].
[28] [Web52].

(Hervorhebung durch die Autoren):[29]

> Wir kommen zurück zu unserer atomaren Beschreibung eines stromführenden Drahtes. **In einem normalen Leiter, wie Kupfer**, wird der elektrische Strom hervorgerufen durch die Bewegung einiger der negativen Elektronen — genannt Leitungselektronen —, während die positiven Kernladungen und die restlichen Elektronen in dem Material des Leiters fixiert sind. Die Dichte der Leitungselektronen sei ρ_- und ihre Geschwindigkeit in S sei $\mathbf{v}$. Die Dichte der ruhenden Ladungen in S ist ρ_+, die gleich groß sein muß wie die negative Ladung ρ_-, denn wir betrachten einen ungeladenen Draht. **Deshalb existiert kein elektrisches Feld im Außenraum des Leiters**, und die Kraft auf das bewegte Teilchen beschränkt sich auf $\mathbf{F} = q\mathbf{v}_o \times \mathbf{B}$.

Die Aussage, dass außerhalb eines gleichstromführenden Widerstandsdrahtes kein elektrisches Feld existiert, ist sicherlich unzutreffend. Ein Hauptziel dieses Buches besteht darin, dieses elektrische Feld zu berechnen und diese theoretischen Berechnungen mit den Experimenten zu vergleichen, die im folgenden vorgestellt werden.

In Purcells *Electricity und Magnetism* findet sich die gleiche Idee.[30] Im Kapitel 5.9 dieses Buches, in dem Magnetismus als ein relativistisches Phänomen behandelt wird, wird ein stromführender Leiter in der Form zweier Reihen von positiven bzw. negativen Ladungen modelliert, die sich relativ zueinander bewegen. Bei der Betrachtung zweier im Laborsystem ruhender stromführender Leiter heißt es (Seite 178):

> In einem Metall sind jedoch nur die positiven Ladungen in dem Kristallgitter fixiert. Zwei derartige Drähte, in denen der Strom in entgegengesetzter Richtung fließt, sind vom Laborsystem aus betrachte in Abbildung 5.23a dargestellt. Da die Drähte neutral sind, wirkt keine elektrische Kraft vom entgegengesetzten Leiter auf die positiven Ionen, die im Laborsystem ruhen.

Dies bedeutet, dass Purcell glaubt, ein stromführender Leiter würde kein äußeres elektrisches Feld erzeugen. Aus diesem Grund kommt er zu dem Schluß, dass dieser Leiter keine Kraftwirkung auf eine relativ zum Leiter ruhende Testladung ausüben wird. Dies ist ganz einfach falsch. Ein normaler metallischer Widerstandsdraht, durch den ein stationärer Strom fließt, kann nicht an allen seinen Punkten neutral sein. Er muß eine Verteilung von Oberflächenladungen aufweisen, wodurch das elektrische Feld erzeugt wird, dass den Strom im Innern antreibt und wodurch insgesamt eine Kraft auf die ruhenden Ladungen im anderen Leiter ausgeübt wird.

In anderen Lehrbüchern zum Thema Relivitätstheorie finden sich ähnliche Aussagen in Verbindung mit Aussagen zu Lorentz Transformationen zwischen

[29][FLS64, Seite 13-7].
[30][Pur65].

elektrischen und magnetischen Feldern, zum Magnetismus als relativistischer Effekt, zur elektrischen Neutralität eines stromführenden Leiters *usw*. Aus diesem Grund werden sie im folgenden nicht mehr zitiert. Die Beispiele von Feynman, Leighton, Sands und Purcell genügen, um das mit diesem Standpunkt verbundene Problem aufzuzeigen.

Es erscheint wichtig, darauf hinzuweisen, dass Jackson und Jefimenko gezeigt haben,[31] dass es nicht möglich ist, magnetische Felder allein auf der Grundlage des Coulombschen Gesetzes zusammen mit der Kinematik der speziellen Relativitätstheorie abzuleiten, sondern dass zusätzliche Annahmen erforderlich sind.

1.4 Webers Electrodynamik

Der dritte Grund für diese weitverbreitete Annahme hängt mit der Elektrodynamik zusammen, die von Wilhelm Eduard Weber (1804-1891) entwickelt wurde, insbesondere mit seinem Kraftgesetz von 1846.

Das gesamte Werk von Weber wurde in 6 Bänden zwischen 1892 und 1894 veröffentlicht.[32]

Die fundiertesten Biographien über Weber sind die von Wiederkehr.[33]

Einige andere wichtige Biographien und/oder Diskussionen seiner Arbeiten finden sich in einigen wichtigen Publikationen und in den Literaturzitaten dieser Arbeit.[34]

Moderne Anwendungen, Diskussionen und Entwicklungen des Weberschen Gesetzes, angewendet auf Elektrodynamik und Gravitation, finden sich in verschiedenen, neueren Veröffentlichungen.[35] Verschiedene weitere Arbeiten und Autoren werden in diesen Büchern und Papieren zitiert.

Das Webersche Kraftgesetz stellt eine Verallgemeinerung des Coulombschen Gesetzes dar, indem Terme mit der relativen Geschwindigkeit und relativen Beschleunigung der wechselwirkenden Partner hinzugefügt werden. Ladungen q_1 und q_2 am Ort $\vec{r}_1$ beziehungsweise $\vec{r}_2$ bewegen sich mit den Geschwindigkeiten $\vec{v}_1$ beziehungsweise $\vec{v}_2$ und den Beschleunigungen $\vec{a}_1$ beziehungsweise $\vec{a}_2$, bezogen auf ein bestimmtes Bezugssystem O. Im Einklang mit dem Weberschen Gesetz von 1846 gilt für die Kraft $\vec{F}_{21}$, die von q_2 auf q_1 ausgeübt wird (in internationalen Maßeinheiten und vektorieller Schreibweise):

$$\vec{F}_{21} = \frac{q_1 q_2}{4\pi\varepsilon_0} \frac{\hat{r}_{12}}{r_{12}^2} \left(1 - \frac{\dot{r}_{12}^2}{2c^2} + \frac{r_{12}\ddot{r}_{12}}{c^2} \right) = -\vec{F}_{12} \, . \tag{1.1}$$

[31][Jac75, Sektion 12.2, Seiten 578-581] und [Jef96].

[32][Web92b], [Web92a], [Web93], [Web94], [WW93] und [WW94].

[33][Wie60], [Wie67] und [Wie97].

[34][O'R65, Kir57, Ros57, Woo68, WK68, Whi73, Ros81, Woo81, Rei77, Wis81, Har82, JM86, Ath89, Arc89, Wie93c, Wie93b, Wie93a, Wie94, Hec97, Dar00].

[35][Ass94, Wes90a, Phi90a, Phi90b, Wes90b, Wes90c, Wes91, CA91, Ass92, Phi92, AC92, Rag92, GV92, AC93, Gal93, Ass95, GM95, Ten96, Hec96b, D'A96, Hec96a, Phi96, KF96, BC97, FK97, Ass98, BA98, GV98, Ass99c, Mik99, Ass99b, Glu99, GV99, AT00, AGV00, D'A00, GV01, BA01, Mik01, GVM01, Rap01, Wes02, ARW02, AGV02, GVMA02, AGV03, Mik03, AW03, Fuk03, JP04, Wie04, Bar04, ARW04, GV04, GVAB05, WM06, Phi06].

Die Größe $\varepsilon_0 = 8.85 \times 10^{-12}\ C^2N^{-1}m^{-2}$ wird als Permittivität des freien Raumes bezeichnet, $r_{12} \equiv |\vec{r}_1 - \vec{r}_2|$ kennzeichnet die Entfernung zwischen den Ladungen, $\hat{r}_{12} \equiv (\vec{r}_1 - \vec{r}_2)/r_{12}$ ist der Einheitsvektor, der von q_2 auf q_1 zeigt, $\dot{r}_{12} \equiv dr_{12}/dt = \hat{r}_{12} \cdot (\vec{v}_1 - \vec{v}_2)$ kennzeichnet die relative radiale Geschwindgkeit zwischen den Ladungen, $\ddot{r}_{12} \equiv d\dot{r}_{12}/dt = d^2r_{12}/dt^2 = [(\vec{v}_1 - \vec{v}_2) \cdot (\vec{v}_1 - \vec{v}_2) - (\hat{r}_{12} \cdot (\vec{v}_1 - \vec{v}_2))^2 + (\vec{r}_1 - \vec{r}_2) \cdot (\vec{a}_1 - \vec{a}_2)]/r_{12}$ ist die relative radiale Beschleunigung zwischen den Ladungen und $c = 3 \times 10^8$ m/s entspricht dem Verhältnis zwischen der elektromagnetischen und elektrostatischen Ladungseinheit. Diese Konstante wurde von Weber 1846 eingeführt und ihr Wert wurde von Weber und Kohlrausch 1854-55 erstmalig experimentell bestimmt.[36] In den oben zitierten Arbeiten finden sich ausführliche Diskussionen bezüglich dieses grundlegenden Experiments und seiner Bedeutung.

Als bedeutsam muß hier hervorgehoben werden, dass die zentrale Aussage dieses Buches aus dem Weberschen Gesetz abgeleitet werden kann. In der Tat liegt das Hauptaugenmerk auf der Wechselwirkung zwischen einem gleichstromführenden Widerstandsdraht und einem relativ zum Draht ruhenden Ladungsträger. Um diese zu bestimmen, wird im wesentlichen die Coulombkraft zwischen Punktladungen oder, analog, werden die Gesetze von Gauß und Poisson angewendet. Diese drei Gesetzte (von Coulomb, Gauß und Poisson) sind Spezialfälle des Weberschen Gesetzes, solange keine Geschwindigkeit zwischen den wechselwirkenden Ladungen vorhanden ist (oder solange die kleine Komponente des Weberschen Gesetzes zweiter Ordnung, proportional zum Quadrat der Driftgeschwindigkeit der Ladungen, vernachlässigt werden kann im Vergleich zur Coulombkomponente der Weberschen Kraft).

Mit Hilfe dieses Kraftgesetzes gelang es Weber, aus einer einzigen Formel heraus die Gesamtheit der Elektrostatik, Magnetostatik, die Ampèresche Kraft zwischen Stromelementen und das Faradaysche Induktionsgesetz abzuleiten.

Als Weber im Jahr 1846 sein fundamentales Kraftgesetz präsentierte, folgte er der sogenannten Fechner Hypothese,[37] die besagt, dass sich der elektrische Strom in normalen ohmschen Leitern aus der gleichen Anzahl von positiven und negativen Ladungen zusammensetzt, die sich relativ zum Leiter mit gleicher aber entgegengesetzt orientierter Geschwindigkeit bewegen. Dieses Modell des elektrischen Stromes war von Fechner 1845 vorgestellt worden. Ähnliche Vorstellungen wie die Fechtners über einen doppelten Strom von positiven und negative Ladungen waren schon früher von Oersted[38] und von Ampère[39] vorgestellt worden. Zu der damaligen Zeit wußte niemand etwas über Elektronen, es gab keine Vorstellung über die Größe der Driftgeschwindigkeiten der beweglichen Ladungen in stromführenden Leitern, usw. Später wurde entdeckt, dass sich nur die negativen Elektronen in stromführenden, metallischen Leitern bewegen, während die positiven Ionen relativ zum Gitter ruhen. Erstaunlicher Weise behandelte Weber jedoch in seiner Veröffentlichung von 1846 die Möglichkeit einer Verallgemeinerung der Fechnerschen Hypothese mit unterschiedlichen Driftgeschwindigkeiten

---

[36] [WK68, Web55, WK56, KW57].
[37] [Web46, *Werke*, Seiten 135 und 145].
[38] [Oer20] und [Oer65].
[39] [Amp20] und [Amp65].

von positiven und negativen Ladungen. Insbesonders könnten Teilchen mit einer größeren trägen Masse in einem stromführenden Leiter langsamer fließen als die Teilchen mit einer kleineren trägen Masse. In einer Veröffentlichung von 1852, die im Anhang dieses Buches analysiert wird, erörtert Weber sogar den Fall, dass die positiven Ladungen festgehalten werden, während sich ausschließlich die negativen Ladungen relativ zum Leiter bewegen und war damit seiner Zeit weit voraus.

Zwei Hauptkritikpunkte wurden gegenüber der Weberschen Elektrodynamik vorgebracht, nachdem man entdeckt hatte, dass die Fechnersche Hypothese falsch war. Der erste Kritikpunkt bezieht sich auf die Ampèresche Kraft zwischen Stromelementen, der zweite auf die Wechselwirkung zwischen einem stromführenden Leiter und einer relativ zum Leiter ruhenden Punktladung. Im folgenden werden diese Kritikpunkte im einzelnen diskutiert.

Die Ampèresche Kraft $d^2\vec{F}_{21}$, die von dem Stromelement $I_2 d\vec{\ell}_2$ auf das Stromelement $I_1 d\vec{\ell}_1$ (am Ort $\vec{r}_2$ und $\vec{r}_1$ bezogen auf ein Bezugssysem O) ausgeübt wird, ergibt sich (in internationalen Systemeinheiten und in vektorieller Schreibweise) als:

$$d^2\vec{F}_{21} = -\frac{\mu_0}{4\pi}\frac{\hat{r}_{12}}{r_{12}^2}\left[2(d\vec{\ell}_1 \cdot d\vec{\ell}_2) - 3(\hat{r}_{12} \cdot d\vec{\ell}_1)(\hat{r}_{12} \cdot d\vec{\ell}_2)\right] = -d^2\vec{F}_{12} \; . \qquad (1.2)$$

Mehrere neuere Veröffentlichungen beschäftigen sich mit Ampères Werk und seinem Kraftgesetz.[40] Zitate zu weiteren Papieren finden sich in diesen Arbeiten.

Weber kannte das Ampèresche Kraftgesetz und leitete es aus seinem Kraftgesetz ab, wobei er die Fechnersche Hypothese voraussetzte. Nun glaubten jedoch viele Leute fälschlicherweise, dass ohne die Fechnersche Hypothese es nicht möglich sei, die Ampèresche Kraft aus dem Weberschen Kraftgesetz herzuleiten. Aus diesem Grund kritisierten sie das Webersche Gesetz als experimentell widerlegt. Jedoch ist kürzlich gezeigt worden, dass es auch ohne die Fechnersche Hypothese möglich ist, die Ampèresche Kraft aus dem Weberschen Kraftgesetz herzuleiten.[41] Das heißt, dass es auch unter der Annahme fester Ionen im Gitter und ausschließlich beweglicher Elektronen im stromführenden Leiter möglich ist, ausgehend von der Weberschen Kraft zwischen Punktladungen die Ampèresche Kraft zwischen Stromelementen abzuleiten. Dies widerlegt den ersten der zwei hier aufgeführten Kritikpunkte des Weberschen Kraftgesetzes.

Der zweite Kritikpunkt bezüglich des Weberschen Kraftgesetzes steht im Zusammenhang mit dem Hauptthema dieses Buches, der Wechselwirkung zwischen einer stationären Ladung und einem gleichstromführenden ohmschen Leiter. Unter der Voraussetzung der Fechnerschen Hypothese und der Annahme eines im Innern und längs der Oberfläche neutralen Leiters folgt, dass zwischen einem stromführenden Leiter und einer externen relativ zum Leiter ruhenden Ladung keine Wechselwirkung auftritt (abgesehen von einer Wechselwirkung auf Grund

[40][BA98, BA01, Blo82, Wil83, Gra85, Hof87a, Hof87b, Hof88, Wil89, Blo89, GG93, Gra94, Hof96, GG96, PG98, Luh00, GPR01].

[41][Wes90a, Ass90, Ass94, Ass95, BA98, BA01].

elektrostischer Induktion). Die war der allgemein anerkannte Kenntnisstand seit der Zeit von Weber. Später erhoben sich Zweifel an der Gültigkeit der Fechnerschen Hypothese. Unter Verwendung des Halleffekts in den 1880er Jahren und der Entdeckung des Elektrons im Jahr 1897 wurde die Größenordnung der Driftgeschwindigkeit der driftenden Ladungen innerhalb von Metallen sowie das Vorzeichen der beweglichen Ladungen bestimmt.[42] Daraus folgte die Erkenntnis, dass die Fechnersche Hypothese falsch war und dass sich nur negative Ladungen in normalen ohmschen metallischen Leitern bewegen, wenn durch sie ein Gleichstrom fließt. Unter der Annahme (a) dass sich nur eine Art von Ladungsträgern (positive oder negative) in einem stromführenden Leiter bewegen, dass (b) das Webersche Kraftgesetz gilt und dass (c) der Leiter in seinem Innern und längs seiner Oberfläche neutral ist, kam man zu dem Schluß, dass es insgesamt eine Wechselwirkung geben müßte zwischen dem stromführenden Leiter und einer in der Nähe befindlichen Ladung. Diese Kraft ist proportional zu v_d^2/c^2, wobei v_d die Driftgeschwindigkeit der driftenden Ladungsträger ist und $c = 3 \times 10^8$ m/s. Basierend auf der falschen Annahme, dass ein stromführender, ohmscher Leiter keine Kraft auf eine in der Nähe befindliche ruhende Ladung ausübt, und auch ohne Kenntnis der viel größeren Kraft zwischen Leiter und Ladung, die sich proportional zur Spannung der angeschlossenen Batterie verhält, bezeichneten viele Autoren das Webersche Gesetz als experimentel widerlegt.

Diese Einstellung läßt sich mindestens bis zu Maxwells *Treatise on Electricity und Magnetism* (1873) zurückverfolgen. Maxwell betrachtete die Kraft zwischen einem gleichstromführenden Leiter und einem zweiten stromlosen Leiter, beide ruhend in Bezug auf das Labor. Dann schrieb er (die Worte in Klammern von den Autoren):[43]

> Nun wissen wir, dass wir durch das Aufladen des zweiten Drahtes $e' + e'_1$ [resultierende Ladung auf dem stromlosen Draht] entweder positiv oder negativ machen können. Ein derart aufgeladener Draht würde auch ohne Stromfluß gemäß der Gleichung [basierend auf Webers Elektrodynamik] auf den ersten Draht einwirken, in dem $v^2 e + v_1^2 e_1$ [Summe der positiven und negativen Ladungen des stromführenden Drahtes durch das Quadrat ihrer Driftgeschwindigkeiten] einen von Null verschiedenen Wert aufweist. Eine solche Wirkung ist niemals beobachtet worden.

Genau wie aus dem schon früher erwähnten Kommentar von Clausius deutlich wurde, hat auch Maxwell kein Experiment zitiert, dass zum Ziel hatte, diese Kraft zu entdecken und zu einem negativen Ergebnis gekommen war. Er berechnete auch nicht die Größenordnung dieses Effektes. Eine solche Berechnung hätte ergeben, ob es machbar war, diesen Effekt im Laborexperiment nachzuweisen. Es scheint so, dass sich Maxwell über die Tatsache, dass Ladungen auf der Oberfläche stromführenden Leiter verteilt sind, nicht im Klaren war, eine

[42][Whi73, Seiten 289-290] und [O'R65, Kapitel XI: Weber-Ritz, Sektion 2: The electronic theory of conduction, Seiten 512-518].

[43][Max54, Band 2, Artikel 848, Seite 482].

Tatsache, die Weber schon 20 Jahre vorher ausführlich diskutiert hatte. Diese Arbeit von Weber wird im ersten Anhang dieses Buches vorgestellt.

Die Arbeit von Clausius aus dem Jahr 1877, *Ueber die Ableitung eines neuen elektrodynamischen Grundgesetzes*, zielte gegen die Webersche Elektrodynamik.[44] Clausius nimmt an, dass es nur einen beweglichen Ladungstyp in einem geschlossenen stromführenden Leiter gibt. Er integriert die Webersche Kraft, die von diesem Leiter aus auf eine externe stationäre Ladung ausgeübt wird und zeigt, dass sie von Null verschieden ist (bei der Integration berücksichtigt er nicht, dass die Oberflächenladungen das elektrische Feld innerhalb des ohmschen stromführenden Leiters erzeugen). Dann schreibt er:[45]

> Der galvanische Strom müsste also, ähnlich wie ein mit einem Ueberschuss von positiver oder negativer Elektricität geladener Körper, in jedem in seiner Nähe befindlichen leitenden Körper eine veränderte Vertheilung der Elektricität hervorrufen.[46] Auch für einen Magneten würde man, wenn man den Magnetismus durch moleculare elektrische Ströme erklärt, ähnliche Wirkungen auf die ihn umgebenden leitenden Körper erhalten.
>
> Solche Wirkungen sind aber, trotz der vielen Gelegenheit, die man dazu gehabt haben würde, nie beobachtet worden, und man wird daher den obigen Satz, welcher ausdrückt, dass sie nicht stattfinden, gewiss allgemein als feststehenden Erfahrungssatz anerkennen, woraus dann, da das in der Gleichung
>
> $$(4.)\quad X = -\frac{4h'}{c^2}\left(\frac{ds'}{dt}\right)^2 \frac{d}{dx}\int\left(\frac{d\sqrt{r}}{ds'}\right)^2 ds' \,.$$
>
> ausgedrückte Resultat diesem Satze widerspricht, der Schluss folgt, *dass das Webersche Grundgesetz mit der Ansicht, dass bei einem in einem festen Leiter stattfindenden galvanischen Strome nur die positive Elektricität sich bewegt, unvereinbar ist.*

Es scheint so, dass Clausius ebenfall keine Kenntnis von Mawells früherer Analyse besaß. Im 6. Abschnitt seines Papiers betont er noch einmal seine fundamentale These, in dem er schreibt:[47]

> Um zunächst die in X_2 vorkommenden Functionen theilweise zu bestimmen, möge von dem Satze Gebrauch gemacht werden, welcher schon in den §§. 2 und 3 angewandt wurde, nämlich *dass ein in einem ruhenden Leiter stattfindender geschlossener und constanter*

[44] [Cla77].

[45] [Cla77, Seite 89].

[46] Derselbe Schluss ist auch schon i. J. 1873 von Herrn *Riecke* gezogen (Gött. Nachr. 5. Juli 1873), was mir, als ich dieses schrieb, unbekannt war, worauf ich aber noch während des Druckes durch den eben erchienenen neusten Aufsatz von Herrn *Riecke* (Gött. Nachr. 28. Juni 1876), in welchem jener ältere citirt ist, aufmerksam gemacht bin.

[47] [Cla77, Seite 100].

galvanischer Strom auf ruhende Elektricität keine bewegende Kraft ausübt.

Die ersten beiden Paragraphen des siebten Kapitels seiner Arbeit sind ebenfalls von Bedeutung:[48]

> Bei der Behandlung der Grösse X_1 können wir einen dem vorigen ähnlichen Erfahrungssatz anwenden, nämlich den folgenden: *eine ruhende Elektricitätsmenge übt auf einen in einem ruhenden Leiter stattfinden geschlossenen und constanten galvanischen Strom keine Kraft aus.*
>
> Dieser Satz bedarf noch einer Erläuterung. Wenn irgendwo Elektricität von Einer Art, z. B. positive Elektricität angehäuft ist, so übt diese auf jeden in ihrer Nähe befindlichen leitenden Körper die elektrostatische Influenzwirkung aus, und diese Wirkung muss natürlich auch der Leiter des galvanischen Stromes erleiden. Der obige Satz sagt nur aus, dass er ausser dieser Wirkung nicht noch eine besondere, durch den Strom bedingte und daher von der Stromstärke abhängige Wirkung erleide. Dabei ist noch zu bemerken, dass, wen ein geschlossener galvanischer Strom eine solche Wirkung erlitte, auch ein Magnet sie erleiden müsste. Man hat aber immer beobachtet, dass ruhende Elektricität auf einen ruhenden Magneten nur in derselben Weise wirkt, wir auf ein unmagnetisches Metallstück von derselben Form und Grösse. Demnach wird man den obigen Satz wohl ohne Bedenken als einen feststehenden Erfahrungssatz anerkennen.

Clausius zeigt hier, dass ihm die Existenz eines elektrischen Feldes im Außenraum eines stromführenden Leiters, welches sich proportional zur angelegten Spannung verhält, völlig unbekannt ist. Dieses elektrische Feld hat seinen Ursprung in Oberflächenladungen, die von der elektromotorischen Kraft der Spannungsquelle aufrechterhalten werden. Aus diesem Grund ist es wahrscheinlich, dass kein solches Feld im Außenraum eines Magneten existiert. Die Schlußfolgerung von Clausius, dass, sofern ein elektrisches Feld außerhalb eines stromführenden Leiters extistiert (wir wissen heute, dass es wirklich existiert), es notwendigerweise auch im Außenraum eines Permanentmagneten existieren müßte, erscheint somit ebenfalls unzutreffend zu sein.

In seinem Artikel entwickelt Clausius ein neues grundlegendes Gesetz der Elektrodynamik, das nicht zu einer Wechselwirkung zwischen einem stromführenden Leiterkreis und einer dazu ruhenden Ladung führt und dies auch nicht, wenn sich nur eine Elektrizitätsart im Leiterkreis bewegt. Seine Elektrodynamik führt zu folgender Vorhersage:[49]

> Das von mir formulierte Grundgesetze führt, ohne die Annahme der Doppelströmmung nöthig zu machen, zu dem Resultate, dass ein

[48] [Cla77, Seite 102].
[49] [Cla80, Seite 612] und [O'R65, Seite 589].

> ruhender und constanter geschlossener galvanischer Strom auf ruhende Electricität keine Wirkung ausübt und von ihr keine Wirkung erleidet.

Die Arbeit von Clausius war jedoch nicht die erste, in der Webers Elektrodynamik kritisiert wurde, schließlich hatte Maxwell es schon vorher getan. Dennoch erwies sich seine Arbeit als sehr einflußreich und wurde zu diesem Punkt von vielen Autoren zitiert.

In seiner Arbeit von 1951 kritisiert Whittaker die Webersche Electrodynamik im gleichen Sinn (Fettdruck durch die Autoren):[50]

> Die Annahme, dass sich positive und negative Ladungen mit gleicher aber entgegengesetzt orientierter Geschwindigkeit relativ zum Material des Leiters bewegen, ist eine, gegenüber der aus verschiedenen, später noch aufzuführenden Gründen heraus, Widersrpuch erhoben werden kann; aber sie ist ein integraler Bestandteil der Weberschen Theorie und kann nicht von ihr losgelöst werden. Sollte in der Tat diese Bedingung nicht erfüllt sein und Webers Kraftgesetz sei gültig, so **würde** ein elektrischer Strom Kräfte auf eine ruhende, elektrostatische Ladung **ausüben** (...).

Offensichtlich äußert er hier die Ansicht, dass solche Kräfte nicht existieren. Daraus folgt nach Whittaker, dass Webers Elektrodynamk falsch sein muß, denn wir wissen heute, dass sich nur die negativen Elektronen in metallischen Leitern bewegen. Wird auf diese Situation Webers Elektrodynamik angewendet (in der ein Strom in einem metallischen Leiter aus beweglichen Leitungselektronen besteht während die positiven Ladungen ruhen) so folgt, dass der stromführende Leiter eine Kraft auf eine in der Nähe befindliche Ladung ausübt. Whittaker war sich der Tatsache nicht bewußt, dass *elektrische Ströme Kräfte auf ruhende Ladungen ausüben* (siehe die im folgenden vorgestellten Experimente).

Um an einem Beispiel zu zeigen, wie diese Fehlinterpretation bezügliche der Weberschen Elektrodynamik überlebt hat, kann der einzige Abschnitt aus einem Buch von Rohrlich (1965) herangezogen werden, in dem die Webersche Theorie erwähnt wird:[51]

> Die meisten der damaligen Ideen umschrieben Elektrizität als eine Art Flüssigkeit oder zumindest als ein kontinuierliches Medium. Im Jahr 1845 stellt jedoch Gustav T. Fechner die Vermutung auf, dass der elektrische Strom aus *Teilchen* mit entgegengesetzter Ladung bestehen könnte, die sich mit gleicher Geschwindigkeit in entgegengesetzter Richtung in einem Leitungsdraht bewegen. Ausgehend von dieser Idee entwickelte Wilhelm Weber (1804 - 1891) die erste *Teilchen-Elektrodynamik* (1846). Sie basierte auf einem Kraftgesetz zwischen zwei Teilchen der Ladung e_1 und e_2 in einem Abstand r,

[50] [Whi73, Seite 205].

[51] [Roh65, Seite 9].

$$F = \frac{e_1 e_2}{r^2} \left[1 + \frac{r}{c^2} \frac{d^2 r}{dt^2} - \frac{1}{2c^2} \left(\frac{dr}{dt} \right)^2 \right] .$$

> Die Kraft schien mit den Experimenten übereinzustimmen (Ampèresches Gesetz, Biot-Savartsches Gesetz), aber verwickelte sich in theoretische Schwierigkeiten und mußte schließlich verworfen werden als sich unter anderem die Grundannahme der gleichen Geschwindigkeit in entgegengesetzter Richtung als nicht haltbar erwies.

Weitere Beispiele dieser weitverbreiteten Auffassung: Im Jahr 1969 schrieb Skinner in Bezug auf die Abbildung 1.2, in der ein ruhender geschlossener, stromführender Stromkreis und eine ruhende Ladung am Punkt P dargestellt ist:[52]

> Gemäß dem Weberschen Kraftgesetz würde der Strom in Abbildung 2.39 [hier Abbildung 1.2] eine Kraft auf eine ruhende Ladung am Punkt P aufbringen. (...) Und eine Ladung bei P erfährt gerade keine Kraft.

Genau so wie Clausius und Maxwell bei ihren ursprünglichen Behauptungen zitiert auch Skinner kein spezielles Experiment, in dem versucht wurde, diese Kraft zu finden. Erstaunlicher Weise trägt seine Abbildung 2.39 die Unterschrift: "Ein entscheidender Test des Weberschen Kraftgesetzes." Für die meisten Leser vermitteln Sätze wie diese den Eindruck, dass ein solches Experiment durchgeführt und Webers Gesetz widerlegt wurde. Aber in Wahrheit verhält es sich gerade umgekehrt; verschiedene Experimente, die in diesem Buch beschrieben werden, zeigen die Existenz einer Kraft zwischen einer stationären Ladung und einem stromführenden ohmschen Leiter.

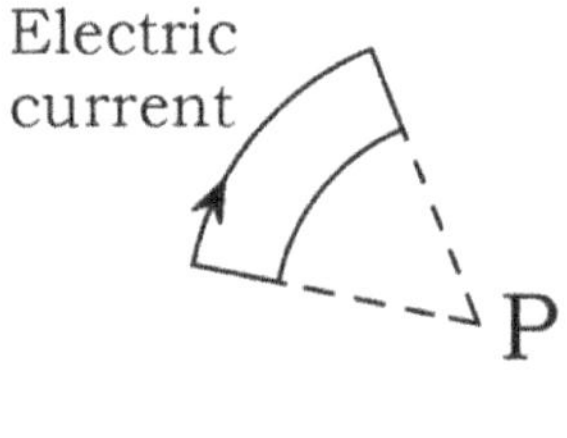

Abbildung 1.2: Am Punkt P befindet sich eine stationäre Ladung und im geschlossenen Stromkreis fließt ein konstanter Strom.

In einem Papier, in dem die Analogie zwischen Webers Elektrodynamik und Kernkräften diskutiert wird, machen Pearson und Kilambi die gleichen kritischen Aussagen und zwar im Abschnitt unter der Überschrift "Ungültigkeit der Weberschen Elektrodynamik."[53] Sie betrachten einen geraden stromführenden

[52] [Ski69, Seite 163].
[53] [PK74].

Widerstandsdraht und berechnen die Kraft auf eine in der Nähe befindliche Ladung auf der Grundlage der klassischen Elektrodynamik sowie mit dem Weberschen Gesetz. Dabei nehmen sie an, dass der Leiter an allen Punkten neutral ist. Ihre Berechnungen zeigen, dass aus der klassische Elektrodynamik keine Kraft auf die Testladung folgt und interpretieren dies wie folgt (Unterstreichungen durch die Autoren):

> Das Verschwinden der Kraft auf eine ruhende Ladung entspricht direkt der Tatsache, dass ein konstanter Strom in keiner Weise ein elektrisches Feld induziert.

Ausgehend vom Weberschen Kraftgesetz finden sie eine Kraft zweiter Ordnung und meinen, dies bedeute (Betonung durch die Autoren):

> dass Webers Elektrodymamik einen falschen [*spurious*] Induktionseffekt erfordert. Dies ist wahrscheinlich der offensichtlichste Fehler der Theorie und die einzige Möglichkeit, diesen zu vermeiden, besteht darin, anzunehmen, dass sich die positiven Ladungen mit der gleichen Geschwindigkeit in die entgegengesetzte Richtung bewegen, was sie natürlich nicht tuen.

Wie gezeigt werden wird, ist es Tatsache, dass ein Gleichstrom im Außenraum ein elektrisches Feld erzeugt, wie in den unten vorgestellten Experimenten gezeigt wird.

Die Aussage dieses Buches ist, dass all diese Kritikpunkt irreführend sind. Es wird theoretisch abgeleitet, dass eine Wechselwirkung zwischen einer ruhenden äußeren Ladung und einem an eine Batterie angeschlossenen stromführenden Leiter existiert, auch wenn beide relativ zueinander ruhen. Diese theoretischen Berechnungen werden mit den experimentellen Ergebnissen verglichen, wodurch die Existenz dieser Kraft bewiesen ist. Aus diesem Grund müssen all diese unzutreffenden Kritikpunkte zur Weberschen Elektrodynamik zurückgewiesen werden.

1.5 Elektrisches Feld a) auf Grund von elektrostatischer Induktion; b) proportional zur Spannung der Batterie; und c) 2. Ordnung

In dieser Arbeit wird die Wechselwirkung zwischen einem gleichstromführenden Widerstandsdraht und einer relativ zum Leiter ruhenden Ladung diskutiert. Dabei wird angenommen, dass beide relativ zum Labor ruhen und dies als gutes Inertialsystem gelten kann. Drei Komponenten dieser Kraft oder des elektrischen Feldes werden betrachtet.

Der Draht ist ein Leiter und es wird angenommen, dass er zu Beginn sowohl im Innern als auch längs seiner Oberfläche neutral ist und keinen Strom führt. Wird eine Ladung herangeführt, so werden sich die freien Ladungsträger längs der Oberfläche umverteilen bis ein neues konstantes Potential an allen Punkten vorhanden ist. Als Ergebnis dieser Umverteilung der Ladung ergibt sich eine Wechselwirkung zwischen der äußeren Punktladung und dem Leiter. Diese Kraft 1. Art sei $\vec{F}_0$. Diese Situation kann beschrieben werden durch die Aussage, dass Leiter und äußere Ladung ein elektrostatisches Feld erzeugt bzw. induziert haben und damit eine Wechselwirkung. Dieses elektrische Feld ist unabhängig von einem elektrischen Strom im Leiter, sondern ist nur abhängig von der Größe der äußeren Ladung, ihrer Entfernung von Leiter und der Form des Leiters. Das heißt, dass dieses Feld bestehen bleibt, wenn ein Strom im Leiter zu fließen beginnt unter der Voraussetzung, dass sich die Form des Leiters nicht ändert. Dieses elektrisches Feld auf Grund von elektrostatischer Induktion wird als $\vec{E}_0$ gekennzeichnet.

Wird nun der ohmsche Leiter mit einer Batterie verbunden, so fließt im stationären Zustand im Leiter ein konstanter Strom. Existiert nun eine Wechselwirkung zwischen diesem Leiter und der relativ zum Leiter ruhenden, äußeren Ladung, die sich proportional zur angelegten Spannung verhält? Dies ist das zentrale Thema dieses Buches und die Antwort ist positiv. Das heißt, es existiert eine Kraftkomponente proportional zur angelegten Spannung. Diese Kraftkomponente sei $\vec{F}_1$. Man kann auch sagen, dass der Leiter ein elektrisches Feld generiert, dass sich proportional zur angelegten Spannung verhält und von der Form des Leiters abhängt. Dieses elektrische Feld sei als $\vec{E}_1$ gekennzeichnet.

Beim Entfernen der Testladung geht sowohl die Kraft $\vec{F}_0$ als auch die Kraft $\vec{F}_1$ gegen Null. Ersetzt man die Testladung durch einen kleinen Leiter ohne Überschußladung und ohne Relativgeschwindigkeit zum Leiter, so beobachtet man keine Kraft $\vec{F}_0$. Wird jedoch der Widerstandsdraht mit einer Batterie verbunden und fließt ein Strom, so ergibt sich eine Wechselwirkung in Form einer gegenseitigen Anziehung zwischen dem stromführenden Widerstandsdraht und dem kleinen Leiter in der Nähe. Das heißt, es tritt eine Kraft $\vec{F}_1$ auf, auch wenn die Gesamtladung des kleinen Leiters gleich Null ist. Diese Kraft wird dadurch verursacht, dass die Batterie eine Umverteilung der Ladungen auf der Oberfläche des Widerstandsdrahts bewirkt. Längs des Drahtes ergibt sich ein Gradient in der Dichte der Oberflächenladungen mit positiven Ladungen auf der Seite des positiven Batterieanschlusses und mit negativen Ladungen in der Nähe des negativen Anschlusses (und mit einem neutralen Punkt an einem bestimmten mittleren Punkt längs des Drahtes). Dieser Gradient in der Dichte der Oberflächenladungen erzeugt nicht nur das interne elektrische Feld (welches der Form des Drahtes folgt und im wesentlichen an jedem Punkt parallel zu seiner Achse verläuft), sondern auch ein äußeres, elektrisches Feld. Dieses elektrische Feld polarisiert den kleinen Leiter, der sich in der Nähe des Drahtes befindet. Die Polarisation dieses Drahtes bewirkt eine anziehende Kraft zwischen dem polarisierten Leiter und dem stromführenden Draht. Mit Hilfe dieses Effektes kann zwischen den Kräften $\vec{F}_0$ und $\vec{F}_1$ unterschieden werden. Wie in dem Kapitel 3 dargestellt wird, ist dieser Effekt inzwischen in verschiedenen Experimenten nachgewiesen worden.

In zahlreichen Veröffentlichungen wird zusätzlich eine Kraft 2. Ordnung $\vec{F}_2$ oder $\vec{E}_2$ behandelt. Wie gezeigt wurde, übersehen in der Regel die Autoren, die sich mit einem solchen Effekt zweiter Ordnung beschäftigen, sowohl die Effekte auf Grund von elektrostatischer Induktion, als auch die Effekte proportional zur Spannung der Batterie. Dieser Effekt 2. Ordnung ist proportional zum Quadrat der Stromstärke oder proportional zum Quadrat der Driftgeschwindigkeit der beweglichen Elektronen. In analoger Weise kann von einem durch den Draht erzeugten, elektrischen Feld gesprochen werden, das zuweilen auch als "Bewegungsfeld" oder "Elektrisches Feld durch Bewegung" (*motional electric field*) bezeichnet wird. Es ist seit langem bekannt, dass die Kraftgesetze von Clausius und Lorentz (die im klassischen Elektromagnetismus akzeptiert und in nahezu allen derzeitigen Lehrbüchern vorgestellt werden) kein Feld zweiter Ordnung zulassen.[54] Andererseits sagen einige Theorien wie die von Gauß, Weber, Riemann und Ritz eine Kraft dieser Größenordnung voraus, wobei die Wechselwirkung zwischen dem stationären Gitter und den beweglichen Leitungselektronen mit der externen ruhenden Testladung in Betracht gezogen wird.[55]

Wie später gezeigt werden wird, ist diese Kraft oder das elektrische Feld 2. Ordnung für typische Laborbedingungen viel kleiner als die Kraft proportional zur Spannung der Batterie oder als das entsprechende elektrische Feld und dieses ist wiederum viel kleiner als die Kraft beziehungsweise das elektrische Feld auf Grund von elektrostatischer Induktion. Es gilt üblicherweise: $|\vec{F}_0| \gg |\vec{F}_1| \gg |\vec{F}_2|$ oder $|\vec{E}_0| \gg |\vec{E}_1| \gg |\vec{E}_2|$. Der Inhalt dieses Buches bezieht sich im wesentlichen auf $\vec{E}_0$ und $\vec{E}_1$, während das Feld $\vec{E}_2$ wegen seiner extrem kleinen Größenordnung nur kurz gestreift wird.

[54] [Jac75, Seite 697], [EKL76] und [Ass94, Sektion 6.6].

[55] [Bus26], [O'R65, Band 2, Seiten 588-590], [Whi73, Seiten 205-206 und 234-236], [PK74], [EKL76] und [Ass94, Sektion 6.6].

Kapitel 2

Gründe für die Existenz eines externen elektrischen Feldes

In diesem Kapitel wird das elektrische Feld betrachtet, dass sich proportional zur Spannung oder zur elektromotorischen Kraft der angeschlossenen Batterie verhält beziehungsweise genauer zu der Potentialdifferenz über dem stromführenden ohmschen Leiter.

2.1 Gekrümmte Leiter

Gegeben sei ein Widerstandsdraht mit der endlichen Leitfähigkeit g, der mit einer Batterie verbunden ist und durch den ein konstanter Strom I fließt, wie auf der linken Seite von Abbildung 2.1 zu sehen ist. Die als ideal gedachte Batterie erzeugt eine konstante Spannung oder elektromotorische Kraft (EMK) V zwischen ihren Ausgangskontakten.

Für die Stromdichte $\vec{J}$ gilt $\vec{J} = (I/A)\hat{u}$, mit A als Querschnittsfläche des Drahtes und $\hat{u}$ als Einheitsvektor mit der Richtung parallel zum Strom an jedem inneren Punkt des Leiters. Aus dem Ohmschen Gesetz in differentieller Schreibweise folgt $\vec{J} = g\vec{E}$, mit $\vec{E}$ als das den Strom antreibende elektrisches Feld. Aus der vorherigen Beziehung wird deutlich, dass $\vec{E}$ ebenfalls in jedem Punkt parallel zum Draht ausgerichtet ist.

Wo befinden sich die Ladungen, die das Feld längs des Drahtes bewirken? Man mag zunächst annehmen, dass dieses elektrische Feld durch die Batterie bewirkt wird (oder durch die Ladungen innerhalb der Batterie), aber dies ist nicht die vollständige Antwort. Um zu erkennen, dass die Batterie das elektrische Feld an allen Punkten längs des Leiters nicht in direkter Weise bewirkt, betrachte man die Abbildung 2.1. Bekanntlich folgt im allgemeinen das den Strom antreibende Feld der Form des Drahtes. An einem besonderen Punkt C

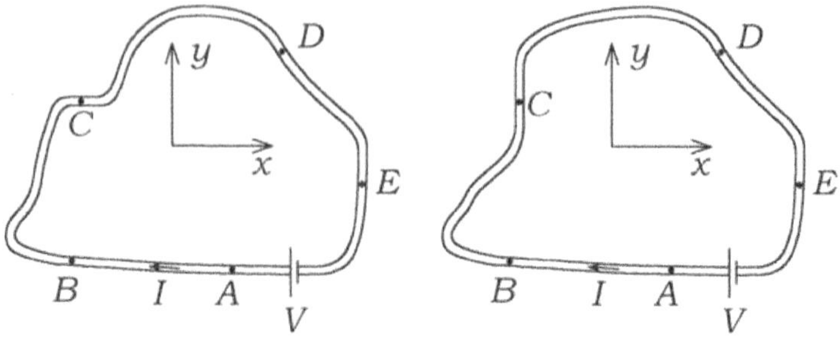

Abbildung 2.1: Das elektrische Feld am Punkt C längs der x-Achse in der Abbildung links. Ist der Draht umgebogen wie rechts dargestellt, zeigt das Feld bei C in Richtung der y-Achse. Die Richtung und Intensität des elektrischen Feldes bei A, B, D und E bleibt unverändert.

innerhalb des Drahtes zeigt das elektrische Feld in Abbildung 2.1 (linker Stromkreis) in die positive x-Richtung. Wird ein Teil des Drahtes gebogen, so folgt das elektrische Feld dieser Biegung. Aus der Abbildung 2.1 wird deutlich, dass das elektrische Feld (rechter Stromkreis) an dem gleichen Punkt C nun in die positive y Richtung zeigt.

Würde sich durch das Krümmen des Drahtes etwas innerhalb der Batterie verändern, so müßte sich das elektrische Feld an allen Punkten, die näher an der Batterie liegen, ebenfalls ändern. Das elektrische Feld ändern seinen Verlauf aber nur in dem Abschnitt, der gekrümmt wurde sowie in der näheren Umgebung und behält die vorherige Stärke und Richtung an allen anderen Punkten bei (wie an den Punkten A, B, D oder E in Abbildung 2.1). Da sich das elektrische Feld im Innern des Drahtes nur in der Krümmungszone geändert hat, muß irgend etwas Lokales diese Änderung der Richtung des elektrischen Feldes bewirkt haben. Die Form des Drahtes hat sich offensichtlich geändert. Aber da die Form oder räumliche Konfiguration kein elektrisches Feld erzeugt, muß die Ursache irgendwo anders gesucht werden. Sie kann nur in anderen Ladungen zu finden sein, die das elektrische Feld oder die elektrische Kraft erzeugen, das dann auf die Leitungselektronen einwirkt. Diese Ladungen seien Quellladungen genannt. Somit sollte eine Änderung der Quellladungen festzustellen sein, wenn die Konfigurationen in der linken und rechten Abbildung 2.1 verglichen werden. Diese Änderung am Ort der Quellladungen sollte sich hauptsächlich in der Krümmungszone des Drahtes ereignen, aber nicht in der Batterie. Dies führt zu der Idee von Weber und Kirchhoff, dass nämlich das elektrische Feld innerhalb eines gleichstromführenden ohmschen Leiters bewirkt wird durch freie Elektronen auf der Oberfläche des Leiters.[1] In den Anhängen A und B werden diese Arbeiten im einzelnen vorgestellt.

Die Rolle der Batterie besteht darin, die Verteilung der freien Elektronen längs der Oberfläche des Leiters aufrechzuerhalten (konstant in der Zeit für

[1] [Web52, Kir49, Kir57a, Kir57b].

Gleichströme, aber variable in der Längsrichtung des Leiters). Es stellt sich ein kontinuierlicher Gradient der Oberflächenladungsdichte längs des Leiters ein, mit mehr positiven Ladungen in Richtung des positiven Außenkontaktes der Batterie, abnehmend längs des Leiters zu Null an einem mittleren Punkt und mit zunehmend negativen Werten in Richtung des negativen Batteriekontaktes, Abbildung 2.2.

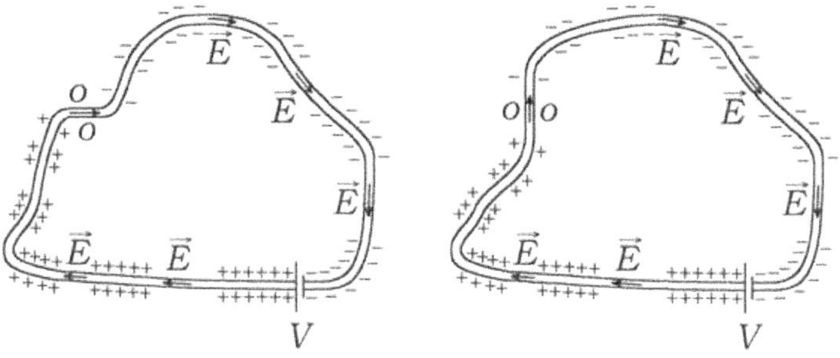

Abbildung 2.2: Qualitative Verteilung von Ladungen längs der Oberfläche eines gleichstromführenden ohmschen Leiters in zwei Konfigurationen.

Ohne eine Batterie wäre die Ladungsdichte an allen Punkten längs des Leiters gleich Null. Es ist diese Verteilung von Oberflächenladungen auf dem Leiter, durch die das elektrische Feld im Innern des Drahtes bewirkt wird, das dann wiederum den Strom antreibt. Wird ein bestimmter Bereich des Drahtes gekrümmt, verteilen sich die freien Elektronen längs der Oberfläche des Drahtes um und erzeugen dadurch ein elektrisches Feld, dass der Form des Drahtes folgt. Dies wird qualitativ in der Abbildung 2.2 rechts dargestellt. Unter der Annahme, dass der Draht insgesamt neutral ist, ist das Integral über die Oberflächenladungen σ längs der gesamten Oberfläche gleich Null.

Die rechte Seite der Abbildung 2.3 zeigt qualitativ die Verteilung von Oberflächenladungen auf einem ohmschen ringförmigen Leiter, der an eine Batterie mit der Ausgangsspannung V angeschlossen ist und durch den ein Strom I fließt. Die rechte Seite der gleichen Abbildung zeigt das zu diesen Oberflächenladungen gehörende innere und äußere elektrische Feld.

Eine qualitative Betrachtung dieser Verteilung von Oberflächenladungen bei einer Krümmung eines Leiters findet sich bei Parker,[2] und bei Chabay und Sherwood.[3] Eine qualitative Berechnung der Größenordnung der Ladungen, die notwendig ist, um einen elektrischen Strom I umzulenken, wurde von Rosser durchgeführt.[4]

Jedoch sind sich viele Autoren dieser Oberflächenladungen und den zugehörigen elektrischen Feldern im Außenraum des Leiters nicht bewußt, wie die obigen Zitate gezeigt haben. Glücklicherweise wurde dieses Thema jedoch

---

[2] [Par70].
[3] [CS95] und [CS02].
[4] [Ros70].

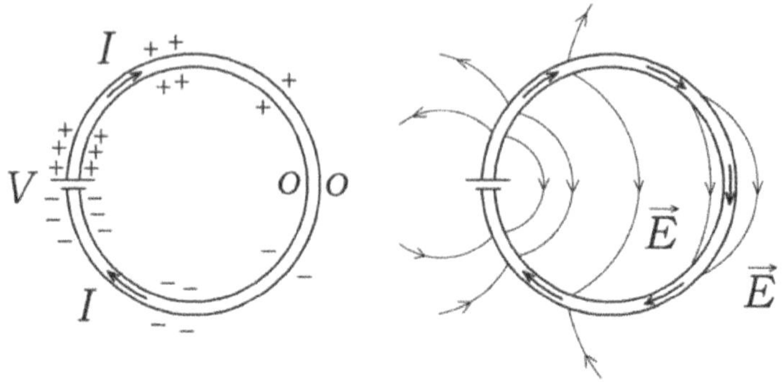

Abbildung 2.3: Qualitative Darstellung von Oberflächenladungen (links) und innerem und äußerem elektrischem Feld eines ringförmigen, stromführenden Leiters (rechts).

von anderen Autoren in wichtigen Arbeiten wieder aufgegriffen, die in diesem Buch diskutiert werden.

2.2 Kontinuität der tangentialen Komponente des elektrischen Feldes

Einen zweiten Grund für die Existenz eines elektrischen Feldes im Außenraum eines stromführenden Leiters liefert die Randbedingung des elektrischen Feldes $\vec{E}$. Es gilt die allgemein anerkannte Aussage, dass die Tangentialkomponente des elektrischen Feldes $\vec{E}$ an der Grenzfläche zwischen zwei Medien der Kontinuitätsbedingung genügen muß, $E_{t1} = E_{t2}$ oder $\hat{n} \times (\vec{E}_2 - \vec{E}_1) = 0$ (mit $\hat{n}$ als Einheitsvektor senkrecht zur Schnittstelle an jedem Punkt). Andererseits kann die Normalkomponente eine Diskontinutät aufweisen gemäß der Beziehung $\hat{n} \cdot (\varepsilon_2\vec{E}_2 - \varepsilon_1\vec{E}_1) = \sigma$. Dabei steht ε_j für die Dielektrizitätskonstante des Mediums j und σ für die Dichte der Oberflächenladungen an der Schnittstelle. Aus dem Ohmschen Gesetz folgt, dass eine longitudinale Komponente von $\vec{E}$ innerhalb des ohmschen Leiters existieren muß und dieses auch an der Oberfläche. Da diese Komponente keine Diskontinuität an einer Schnittstelle aufweisen kann, muß auch eine longitudinale Komponente im Vakuum bzw. der Luft außerhalb existieren und dies nicht nur in der unmittelbarer Nähe, sondern auch in meßbaren Abständen vom Leiter.

Viele Lehrbücher betrachten das elektrische Feld außerhalb eines stromführenden Leiters nur, wenn diese Randbedingungen diskutiert werden. Der Energiefluß im elektromagnetischen Feld wird repräsentiert durch den Poyntingvektor $\vec{S} = \vec{E} \times \vec{B}/\mu_0$, mit $\vec{B}$ gleich dem magnetischen Feld und $\mu_0 = 4\pi \times 10^{-7}$ H/m gleich der magnetischen Permeabilität des Vakuums. Die Autoren, die sich mit dem elektrischen Feld außerhalb von Leitern im Zusammenhang mit den Randbedingungen beschäftigen, zeigen den Poyntingvektor in der Regel in radialer Richtung senkrecht zum Inneren des Leiters.[5] Dies läßt sich zurückführen auf die ursprüngliche Arbeit von Poynting (1885).[6] Hier das Zitat aus dieser Arbeit:

> In dem besonderen Fall eines konstanten Stroms in einem Draht, bei dem die elektrischen Niveauflächen den Leiter senkrecht zur Achse schneiden, scheint es so, dass die in dem Draht in Wärme umgewandelte Energie vom umgebenden Medium aus senkrecht zur Oberfläche eindringt. [...] In der Umgebung eines stromführenden Leiters können die elektrischen *Tubes* als parallel zum Leiter angenommen werden während die magnetischen *Tubes* ihn umschließen.

Im ersten Paragraphen des Abschnittes *Ein geradliniger stromführender Leiter* heißt es:[7]

> Möge AB einen Leiter repräsentieren, in dem ein konstanter Strom von A nach B fließt. Die Richtung der elektrischen Induktion in dem umgebenden Feld in der Nähe des Leiters is parallel zu AB, sofern das Feld homogen ist.

Eine typische Lehrbuchdarstellung der Felder $\vec{E}$, $\vec{B}$ und $\vec{S}$ in der Umgebung eines stromführenden zylinderförmigen Widerstandsdrahtes zeigt Abbildung 2.4.

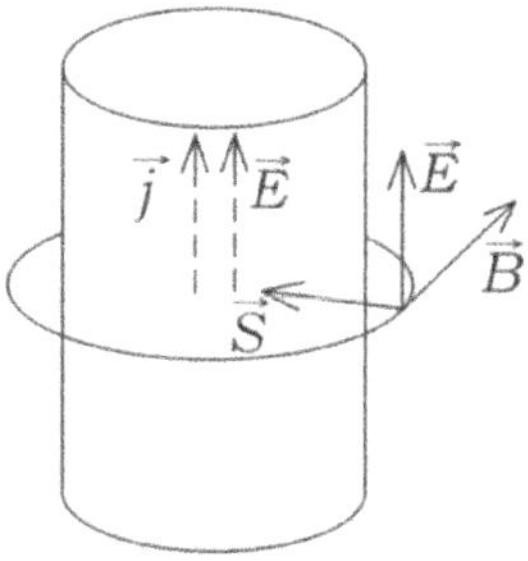

Abbildung 2.4: Typische Darstellung des Poyntingvektors $\vec{S} = \vec{E} \times \vec{B}/\mu_0$ außerhalb eines gleichstromführenden Widerstandsdrahtes.

Zwei Punkte sind hier anzusprechen. Zum einen suggerieren diese Abbildungen und Aussagen, dass das elektrische Feld nur in unmittelbarer Umgebung des Leiters existiert, während es tatsächlich überall im Raum vorhanden ist. Zum zweiten zeigt sich, dass sich diese Autoren nicht um die Oberflächenladungen kümmern, die dieses Feld bewirken. Nur an sehr wenigen Stellen gilt, dass

[5] [PP62, Seiten 180-181] und [FLS64, Seite 27-8].
[6] [Poy85] und [Mar41].
[7] [Poy85].

$\vec{S}$ senkrecht von außen auf den Leiter trifft und zwar dort, wo die Dichte der Oberflächenladungen gleich Null ist. Diese Orte sind die Ausnahme und nicht die Regel. An den allermeisten Stellen befinden sich Oberflächenladungen und zwar positive (in Richtung des positiven Außenkontaktes der Batterie) oder negative (in Richtung des negativen Außenkontaktes der Batterie). In der Regel existiert eine radiale Komponente, die größer sein kann als die longitudinale und entweder zum Leiter hin oder vom Leiter weg gerichtet ist. Diese radiale Komponente bewirkt u.a., dass $\vec{E}$ und $\vec{S}$ in der Regel schräg und nicht senkrecht zum Leiter ausgerichtet sind.

Diese beiden Fehlvorstellungen kommen in den Aussagen von Feynman, Leighton und Sands im Abschnitt 27-5 (Beispiele für Energiefluß) ihres Buches deutlich zum Ausdruck (Fettdruck durch die Autoren):[8]

> Als ein weiteres Beispiel fragen wir, was passiert in einem Abschnitt eines stromführenden Widerstandsdrahtes. Da der Draht einen Widerstand besitzt, existiert ein elektrisches Feld in Längsrichtung, das den Strom antreibt. Da ein Potentialgefälle längs des Leiters existiert, **existiert auch ein elektrisches Feld unmittelbar außerhalb des Drahtes und parallel zur Oberfläche** (Abbildung 27-5 [hier Abbildung 2.4]). Zusätzlich existiert wegen des Stromes ein magnetisches Feld, das den Leiter umrundet. **E** und **B** stehen senkrecht aufeinander; deshalb existiert ein radial ausgerichteter Poynting-Vektor mit einer Orientierung nach innen, wie in der Abbildung gezeigt wird. Es existiert ein Energiefluß von allen Richtungen aus in den Leiter hinein. Dieser ist natürlich gleich der in Wärme umgewandelten Energie im Leiter. Deshalb besagt unsere "verrückte" Theorie, dass die Elektronen ihre Energie zur Erzeugung von Wärme aus dem äußeren Feld beziehen. Intuitiv würden wir meinen, dass die Elektronen ihre Energie daher bekommen, dass sie durch den Leiter in Längsrichtung getrieben werden, so dass die Energie den Leiter hinunter (oder hinauf) fließen sollte. Aber die Theorie sagt aus, dass die Elektronen in Wirklichkeit von einem elektrischen Feld angetrieben werden, das von Ladungen in großer Entfernung herrührt und dass die Elektronen ihre Energie für die Erzeugung von Wärme aus diesem Feld beziehen. Die Energie fließt irgendwie von den entfernten Ladungen in den freien Raum und dann in den Leiter hinein.

Wie gezeigt wurde, verläuft das elektrische Feld unmittelbar außerhalb des Leiters normalerweise nicht parallel zum Leiter. Außerdem wird der Hauptteil des lokalen elektrischen Feldes an einem bestimmten Punkt innerhalb des Leiters durch die Ladungen auf der Oberfläche des Leiters in der Nähe dieses Punktes bewirkt und dies widerspricht der Aussage der Autoren (die glauben, "dass die Elektronen in Wirklichkeit von einem elektrischen Feld angetrieben werden, das von Ladungen in großer Entfernung herrührt"). Wahrscheinlich dachten sie hier an Ladungen innerhalb der Batterie.

[8][FLS64, Seite 27-8].

Kapitel 3

Experimente

In diesem Kapitel werden Experimente vorgestellt, die die Existenz eines elektrischen Feldes im Außenraum eines stromführenden Leiters nachweisen. Viele dieser Experimente wurden in der zweiten Hälfte des 19. Jahrhunderts sowie in den frühen Jahren des 20. Jahrhunderts durchgeführt, aber sie gerieten in Vergessenheit und werden heute nicht mehr zitiert. Im folgenden werden diese Experimente, soweit den Autoren bekannt, vorgestellt.

Die Experimente werden in drei Klassen aufgeteilt. Die erste Klasse bezieht sich auf das elektrische Feld auf Grund von elektrostatischer Induktion, dass auch ohne Stromfluß im Leiter existiert. Die zweite Klasse bezieht sich direkt auf die Batterie und auf den Strom im Leiter und ist proportional zur EMK der Batterie bzw. zur Potentialdifferenz über dem Leiter. Die dritte Klasse bezieht sich auf den Effekt zweiter Ordnung, proportional zu v_d^2/c^2, mit der Driftgeschwindigkeit v_d der Elektronen und der Lichtgeschwindigkeit c im Vakuum.

3.1 Elektrisches Feld auf Grund von elektrostatischer Induktion

Soweit bekannt gibt es kein Experiment, dass speziell dafür geplant wurde, die Wechselwirkung zwischen einer Punktladung und einem in der Nähe befindlichen Leiter zu bestimmen. Gemeint ist hier ein Leiter, der zunächst neutral ist und keinen Strom führt, bis eine Ladung in die Nähe gebracht wird und beide dann relativ zueinander ruhen. Nachdem das elektrostatische Gleichgewicht erreicht ist, bewirkt die Polarisation des Leiters eine Wechselwirkung zwischen Leiter und äußerer Ladung. Diese elektrische Kraft auf Grund von elektrostatischer Induktion hängt von der Form des Leiters ab, von der Entfernung zur äußeren Ladung und von der Größe der Ladung. In gleicher Weise gilt, dass das elektrische Feld auf Grund von elektrostatischer Induktion von der Form des Leiters, dem Abstand zur äußeren Ladung und der Größe der Ladung abhängt. Viele quantitative Experimente sind sicherlich im 19. Jahrhundert durchgeführt worden. Da es nicht gelang, möglicherweise existierende Dokumentationen aufzufinden, können hier keine speziellen Experimente genannt werden. Aber es ist anzunehmen, dass solche Experimente mit unterschiedlich geformten Leitern durchgeführt wurde und mit den Voraussagen auf der Grundlage des Coulombschen Kraftgesetzes und den Eigenschaften von Leitern übereingestimmt haben. Anderenfalls wäre dies den meisten Wissenschaftlern schon seit langem bekannt gewesen. Die wesentlichen Eigenschaften eines Leiters im elektrostatischen Gleichgewicht, die in diesem Buch vorausgesetzt werden, sind: kein elektrisches Feld im Innern, Neutralität im Innern, eventuell vorhandene Überschußladungen nur auf der Oberfläche, konstantes Potential im Innern und auf der Oberfläche und ein elektrisches Feld, dass senkrecht auf den Leiter auftritt. Damit kann angenommen werden, dass entsprechende Rechnungen mit den früheren Beobachtungen übereingestimmt haben. Im nächsten Abschnitt wird ein Experiment von Sansbury behandelt, dass einige qualitative Bezüge zu diesem Thema aufweist.

3.2 Elektrisches Feld proportional zur Spannung der Batterie

Im folgenden wird die Wechselwirkung zwischen einer externen Testladung und einem stromführenden ohmschen Leiter betrachtet. Speziell handelt es sich um diejenige Komponente der Kraft, die sich proportional zur Spannung bzw. zur EMK der Batterie verhält oder, aus einer anderen Sicht, um die Komponente des elektrischen Feldes proportional zur Potentialdifferenz längs des Leiters. In der Mehrzahl der Experimente kommen Spannung von der Größenordnung 10^4 V zur Anwendung, um die makroskopischen Effekte deutlicher sichtbar zu machen.[1]

Von den unterschiedlichen Experimenten, die hier vorgestellt werden, zeigen einige Feldlinien oder Äquipotentiallinien im Außenraum eines stromführenden Leiters. Andere messen direkt die Kraft zwischen einer ruhenden Testladung und einem ebenfalls ruhenden stromführenden Leiter. Ein weiteres Experiment mißt die Ladung an einem Elektroskop, das mit verschiedenen Punkten eines stromführenden Leiters verbunden ist. Und schließlich wird in einem weiteren Experiment gezeigt, wie man einen Teil der Oberflächenladung an verschiedenen Punkten eines stromführenden Leiters abgreifen kann und wie ihre Polarität und Größe zu verifiziert ist.

Bergmann und Schaefer präsentieren in ihrem Lehrbuch einige Experimente, in denen die elektrischen Feldlinien dargestellt werden.[2] Wegen der großen Leitfähigkeit von Metallen - wie sie schreiben - können diese in diesen Experimenten nicht verwendet werden. Metalle können keine großen Potentialdifferenzen zwischen ihren Enden aufrechterhalten und somit entstehen daraus nur sehr schwache elektrische Feldstärken im Außenraum. Aus diesem Grund verwendeten sie graphitbeschichtete Papierstreifen von geringer Leitfähigkeit und legten

[1] [CSa] und [CS02, Seite 653].
[2] [BS50, Seiten 164-167] und [BS87, Seiten 197-199].

eine Spannung zwischen 20 000 bis 40 000 Volt an den Enden der Streifen an, damit ein konstanter Strom hindurchfließt. Die Mitte des Streifens wurde geerdet, um dort ein Nullpotential zu erreichen, so dass sich die elektrischen Feldlinien symmetrisch um diesen Punkt verteilen. Um den Streifen herum wurde eine Ölschicht aufgebracht und diese mit Grießmehl bestreut mit dem in Abbildung 3.1 dargestellten Ergebnis. Der mittlere dunkle Streifen ist der Papierstreifen, durch den der Strom fließt. Das Grießmehl wird durch das elektrische Feld polarisiert und richten sich in der gleichen Weise nach dem Feld aus wie Eisenfeilspäne in einem Magnetfeld.

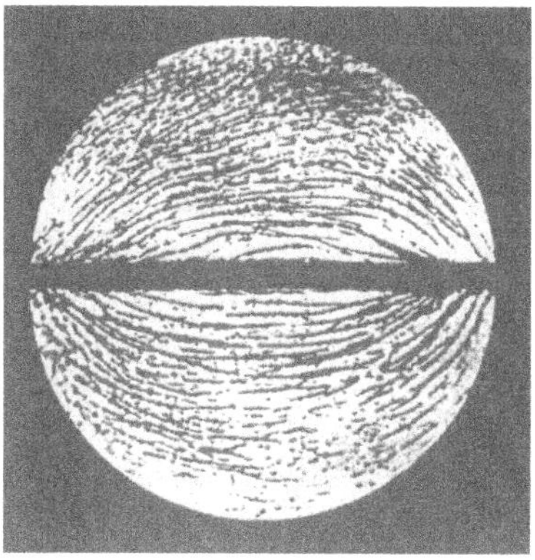

Abbildung 3.1: Experimenteller Nachweis des elektrischen Feldes im Außenraum eines geraden stromführenden Leiters.

Zu beachten ist, dass das elektrische Feld längs der Außenseite der Leiteroberfläche eine longitudinale Komponente aufweist im Unterschied zu einer Situation, in der der Leiter ein konstantes Potential aufweist (in diesem Fall trifft das elektrische Feld im stationären Zustand senkrecht auf den Leiter), worauf Bergmann und Schaefer hingewiesen haben

Mit einem U-förmigen Leiter waren sie in der Lage, die elektrischen Feldlinien im Außenraum einer Transportleitung oder Doppelleitung aufzuzeigen (Abbildung 3.2). Auf der rechten Seite befinden sich die Feldlinien in der Ebene der Leiter, während sie auf der rechten Seite senkrecht zur Ebene der Leiter verlaufen.

Bergmann und Schaefer behandeln ebenfalls die Umverteilung von Oberflächenladungen, wenn ein an einer Batterie angeschlossener offener Stromkreis geschlossen wird. Eine weitere ausführliche Diskussion dieser Situation findet sich in dem kürzlich erschienenen Buch von Chabay und Sherwood.[3]

Ähnliche Experimente, wie die von Bergmann und Schaefer, wurden von Jefimenko durchgeführt.[4] Jefimenko benutzte transparente Tinte zur Herstellung eines zweidimensionalen Stromkreises auf Glassplatten von der Größe 10 × 12

[3][CS95, Kapitel 6].

[4][Jef62], [Jef66, Seiten 295-312 und 508-511] und [Jef89, Platten 6 bis 9 und Seiten 299-319 und 508-511].

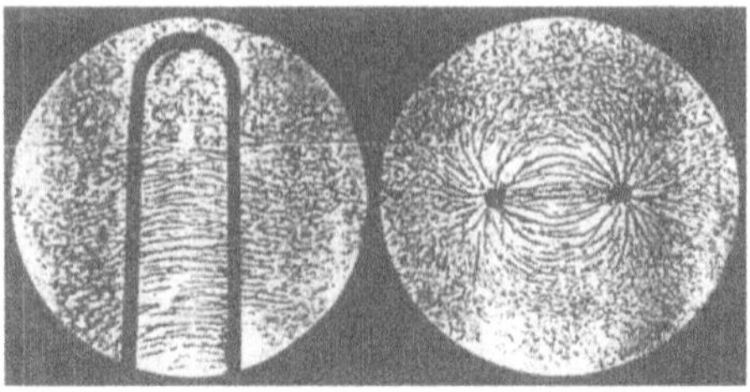

Abbildung 3.2: Experimenteller Nachweis des elektrischen Feldes einer Transportleitung.

Inch. In den Abbildungen 3.3 bis 3.7 geben die grauen Abschnitte die stromführenden Streifen wieder. Die Energiequelle lieferte eine Spannung von etwa 10^4 V. Jefimenko benutzte ein Hochspannungsgerät von Du Mont, Typ 263-A, aber erwähnt, dass ein kleiner Van-de-Graaff Generator ebenfalls verwendet werden kann. Nach dem Anlegen der Hochspannung wurden feine Grassamen über die Platten mit den stromführenden Leitern gestreut. Die Grassamen richten sich längs der elektrischen Feldlinien aus und zwar sowohl im Innern wie im Außenraum des Leiters.

Abbildung 3.3 gibt Jefimenkos Experiment für einen geraden stromführenden Leiter wieder.

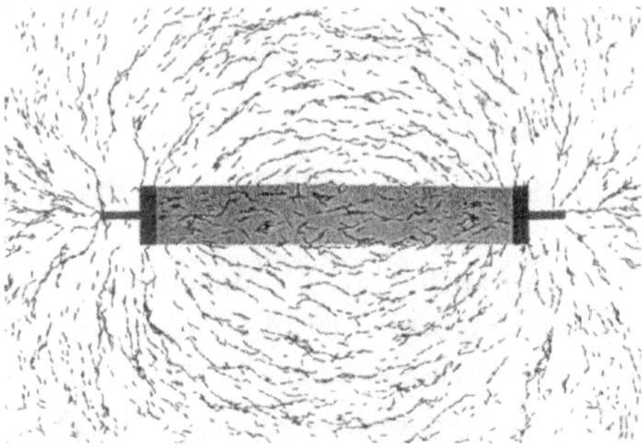

Abbildung 3.3: Gerader stromführender Leiter.

Abbildung 3.4 gibt Jefimenkos Experimente für quadratische (links) und kreisförmige (rechts) leitenden Ringe wieder.

Abbildung 3.5 gibt Jefimenkos Experimente für kurzgeschlossene (links) und asymmetrische (rechts) Doppelleitungen wieder.

Abbildung 3.6 gibt Jefimenkos Experimente für stromführende keilförmige Leiter wieder mit den beiden Hälften verbunden als Parallschaltung (links) und in Reihe (rechts).

Schließlich gibt Abbildung 3.7 seine Experimente mit stromführenden Ringen mit zweipoligen und vierpoligen Anschlüssen wieder (links). Auf der rechten Seite sind stromführende Scheiben mit zweipoligen (oben) und vierpoligen (unten) Anschlüssen zu sehen.

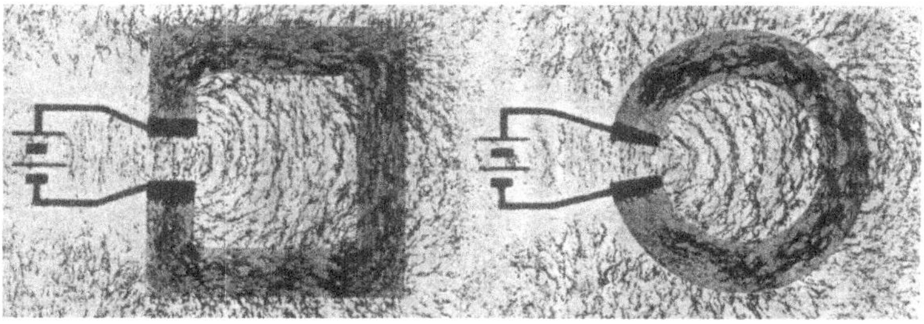

Abbildung 3.4: Quadratische (links) und kreisförmige (rechts) leitenden Ringe.

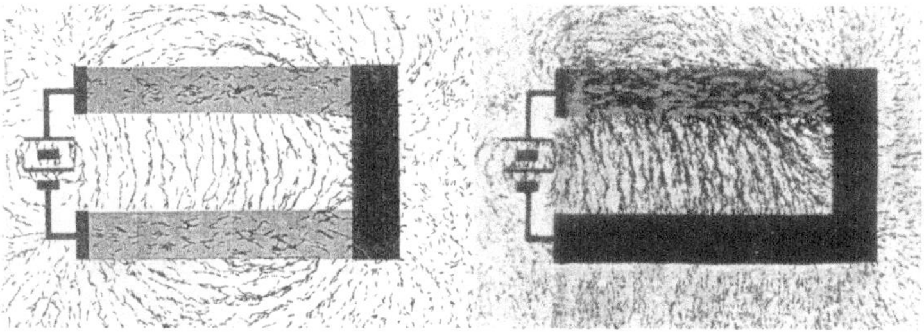

Abbildung 3.5: Kurzgeschlossene (links) und asymmetrische (rechts) Doppelleitungen.

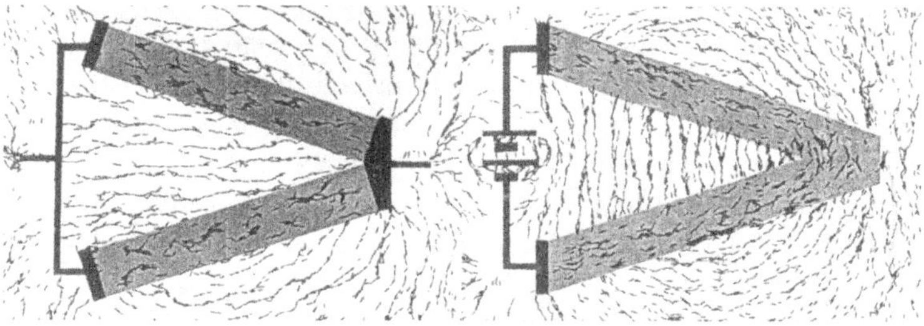

Abbildung 3.6: Stromführende keilförmige Leiter mit den beiden Hälften verbunden als Parallschaltung (links) oder in Reihe (rechts).

In einer privaten Mitteilung erfuhr einer der Autoren (AKTA) von Jefimenko, dass er in seinen Grassamen-Experimenten nie die Stromstärken gemessen hat. Jedoch nahm er an, dass sie in der Größenordnung von einigen Mikroampere gelegen haben. Jefimenko erwähnte ebenfalls, dass die verschieden geformten stromführenden Leiter etwa eine Länge von 16 bis 20 cm hatten.

Die Experiment von Bergmann, Schaefer und Jefimenko ergänzen sich. Nach der Aufstellung der theoretischen Gleichungen für die Äquipotentiallinen und elektrischen Feldlinien werden diese mit den experimentellen Ergebnissen verglichen.

In einem anderen Typ von Experiment bestimmten Jefimenko, Barnett und

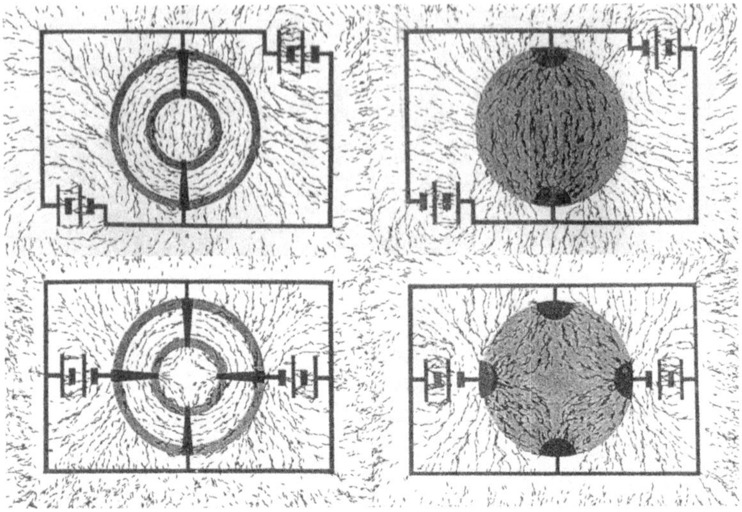

Abbildung 3.7: Links: Stromführende Ringe mit zweipoligen und vierpoligen Anschlüssen. Rechts: Stromführende Scheiben mit zweipoligen (oben) und vierpoligen (unten) Anschlüssen.

Kelly direkt die Äquipotentiallinien innerhalb und außerhalb stromführender Leiter mit Hilfe eines elektronischen Elektrometers.[5] Eine radioaktive Alpha-Quelle wurde eingesetzt, um die Luft an der zu messenden Stelle im Feld elektrisch leitfähig zu machen. Die Alpha-Quelle erhielt das gleiche Potential wie das Feld an dem zu messenden Punkt. Das Potential (in Relation zu einem als Nullpotential gewählten Referenzpunkt) wurde mit einem mit der Alpha-Quelle verbundenen elektronischen Elektrometer gemessen. Die Autoren benutzten einen rechteckigen Hohlkörper mit Elektroden an den Stirnflächen und schwach leitenden Seitenflächen, durch die ein gleichförmigen Strom floss. Als Seitenflächen dienten mit Graphit bedeckte Papierstreifen (wie bei den Experimenten von Bergmann und Schaefer), und als Elektroden zum Anlegen der Spannung von 80 V wurden Aluminiumfolien verwendet. Die Äquipotentiallinien wurden experimentell aufgezeichnet.

Abbildung 3.8 gibt die Konfiguration des Experiments wieder.

Abbildung 3.9 gibt die in einem der Experimente gemessenen Äquipotentiallinien wieder.

In einem anderen Experiment wurde unbelichtetes Filmaterial anstelle des Graphitpapiers eingesetzt. Abbildung 3.10 und 3.11 zeigen die experimentell erhaltenen Äquipotentiallinien innerhalb und außerhalb eines stromführenden Leiters.

In diesem letzten Experiment (Abbildung 3.11) zeigen die Autoren, dass ein im Außenraum befindlicher geladener Körper keine Auswirkungen auf das Feld im Inneren des stromführenden Leiters hat. Der Strom in dem Graphitpapier

[5][JBK62] und [Jef89, Seite 301].

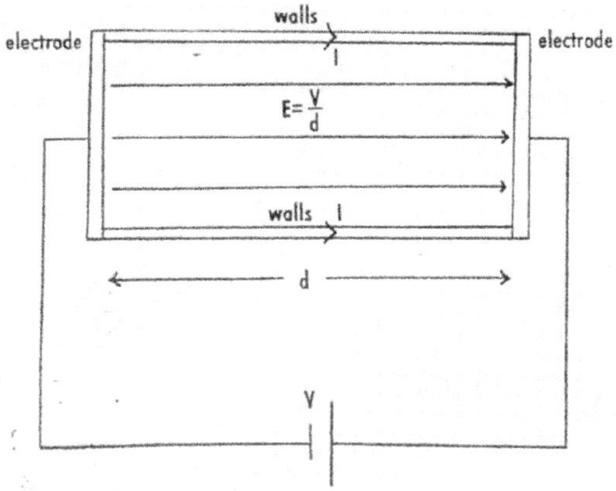

Abbildung 3.8: Konfiguration des Systems.

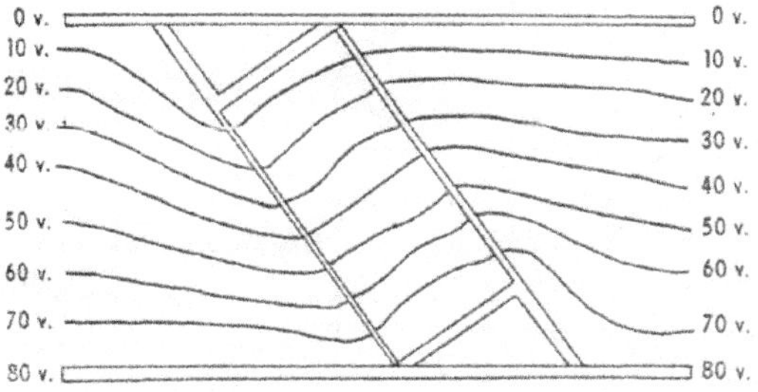

Abbildung 3.9: Gemessene Äquipotentiale.

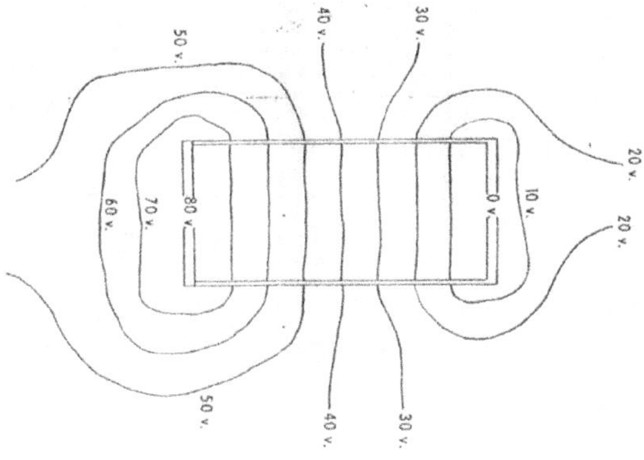

Abbildung 3.10: Gemessene Äquipotentiale.

betrug 5×10^{-2} A, während in dem photographischen Film ein Strom von nur 4×10^{-6} A gemessen wurde.[6]

[6] [JBK62].

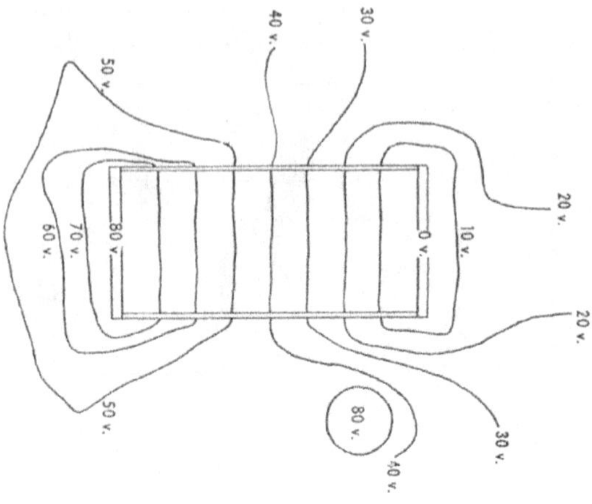

Abbildung 3.11: Gemessene Äquipotentiale mit einer zusätzlichen Scheibe außerhalb des Leiters (auf 80 V aufgeladenen).

Verschiedene qualitative Experimente, die die Existenz eines externen elektrischen Feldes zeigen, wurden von Parker durchgeführt.[7] Er benutzte eine 5 bis 10 kV starke Energiequelle, verbunden mit einem hochohmigen Widerstand als Teil eines Niedrigstromkreises, der mit einem Spezialstift auf ein Grundglass oder auf eine Mylar-Oberfläche gezeichnet wurde. Floss ein konstanter Strom, so entdeckte Parker eine Kraftwirkung auf eines in der Nähe befindlichen geladenen Hollundermarkkügelchens, die von einem zum anderen Ende des Leiters variierte. Dies stellt ein sehr interessantes Ergebnis dar, denn es zeigt unmittelbar die Kraft zwischen einem stromführenden Widerstandsdraht und einer nahen, relativ zum Leiter ruhenden Ladung und berührt damit direkt die in der Einleitung dieses Buches gestellte Frage. Leider macht Parker weder Angaben über die Stromstärke, die Größe der Ladung des Tischtennisballs, die Entfernung zwischen Leiter und Ball noch über die Größe der entdeckten Kraft. Er setzte ebenfall ein Goldfaden-Elektroskop mit einem Testdraht ein, um einige Regionen um den Leiter herum quantitativ zu untersuchen. Er konnte ebenfalls Feldlinien aufzeichnen, in dem er das Glass, während der Strom floss, mit Plastik- oder Filzfasern bestäubte. Die benutzten Plastikfasern hatten eine Länge von etwa 1 mm. Diese Art der Aufzeichnung ähnelt derjenigen, die von Bergmann, Schaefer und Jefimenko angewendet wurde.

Es gibt ein interessantes Experiment von Sansbury, in dem er direkt die Kraft zwischen einer Metallfolie und einem stromführenden Leiter mit Hilfe einer Torsionswaage bestimmte.[8] Er plazierte eine 2 cm × 2 cm große Silberfolie, die an dem äußeren Ende einer Torsionswaage angebracht war, in die Nähe eines U-förmigen stromlosen Leiters (Länge 50 cm, Abstand zwischen den Leitern 50 cm), Abbildung 3.12. Nachdem die Folie (durch Verbindung mit einer 3kV

[7] [Par70].
[8] [San85].

Spannungsquelle) mit einer Ladung der Größe von etwa 0.5×10^{-9} C aufgeladen wurde, wurde eine Anziehung zwischen der metallischen Folie und dem Draht festgestellt (die geladenen Metallfolie bewegte sich von a nach b in Abbildung 3.13). Dies entspricht sicherlich der elektrischen Kraft auf Grund von elektrostatischer Induktion F_0, wie sie weiter oben beschrieben wurde, das heißt, einer Kraft, die durch die geladene Folie und die induzierte Spiegelladung im Leiter bewirkt wird. Wird nun durch Verbindung mit einer regulierbaren $\pm$ 1000 A, 8V Gleichstromquelle ein konstanter Strom von 900 A durch den Leiter geschickt, so konnte eine zusätzliche Kraft beobachtet werden und zwar in Abhängigkeit von der Polarität der Ladung auf der Folie entweder anziehend oder abstoßend (siehe Abbildung 3.13). Diese Kraft war größer als 1.7×10^{-7} N, allerdings konnten keine genauen Messungen durchgeführt werden. Diese zusätzliche Kraft kann wahrscheinlich dem hier diskutierten äußeren elektrischen Feld zugeschrieben werden, das heißt, dem elektrischen Feld, dass sich proportional zur Spannung bzw. zur EMK der Batterie verhält. Später wird dieses Experiment in Verbindung mit theoretischen Berechnungen im Detail analysiert.

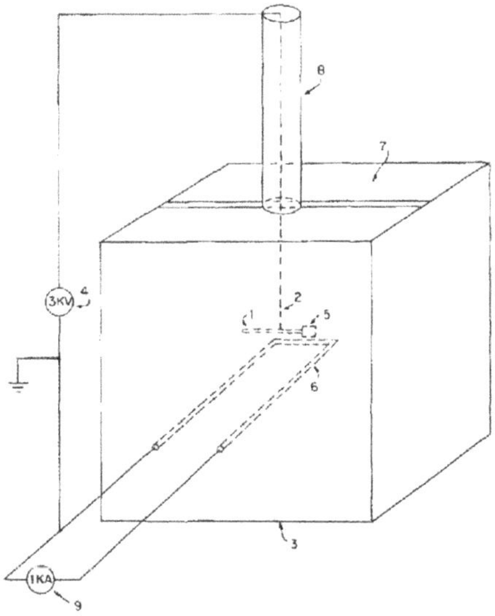

Abbildung 3.12: Konfiguration von Sansburys Experiment.

Die Kraft zwischen der geladenen Folie in Sanburys Experiment und dem stromführenden Leiter stimmt wahrscheinlich mit der Kraft zwischen den geladenen Hollundermarkkügelchen und dem stromführenden Leiter in dem Experiment von Parker überein. Bartlett und Maglic interpretierten die von Sansbury entdeckte Kraft als einen "anomalen elektromagnetischen Effekt," wie sie im Titel ihres Papiers vorschlagen.[9] Sie führten ein ähnliches Experiment durch (siehe Abbildungen 3.14 und 3.15).

[9] [BM90].

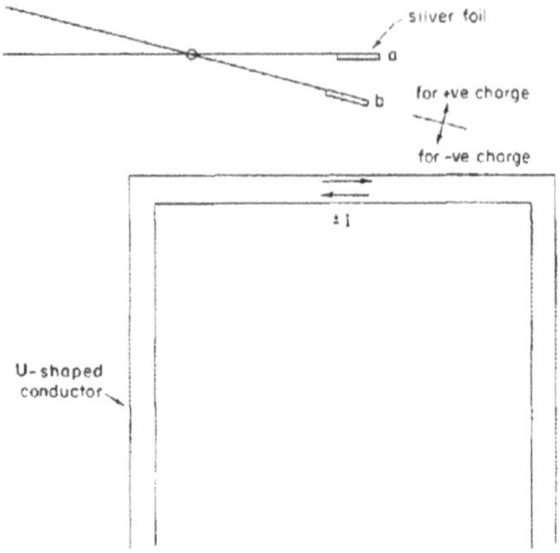

Abbildung 3.13: Zu Beginn fließt kein Strom im Leiter und die ungeladene Folie befindet sich bei a. Wird die Folie geladen, so bewegt sie sich von a nach b. Wird ein konstanter Strom I durch den Leiter geschickt, tritt eine zusätzliche anziehende oder abstoßende Kraft zwischen der geladenen Folie und dem U-förmigen Leiter auf.

Sie verwendeten eine rechteckige Spule mit 16 Windungen, einem Durchmesser von 30 cm und einer Länge von 60 cm. Jede Windung bestand aus 1/8 Inch Kupferrohr (äußerer Durchmesser = 0.3175 cm). In einer privaten Mitteilung an einen der Autoren (JAH) berichtete Bartlett, dass der Leiter wassergekühlt wurde, wobei das Wasser durch das Innere der Windungsrohre geleitet wurde. Ungefähr 50% der Querschnittsfläche des Rohres bestand aus Kupfer, der Rest aus Wasser. Wurde die Spule mit einer Stromquelle verbunden, so dass in jeder Windung ein konstanter Strom von 50 A floss, so konnte eine Kraft auf eine geladene Folie im Abstand von 3.5 cm von der stromdurchflossenen Spule festgestellt werden (Größe der Spule = 2.54 cm × 2.54 cm). Dies ähnelt dem von Sansbury entdeckten Effekt.

Wurde jedoch die obere Hälfte des stromführenden Leiters und der Testladung durch einen Aluminiumkontainer abgeschirmt, verschwand der Effekt. Ihre Schlußfolgerung war, dass sie die "anomale" Wechselwirkung nicht finden konnten, das heißt, dass sie nicht existiert.

Jedoch scheinen die Autoren sich in einem Punkt in Verbindung mit einem Faraday-Käfig nicht im Klaren gewesen zu sein. Sie sind üblicher Weise gewohnt, ein System von vorhandenen äußeren Einflüssen abzuschirmen. Dabei beeinflussen sie aber die resultierende Kraft auf eine im Innern befindliche Testladung. Betrachtet man z.B. zwei Ladungen q_1 und q_2 mit einem gegenseitigen Abstand von d, so hat nach dem Coulombschen Gesetz die Kraft zwischen ihnen die Größe $q_1 q_2 / 4\pi\varepsilon_0 d^2$ mit der Ausrichtung längs der Verbindungslinie der beiden Ladungen (siehe Abbildung 3.16).

Werden diese Ladungen mit einer metallischen Abschirmung umgeben, so

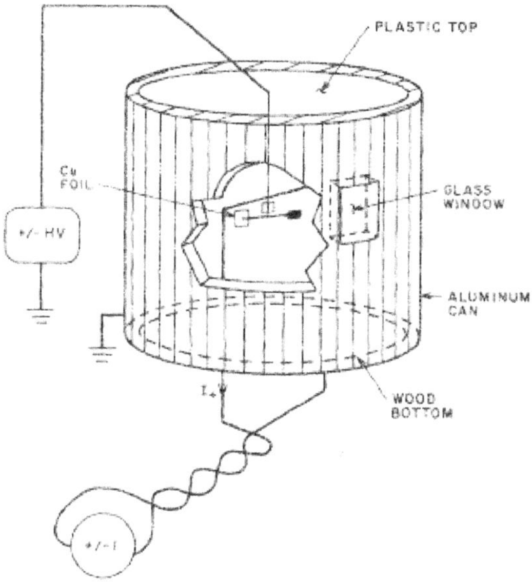

Abbildung 3.14: Ansicht des von Bartlett und Maglic durchgeführten Experiments.

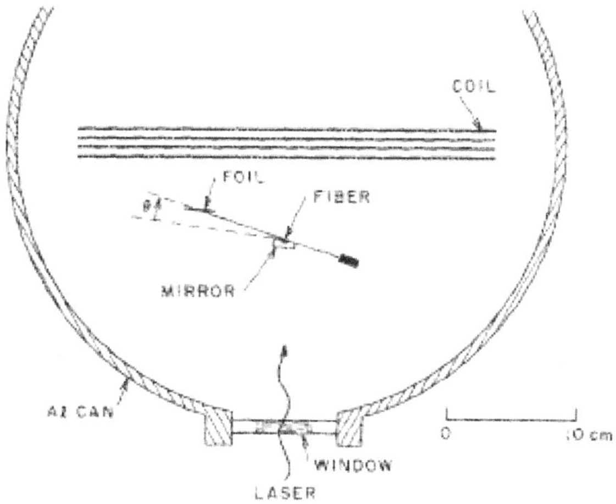

Abbildung 3.15: Aufsicht des Experiments von Bartlett und Maglic.

bewirken sie eine Umverteilung von Ladungen auf der Oberfläche der Abschirmung. Durch diese induzierten Ladungen übt die Abschirmung eine Kraft auf q_1

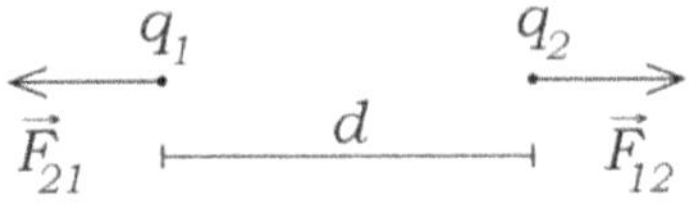

Abbildung 3.16: Elektrostatische Kraft zwischen zwei Ladungen, weit entfernt von anderen Ladungen und Leitern.

und auf q_2 aus und führt dadurch zu einer resultierenden Kraft auf jede einzelne Ladung, die sich von dem früheren Wert $q_1 q_2 / 4\pi\varepsilon_0 d^2$ unterscheidet. Bei einer kugelförmigen Abschirmung kann die induzierte Ladung längs der Oberfläche sehr einfach mit Hilfe des Abbildungsverfahrens berechnet werden. Jede Ladung q_j mit einem Abstand a_j vom Zentrum der Kugel mit Radius $r_0 > a_j$ (mit $j = 1$ oder 2) induziert wie bei einer Abbildung eine Spiegelladung $q_{ij} = -q_j r_0 / a_j$ in einer Entfernung $a_{ij} = r_0^2 / a_j > r_0$ vom Zentrum der Kugel auf der geraden Linie, die das Zentrum mit q_j verbindet. Die resultierende Kraft z.B. auf q_1 beträgt $\vec{F}_{21} + \vec{F}_{i1,1} + \vec{F}_{i2,1}$ statt nur $\vec{F}_{21}$. Dabei ist $\vec{F}_{im,n}$ die Kraft, die von der Spielgelladung im auf die Ladung n ausgeübt wird. Falls die Verbindungslinie zwischen den zwei Ladungen q_1 und q_2 nicht durch das Zentrum der Kugel verläuft, wird sich die resultierende Kraft auf jede der beide Ladungen nach Betrag und Richtung im Vergleich mit den Werten ohne Abschirmung verändern (siehe Abbildung 3.17).

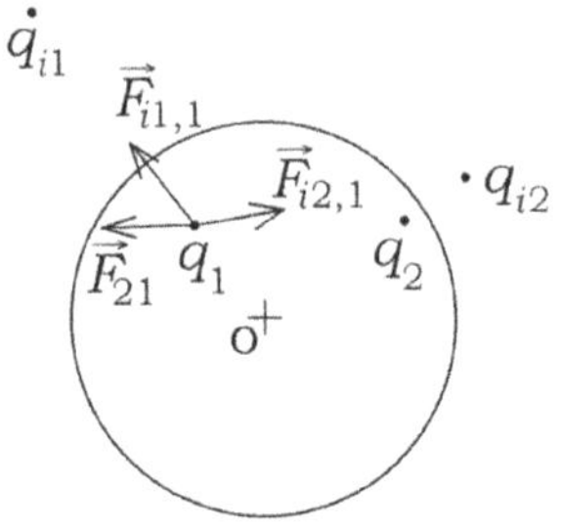

Abbildung 3.17: Elektrostatische Kraft auf q_1 bewirkt durch q_2, durch die Spiegelladung q_{i1} und durch die Spiegelladung q_{i2}.

Sofern N interne Ladungen vorhanden sind, ergibt sich die resultierende Kraft auf q_1 durch die Summe der Kräfte, die durch die anderen $N - 1$ Ladungen auf q_1 ausgeübt werden plus der N Kräfte durch die Spiegelladungen. Bei einem nicht kugelförmigen Käfig ist es sehr schwierig, die dann eintretende Kraft auf die Testladungen zu bestimmen. Bei dem Experiment von Bartlett und Maglic wurde ein zylindrischer Faradayscher Käfig verwendet mit metallischen Seitenflächen und dielektrischen Stirnflächen. Dadurch wird es außerordentlich schwierig, die Auswirkung der Abschirmung auf die interne geladene Folie abzuschätzen. Hinzu kommt, dass in diesem Fall nicht, wie bisher diskutiert, nur zwei Ladungen q_1 und q_2 vorhanden sind, sondern eine Folie und eine Anzahl von Ladungen verteilt über die Oberfläche des stromdurchflossenen Drahtes. Da dieser aus leitendem Material besteht, wird durch den Faraday-Käfig die Verteilung von Ladungen auf seiner Oberfläche geändert (im Vergleich zur Verteilung ohne Faraday-Käfig), und damit ist auch die Verteilung von Oberflächenladungen solange nicht bekannt, bis sie mit Hilfe der Laplaceschen Gleichung und entsprechenden Randbedingungen berechnet werden kann. Hierdurch wird die theoretische Analyse der zu erwartenden resultierenden Kraft (auf die Testladung, wenn Testladung und stromführender Leiter abgeschirmt sind) außerordentlich schwierig. Aus diesem Grund sollte dieses Experiment besser ohne Abschirmung durchgeführt werden.

Das von Bartlett und Maglic erhaltene Ergebnis wird wie folgt beschrieben:[10]

> In dem wir die Ergebnisse der Messungen mit und ohne Abschirmung mitteln, finden wir ein Signal von 0.3 ± 0.3 mrad. (...) Wir multiplizieren unsere gemessene Rotation von 0.3 ± 0.3 mrad mit der Empfindlichkeit der Aufhängung (9.1×10^{-5} N/m), um eine Kraft von $(0.27 \pm 0.27)10^{-7}$ N zu erhalten.

Aus dem Papier kann entnommen werden, dass die Kraft ohne Abschirmung eine Größe von 0.27×10^{-7} N hatte, eine Größenordnung kleiner als von Sansbury beobachtet. Andererseits heißt es, dass Bartlett und Maglic mit Abschirmung keine Kraft feststellen konnten (daher das $\pm$ in dem obigen Zitat). Es ist zu vermuten, dass die Abschirmung die resultierende Kraft auf alle inneren Ladungen verändert, wie oben gezeigt wurde. Es ist daher außerordentlich schwierig, diese beiden Fälle (mit und ohne Abschirmung) zu vergleichen. Die beste Messmethode wäre die ohne Abschirmung, die leider von Bartlett und Maglic nicht angewendet wurde.

Weitere Diskussionen des von Sansbury durchgeführten Experiments unter unterschiedlichen Gesichtspunkten finden sich in den Arbeiten weiterer Autoren.[11]

Eine weitere Art eines Experiments wurde von Moreau, Ryan, Beuzenberg und Syme durchgeführt (siehe Abbildung 3.18).[12]

In dem Experiment wurde eine strombegrenzte Spannungsquelle (0 bis 5 kV) mit zwei in Serie geschalteten Widerständen von je 75 $M\Omega$ verbunden. Die Leitungen bestanden aus reinen Aluminiumstäben und die Widerstände aus mit Aqua Dac imprägnierten Schaumstoffstreifen. Die Leiter und Widerstände besaßen einen rechteckigen Querschnitt von 12 mm × 9 mm. Jeder der beiden Widerstände hatte eine Länge von 50 cm mit einem Zwischenabstand von 30 cm. Hauptziel des Experimentes war es aufzuzeigen, dass sich bei Vorhandensein eines Stromflusses ein Gradient von Oberflächenladungen längs des Leiters und der Widerstände einstellt und zwar derart, dass durch diesen Gradienten das Feld in Richtung des Stromflusses bewirkt wird. Um die Ladungsdichte an verschiedenen Punkten des Stromkreises zu bestimmen, wurden diese

[10] [BM90].
[11] [ARM99, BC91a, BC91b, Wes90c, Wes91, Whi88, Hay90, Ive91, RG93].
[12] [Mor85].

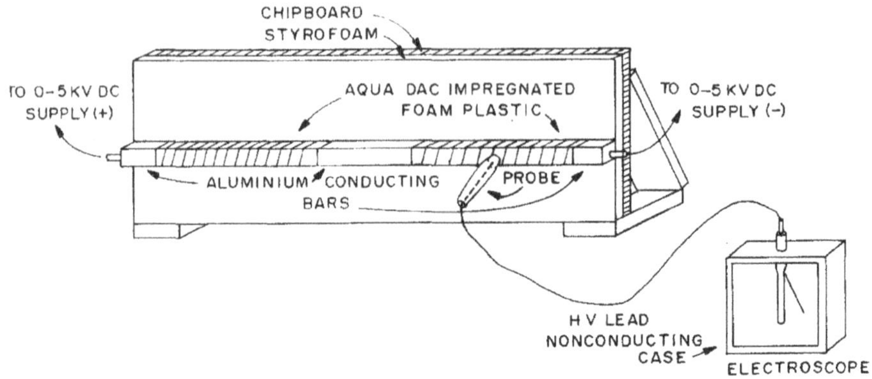

Abbildung 3.18: Elektroskop berührt verschiedene Punkte eines Stromkreises mit Hochspannungsquelle, durch den ein konstanter Strom fließt.

Punkte mit einer Hochspannungsmeßsonde verbunden. Diese Sonde war mit einem Goldblatt-Elektroskop verbunden, ähnlich wie bei dem von Parker durchgeführten Experiment.[13] Das Elektroskop befand sich in einem Kasten aus Polyester. Nach Anlegen einer Spannung von 2 kV wurde eine Stromstärke von etwa 13 μA gemessen. An einer Seite des Stromkreises, die geerdet war, zeigte das Elektroskop keinen Ausschlag und damit keine Ladungsdichte an. Mit zunehmender Entfernung von diesem Punkt längs des Stromkreises nahm der Ausschlag beim Bewegung der Sonde über einen Widerstand kontinuierlich zu und erreichte an seinem Ende einen Wert von 55°. Dieser Ausschlag blieb konstant, während die Sonde längs des mittleren Leiters bewegt wurde, das heißt, dass auf diesem Leiter die Ladungsdichte im wesentlichen längs des Leiters konstant ist (oder nur sehr wenig variiert). Der Ausschlag vergrößerte sich wiederum bei der fortschreitenden Abtastung des zweiten Widerstandes und erreichte einen Endwert von etwa 70° am Ende des Widerstandes. Dies zeigt, dass die Ladungsdichte von einem relativ hohen Wert an einem Stromende kontinuierlich bis zum anderen Stromende abnimmt. Dadurch wird ein elektrisches Feld bewirkt, dass die Leitungsladungen durch den Widerstand treibt.

Ein weiteres, für didaktische Zwecke sehr hilfreiches Experiment wurde von Uri Ganiel und Mitarbeitern der Science Education Group am Weizmann Institut in Israel durchgeführt. Dieses Experiment wurde von Chabay und Sherwood zitiert und reproduziert (siehe Abbildung 3.19).[14]

Der Stromkreis besteht aus vier identischen, in Reihe geschalteten Widerständen von jeweils 80 MΩ, angeschlossen an zwei Energiequellen. Diese beiden waren in Reihe geschaltet, wobei die erste eine Spannung von + 5 kV am Eingang des ersten Widerstandes, die zweite eine Spannung von - 5 kV am Ausgang des vierten Widerstandes lieferte (bezogen auf Erdpotential). Zwischen den Wi-

[13][Par70].
[14][CSa], [CSb] und [CS02, Sektion 18.10, Seiten x und 652-654].

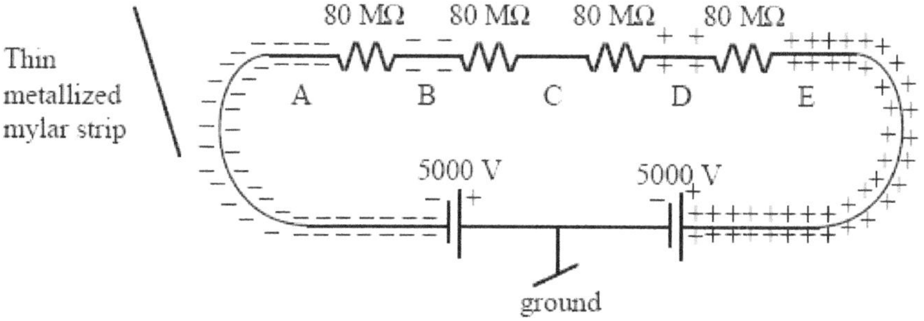

Abbildung 3.19: Eine Reihenschaltung von vier identischen hochohmigen Widerständen in einem stromführenden Stromkreis. Diese Abbildung zeigt qualitativ die Verteilung von Oberflächenladungen. Der dünne metallisierte Mylarstreifen wird von den nichtisolierten Leitern zunächst angezogen und nach der Berührung abgestoßen. Die Untersuchung der auf dem Streifen gewonnenen Ladung erlaubt die Bestimmung des Vorzeichens der Ladung an jedem Punkt längs des Stromkreises.

derständen befanden sich blanke (nicht isolierte) Leiter, um die Untersuchung von Oberflächenladungen durch eine geeignete Sonde - einen flexiblen, metallisierten Mylarstreifen - zu ermöglichen. Wird dieser Streifen dem blanken Leiter auf der linken Seite des Stromkreises bei Punkt A angenähert, so wird er zum Leiter hin angezogen und nach der Berührung abgestoßen. Das heißt, dass der aluminierte Plastikstreifen zunächst durch die Oberflächenladungen auf dem Leiter polarisiert und dadurch angezogen wird. Während der Berührung wird der Streifen geladen und dann durch die dort vorhandenen Oberflächenladungen zurückgestoßen. Eine Überprüfung der Ladung auf dem Streifen ergab ein negatives Vorzeichen. Nach dem Entladen des Streifens wird der gleiche Vorgang wiederholt, allerdings wurde der Streifen jetzt dem blanken Leiter zwischen dem ersten und zweiten Widerstand bei B angenähert. Wiederum wurde festgestellt, dass der Streifen negativ aufgeladen war, allerdings diesmal schwächer als im vorhergehenden Fall. Wurde der neutrale Streifen dem Punkt C angenähert, so wurde kein Effekt beobachtet. Eine Wiederholung des Vorganges bei D ergab eine positive Ladung auf dem Streifen und das gleiche bei E, aber mit einer größeren Ladungsmenge als bei D. Dies Experiment zeigt unmittelbar, dass alle Punkte auf der Oberfläche des Leiters aufgeladen werden, wenn ein konstanter Strom hindurchfließt. Die Dichte dieser Oberflächenladungen variiert längs des Stromkreises. Der größte Gradient (Variation der Dichte per Einheitslänge) besteht über den Widerständen, während über den Leitern nur eine sehr kleine Änderung der Ladungsdichte auftritt.

Chabay und Sherwood weisen darauf hin, dass in einem mechanischen System nur bei sehr hohen Spannungswerten ausreichend hohe Ladungsdichten entstehen, um eine elektrostatische Abstoßung nachweisen zu können.[15] Bei Stromkreisen mit niedriger Spannung (wie z.B. bei einer Taschenlampe und normalen 1.5 V Batterien) wird jeder geladene Körper unabhängig von der Polarität seiner Ladung zunächst zu dem stromführenden Leiter hingezogen. Die gilt sowohl in der Nähe des positiven wie auch des negativen Pols der Batterie und zwar deshalb, weil die elektrische Kraft auf Grund von elektrostatischer Induktion sehr viel größer ist als die Kraft proportional zur Spannung der angeschlossenen Batterie.

Zusammenfassend kann gesagt werden, dass die Experimente von Bergmann, Schaefer, Jefimenko, Barnett, Kelly, Sansbury, Parker, Moreau, Ryan, Beuzenberg, Syme, Ganiel, Chabay und Sherwood die Existenz eines elektrischen Feldes bestätigen, das durch stromführende ohmsche Leiter bewirkt wird. Die Experimente haben ebenfalls die Existenz von Oberflächenladungen längs Leitern und Widerständen nachgewiesen. Es sind diese Ladungen, welche die inneren und äußeren elektrischen Felder bewirken.

Für einen endgültigen Beweis wäre es erforderlich, jedes dieser Experimente mit Batterien unterschiedlicher elektromotorischer Kraft zu wiederholen, um zu zeigen, dass das äußere elektrische Feld proportional zur angelegten Spannung ist. Leider wurde, soweit bekannt, in keinem dieser Experimente die EMK variiert, um eindeutig die Linearität zwischen der Stärke der Kraft (oder der Stärke des elektrischen Feldes) und der angelegten Spannung nachzuweisen.

In den folgenden Kapiteln werden diese Experimente mit analytischen Lösungen verglichen, die sich aus Berechnung des externen Potentials und des elektrischen Feldes im Zusammenhang mit stromführenden Leitern ergeben. Daraus ergibt sich eine weitere Unterstützung der Aussage, dass eine Kraft proportional zur angelegten Spannung zwischen einer externen ruhenden Punktladung und einem stromführenden ohmschen Leiter existiert.

3.3 Elektrisches Feld 2. Ordnung

Alle bisherigen Experimente bezogen sich auf die EMK der Batterie. Eine völlig andere Gruppe von Experimenten untersucht ein elektrisches Feld 2. Ordnung d.h. ein Feld proportional zu v_d^2/c^2.

Der Nachweis, ob ein solches elektrisches Feld 2. Ordnung existiert oder nicht, ist viel schwieriger zu führen, als bei den bisher besprochenen Feldern. Diese Schwierigkeit rührt daher, dass die Größenordnung des elektrischen Feldes 2. Ordnung, E_2, normalerweise viel kleiner ist, als das mit der EMK der Batterie verbundene elektrische Feld E_1 und ebenfalls viel kleiner als das elektrische Feld auf Grund von elektrostatischer Induktion, E_0. Ist ein stromführender Leiter jedoch supraleitend (ohne Anschluß an eine Energiequelle), so sollte das äußere elektrische Feld E_1 verschwinden. Neben der Wechselwirkung auf Grund der elektrostatischen Induktion, deren Größe abgeschätzt oder auch vernachlässigt werden kann, bleibt in diesem Fall nur das elektrische Feld 2. Ordnung. Diesen Ansatz haben Edwards, Kenyon und Lemon in ihrem bisher am besten

[15][CS02, Seite 654].

bekannten Experiment gewählt,[16] mit dem sie diesen Effekt analysierten. Die Autoren benutzen einen Supraleiter vom Typ II (48% Niobium und 52% Titanium) mit 2,5 mm Kernradius und einer Stromstärke von etwa 16 A. Gefunden wurde ein elektrisches Feld proportional zu I^2, unabhängig von der Richtung des Stromes, das zum Leiter hin orientiert war und von einer Größenordnung, wie es das Webersche Gesetz voraussagt. Direkt gemessen wurde die Potentialdifferenz zwischen dem Stromkreis und einer elektrostatischen Abschirmung mit Hilfe eines Elektrometers. Gemessen wurde eine Potentialdifferenz von der Größenordnung von 10 mV.

Bartlett und Ward unternahmen verschiedene Experimente, um dieses elektrische Feld 2. Ordnung zu entdecken (sie vermuteten, dass dieses Feld durch eine mögliche Variation der Elektronenladung in Abhängigkeit ihrer Geschwindigkeit erzeugt werden könnte), hatten jedoch keinen Erfolg.[17] In den Experimenten wurden normale ohmsche Leiter benutzt, jedoch findet sich keine Erwähnung des oben diskutierten elektrischen Feldes proportional zur Spannung der Batterie.

In einem weiteren Experiment plazierten Kenyon und Edwards eine "beampower radio tube" in das Innere eines Faraday-Käfigs.[18] Sie versuchten, die Potentialdifferenz zwischen dem System und dem Faraday-Käfig zu bestimmen, jedoch ohne Erfolg. Ein Effekt in der Größenordnung der früheren Experimente von Edwards, Kenyon und Lemon konnte nicht festgestellt werden.

Auf jeden Fall muß hier dem das System einschließenden Faraday-Käfig Beachtung geschenkt werden, wie auch bei den meisten von Bartlett und Ward zitierten Experimenten. Wie schon weiter oben erwähnt wurde, wird durch die in den Wänden des Faraday-Käfigs induzierten Ladungen auf Grund der im Innern befindlichen Ladungen eine Kraft auf eine interne Testladung ausgeübt. Sofern zwei oder mehrere interne Ladungen vorhanden sind, wird die auf jede Ladung einwirkende Kraft für zwei Fälle zu unterscheiden sein: (A) ohne Faraday-Käfig (einwirkende Kraft nur bedingt durch die anderen internen Ladungen) und (B) mit Faraday-Käfig (einwirkende Kraft bedingt durch die anderen internen Ladungen und durch alle in den Wänden des Käfigs induzierte Ladungen). Hierdurch wird die Komplexität der Situation deutlich erhöht, und es ist schwierig, ein einfaches Ergebnis zu erzielen. Zusätzlich zu der Komplikation durch den Faraday-Käfig ist auch noch das elektrische Feld proportional zur angelegten Spannung zu beachten, bevor über ein elektrisches Feld zweiter Ordnung gesprochen werden kann. Diese Überlegungen wurde jedoch von keinem der Autoren angestellt, die in ihren Experimenten normale ohmsche Leiter eingesetzt haben. Das elektrische Feld zweiter Ordnung ist in der Regel viel schwächer als das zur angelegten Spannung proportionale Feld, wie später gezeigt wird. Deshalb muß das elektrische Feld proportional zur angelegten Spannung in die Analyse einbezogen werden, da es den gesuchten Effekt überdecken kann.

Zusätzliche Forschung ist notwendig, um die Frage nach der Existenz eines elektrischen Feldes zweiter Ordnung abschließend zu beantworten. In diesem

[16] [Edw74] und [EKL76].
[17] [BW77].
[18] [KE91].

Sinne sind in den letzten 25 Jahren eine große Anzahl von experimentellen und theoretischen Arbeiten veröffentlicht worden ohne ein abschließendes Ergebnis.[19]

[19] [Bon81, Cur82, Wes87, Gra88, Wes90c, BE90, Hay90, Ive90, Wes91, BC91a, BC91b, Ive91, Bil92, LEK92, Sin92, Str92, Ass94, CM00, BCM01, Shi02].

Kapitel 4

Wechselwirkung auf Grund elektrostatischer Induktion

4.1 Einführung

Das zentrale Thema dieses Buches bezieht sich auf die Wechselwirkung zwischen einem ruhenden gleichstromführenden ohmschen Leiter und einer relativ zum Leiter ruhenden externen Ladung. Insbesondere liegt das Interesse auf derjenigen Komponente der Kraft, die sich proportional zur Spannung oder zur EMK der Batterie verhält bzw. zur Potentialdifferenz längs des Leiters.

Vor einer Analyse dieser Fälle soll die Wechselwirkung zwischen einer Punktladung und einem stromlosen Leiter untersucht werden. Dabei wird angenommen, dass im Außenraum und in inneren Hohlräumen entweder normaler Atmosphärendruck oder Vakuum herrscht. Außerdem werden nur Gleichgewichtszustände betrachtet, in denen Punktladung und Leiter relativ zueinander und relativ zu einem Inertialsystem in Ruhe sind. Schließlich wird angenommen, dass sich keine weiteren Ladungen oder Leiter in der Umgebung befinden außer den direkt untersuchten. Die wesentlichen Inhalte dieses Kapitels wurden 2005 veröffentlicht.[1]

4.1.1 Punktladung und unendlich große Fläche

Die einfachste Anordnung ist die einer Punktladung q im Abstand d zu einer unendlich ausgedehnten leitenden neutralen Fläche. Unter der Annahme, dass die leitende Fläche in der Ebene $z = 0$ liegt und sich die Punktladung am Ort $(x, y, z) = (0, 0, z)$ befindet, liefert die Abbildungsmethode eine anziehende Kraft auf die Punktladung q wie folgt:

$$\vec{F}_0 = \mp \frac{q^2}{16\pi\varepsilon_0} \frac{\hat{z}}{z^2} \ . \tag{4.1}$$

[1] [HA05b].

Das obere Zeichen gilt für $z > 0$, das untere für $z < 0$.

Mit $\vec{F}_0 = q\vec{E}_0$ ergibt sich ein elektrisches Feld auf Grund von elektrostatischer Induktion zu:

$$\vec{E}_0 = \mp \frac{q}{16\pi\varepsilon_0} \frac{\hat{z}}{z^2} . \tag{4.2}$$

Diese Kraft ist immer anziehend und strebt gegen unendlich für $d \to 0$.

4.1.2 Punktladung und Kugelschale

Ein weiterer einfach zu behandelnder Fall ist der einer Punktladung und einer leitenden Kugelschale in relativer Ruhe zu einander. Der Radius einer Kugelschale mit dem Mittelpunkt im Koordinatenursprung 0 sei R, die Überschußladung auf der von der gegenüber der Erde isolierten Kugelschale sei Q und die Testladung befände sich am Ort $\vec{r} = r\hat{r}$ bezogen auf 0. Auch dieses Problem kann mit Hilfe der Abbildungsmethode gelöst werden und ist in vielen Lehrbüchern zum Elektromagnetismus zu finden. Ist $r > R$ ergibt sich die Kraft auf q zu

$$\vec{F}_0 = \frac{q}{4\pi\varepsilon_0} \left[Q - \frac{qR^3(2r^2 - R^2)}{r(r^2 - R^2)^2} \right] \frac{\vec{r}}{r^3} . \tag{4.3}$$

Ist $r < R$, so ist die Kraft unabhängig von Q und ergibt sich zu

$$\vec{F}_0 = \frac{q^2}{4\pi\varepsilon_0} \frac{R\vec{r}}{(R^2 - r^2)^2} . \tag{4.4}$$

Diese Kräfte streben gegen unendlich für $r \to R$. Befindet sich die Ladung q innerhalb der Schale, so wirkt auf sie immer eine anziehende elektrostatische Kraft hin zur nächstgelegenen Oberfläche. Befindet sich q außerhalb der Schale, so wirkt eine anziehende Kraft nicht nur für $qQ < 0$, sondern auch für $qQ > 0$, unter der Voraussetzung, dass sich q in sehr geringem Abstand zu Schale befindet. Eine detaillierte Beschreibung dieser Tatsache findet sich z.B. in Maxwells Arbeit,[2] in einer Arbeit von Melehy,[3] und in Jacksons Buch.[4]

In diesen Fällen ergibt sich das elektrische Feld auf Grund von elektrostatischer Induktion (mit $\vec{F}_0 = q\vec{E}_0$) zu:

$$\vec{E}_0 = \frac{1}{4\pi\varepsilon_0} \left[Q - \frac{qR^3(2r^2 - R^2)}{r(r^2 - R^2)^2} \right] \frac{\vec{r}}{r^3} , \quad \text{mit } r > R . \tag{4.5}$$

$$\vec{E}_0 = \frac{q}{4\pi\varepsilon_0} \frac{R\vec{r}}{(R^2 - r^2)^2} , \quad \text{mit } r < R . \tag{4.6}$$

---

[2] [Max81, Kapitel VII: Theorie elektrischer Abbildungen, Seiten 80-88].
[3] [Mel98].
[4] [Jac75, Sektion 2.3].

4.2 Punktladung und zylinderförmiges Rohr

Nach der Analyse dieser beiden einfachen Fälle folgt nun als Hauptthema dieses Abschnitts die Berechnung der elektrostatischen Kraft zwischen einem unendlich ausgedehnten Zylinder mit Radius a, dessen Potential auf Null gesetzt wird und einer externen Punktladung q. Soweit bekannt ist diese Berechnung noch nicht durchgeführt bzw. veröffentlicht worden. Die Berechnung basiert auf der Verwendung der Green-Funktion.[5] Betrachtet wird zunächst die bekannte Lösung bezüglich des Potentials eines geerdeten geschlossenen endlichen zylindrischen Rohres mit einer internen Punktladung.[6] Danach wird der Übergang zu einem unendlich langen Zylinder durchgeführt und der entsprechende Einfluß auf die externe Punktladung untersucht. Schließlich wird die gleiche Analyse für den Fall einer externen Punktladung durchgeführt. Dabei wird im einzelnen der Sonderfall eines dünnen Leiters behandelt, d.h. einer Situation, in der die Punktladung einen im Vergleich zum Radius vielfach größeren Abstand zur Achse des Leiters aufweist. Diese Berechnungen wurden 2005 veröffentlicht.[7]

4.3 Endliches leitendes zylindrisches Rohr mit interner Punktladung. Lösung der Poissonschen Gleichung

Betrachtet wird ein endliches leitendes zylindrisches Rohr mit einem Radius a und einer Länge $\ell \gg a$ und mit z als Symmetrieachse (siehe Abbildung 4.1.) Unter Verwendung von Zylinderkoordinaten ergibt sich der Mittelpunkt des Rohres bei $(\rho, z) = (0, \ell/2)$. Eine Punktladung q befinde sich innerhalb des Rohres am Ort $\vec{r}\,' = (\rho' < a, \varphi', z')$. Angestrebt wird die Berechnung des elektrischen Potentials des Systems, das elektrische Feld, die durch q induzierte Verteilung von Oberflächenladungen und die resultierende Kraft zwischen Zylinder und der Ladung q.

Das elektrische Potential ϕ gehorcht der Poissonschen Gleichung:

$$\nabla_r^2 \phi = -\frac{\rho}{\varepsilon_0} \ . \tag{4.7}$$

Die Standardlösung der Green-Funktion-Methode ergibt für diesen Fall mit Dirichlet-Randbedingungen (Potential festgelegt auf einer geschlossenen Oberfläche):

$$\phi(\vec{r}) = \frac{1}{4\pi\varepsilon_0} \int\int\int_V \rho(\vec{r}\,'')G(\vec{r}, \vec{r}\,'')dV'' - \frac{1}{4\pi} \oint\!\!\oint_S \phi(\vec{r}\,'') \frac{\partial G}{\partial n''} da'' \ , \tag{4.8}$$

mit V als Volumen des zylindrischen Rohres, mit S als Größe der geschlossenen Oberflächen und mit $\partial/\partial n''$ als Ableitung senkrecht zur Oberfläche S des Roh-

[5] [Jac99, Kapitel 1 bis 3].
[6] [Jac99, Seite 143].
[7] [HA05b].

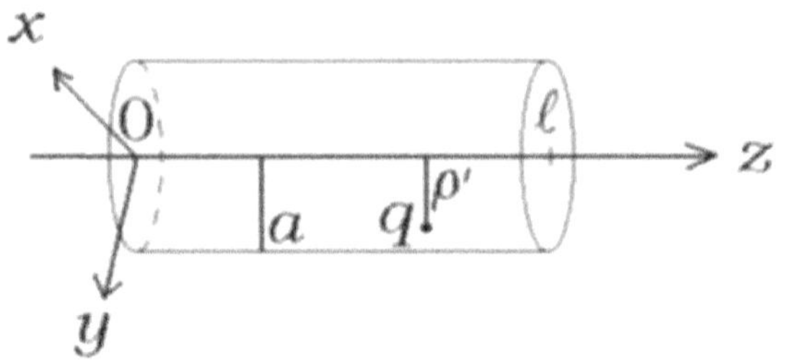

Abbildung 4.1: Endliches leitendes zylindrisches Rohr mit Radius a, Länge $\ell \gg a$ und einem Mittelpunkt bei $(\rho, z) = (0, \ell/2)$, mit z als Symmetrieachse. Die leitenden Oberflächen befinden sich bei $z = 0$ und bei $z = \ell$. Eine Punktladung q befindet sich bei $(\rho, \varphi, z) = (\rho' < a, \varphi', 0 < z' < \ell)$.

res mit der Orientierung nach außen. Die Green-Funktion $G(\vec{r}, \vec{r}\,'')$ erfüllt die Gleichung:

$$\nabla^2_{r''} G(\vec{r}, \vec{r}\,'') = -4\pi\delta(\vec{r} - \vec{r}\,'') \ . \tag{4.9}$$

Da sich die Oberfläche des Zylinders im elektrostatischen Gleichgewicht und auf einem konstanten Potential befindet, wird festgelegt, dass an der Oberfläche $G(\vec{r}, \vec{r}\,'') = 0$ gilt.

Die Entwicklung der Diracschen Delta-Funktion in Zylinderkoordinaten ergibt:

$$\delta(\vec{r} - \vec{r}\,'') = \delta(\rho - \rho'') \frac{\delta(\varphi - \varphi'')}{\rho} \delta(z - z'') \ . \tag{4.10}$$

Unter Verwendung orthonormaler Funktionen ergibt sich für die Delta-Funktionen für φ und z:

$$\delta(z - z'') = \frac{2}{\ell} \left[\sum_{n=1}^{\infty} \sin \frac{n\pi z}{\ell} \sin \frac{n\pi z''}{\ell} \right] , \tag{4.11}$$

$$\delta(\varphi - \varphi'') = \frac{1}{2\pi} \left[\sum_{m=-\infty}^{\infty} \mathrm{e}^{im(\varphi - \varphi'')} \right] . \tag{4.12}$$

Dabei ist die besondere Wahl der Reihenentwicklung von z zu beachten (siehe Gleichung (4.12)). Diese Wahl erfüllt die Bedingung $G(\vec{r}, \vec{r}\,'') = 0$ an den Endflächen des zylindrischen Rohres an den Orten $z = 0$ und $z = \ell$. Die Green-Funktion kann in ähnlicher Weise entwickelt werden:

$$G(\vec{r},\vec{r}'') = \frac{1}{\pi\ell}\left\{\sum_{m=-\infty}^{\infty} e^{im(\varphi-\varphi'')}\left[\sum_{n=1}^{\infty}\sin\frac{n\pi z}{\ell}\sin\frac{n\pi z''}{\ell}g_m(k,\rho,\rho'')\right]\right\} , \tag{4.13}$$

wobei $k = n\pi/\ell$ und $g_m(k,\rho,\rho'')$ die zu bestimmende radiale Green-Funktion darstellt. Durch Einsetzen dieses Ausdrucks in Gleichung (4.9) und unter Verwendung von (4.10) bis (4.12) ergibt sich:

$$\frac{1}{\rho}\frac{d}{d\rho}\left(\rho\frac{dg_m}{d\rho}\right) - \left(k^2 + \frac{m^2}{\rho^2}\right)g_m = -\frac{4\pi}{\rho}\delta(\rho-\rho'') . \tag{4.14}$$

Für $\rho \neq \rho''$ wird die rechte Seite der Gleichung (4.14) gleich Null. Dies bedeutet, dass g_m sich ergibt als eine lineare Kombination modifizierter Bessel Funktionen, $I_m(k\rho)$ und $K_m(k\rho)$. Unter der Annahme, dass $\psi_1(k\rho)$ die Randbedingungen für $\rho < \rho''$ und $\psi_2(k\rho)$ die Randbedingungen für $\rho > \rho''$ erfüllt, gilt:

$$\psi_1(k\rho_<) = AI_m(k\rho_<) + BK_m(k\rho_<) , \tag{4.15}$$
$$\psi_2(k\rho_>) = CI_m(k\rho_>) + DK_m(k\rho_>) . \tag{4.16}$$

Hier sind A, B, C und D Koeffizienten, die zu bestimmen sind. Die Symmetrie der Green-Funktion in ρ und ρ'' erfordert, dass:

$$g_m(k,\rho,\rho'') = \psi_1(k\rho_<)\psi_2(k\rho_>) , \tag{4.17}$$

mit $\rho_>$ und $\rho_<$ als größerer bzw. kleinerer Wert von ρ und ρ''. Da das Potential für $\rho \to 0$ nicht divergiert, gilt $B = 0$. Die Green-Funktion muß für $\rho = a$ verschwinden, d.h. $\psi_2(ka) = 0$. Hieraus folgt $C = -DK_m(ka)/I_m(ka)$. Die Funktion g_m erhält dann die Form:

$$g_m(k,\rho,\rho'') = HI_m(k\rho_<)\left[K_m(k\rho_>) - I_m(k\rho_>)\frac{K_m(ka)}{I_m(ka)}\right] . \tag{4.18}$$

Der Normalisierungskoeffizient $H = AC$ ist bestimmt durch die Diskontinuität der Delta-Funktion in Gleichung (4.14):

$$\left.\frac{dg_m}{d\rho}\right|_+ - \left.\frac{dg_m}{d\rho}\right|_- = -\frac{4\pi}{\rho''} = kW[\psi_1,\psi_2] , \tag{4.19}$$

wobei das $\pm$ Zeichen die Berechnung bei $\rho = \rho'' \pm \epsilon$ bedeutet mit dem Grenzübergang $\epsilon \to 0$. In der letzten Gleichung bedeutet $W[\psi_1,\psi_2]$ die Wronskian von ψ_1 und ψ_2. Durch Einsetzen von g_m in Gleichung (4.19) und unter Verwendung von $W[I_m(k\rho''), K_m(k\rho'')] = -1/(k\rho'')$ ergibt sich $H = 4\pi$. Die Green-Funktion für das Problem eines endlichen leitenden Zylinders mit einer Ladung im Innern kann schließlich wie folgt formuliert werden:

$$G(\vec{r},\vec{r}'') = \frac{4}{\ell}\left\{\sum_{m=-\infty}^{\infty} \mathrm{e}^{im(\varphi-\varphi'')}\left\{\sum_{n=1}^{\infty}\sin(kz)\sin(kz'')I_m(k\rho_<)\times\right.\right.$$

$$\left.\left.\times\left[K_m(k\rho_>) - I_m(k\rho_>)\frac{K_m(ka)}{I_m(ka)}\right]\right\}\right\} . \tag{4.20}$$

4.3.1 Zylindrisches Rohr auf Potential Null

Betrachtet wird ein Zylinder, der sich auf Nullpotential befindet, d.h. $\phi(\vec{r}'') = 0$:

$$\phi(a,\varphi,0 \le z \le \ell) = \phi(\rho \le a,\varphi,\ell) = \phi(\rho \le a,\varphi,0) = 0 . \tag{4.21}$$

Durch Einsetzen der Gleichung (4.20) und (4.21) in Gleichung (4.8) erhält man das Potential innerhalb des Zylinders (mit $\rho(\vec{r}'') = q\delta(\vec{r}' - \vec{r}''))$ zu:

$$\phi(\vec{r},\vec{r}') = \frac{q}{\pi\varepsilon_0\ell}\left\{\sum_{m=-\infty}^{\infty}\left\{\sum_{n=1}^{\infty}\mathrm{e}^{im(\varphi-\varphi')}\sin\left(\frac{n\pi z}{\ell}\right)\sin\left(\frac{n\pi z'}{\ell}\right)I_m\left(\frac{n\pi\rho_<}{\ell}\right)\times\right.\right.$$

$$\left.\left.\times\left[K_m\left(\frac{n\pi\rho_>}{\ell}\right) - I_m\left(\frac{n\pi\rho_>}{\ell}\right)\frac{K_m\left(\frac{n\pi a}{\ell}\right)}{I_m\left(\frac{n\pi a}{\ell}\right)}\right]\right\}\right\} . \tag{4.22}$$

Die Ausdrücke $\rho_>$ und $\rho_<$ stehen für die größeren bzw. kleineren Werte von ρ und ρ'.

4.4 Unendlich langes zylindrisches Rohr mit interner Punktladung

Im folgenden wird die Jacksonsche Lösung auf den Fall eines unendlich langen zylindrischen Rohres angewendet.

Die Lösung für einen unendlich langen Zylinder unterscheidet sich von der Lösung für einen Zylinder endlicher Länge im wesentlichen durch eine Änderung der Entwicklung der Delta-Funktion in Gleichung (4.12). Für den Fall eines unendlich langen Zylinders bestehen keine Einschränkungen bezügliche der Wahl von n (oder k):

$$\delta(z - z'') = \frac{1}{2\pi}\int_{-\infty}^{\infty}\mathrm{e}^{ik(z-z'')}dk = \frac{1}{\pi}\int_0^{\infty}\cos[k(z-z'')]dk . \tag{4.23}$$

Für die Green-Funktion ergibt sich:

$$G(\vec{r},\vec{r}'') = \frac{2}{\pi}\left\{\sum_{m=-\infty}^{\infty}\mathrm{e}^{im(\varphi-\varphi'')}\int_0^{\infty}\cos[k(z-z'')]I_m(k\rho_<)\times\right.$$

$$\times \left[K_m(k\rho_>) - I_m(k\rho_>) \frac{K_m(ka)}{I_m(ka)} \right] dk \Bigg\} \ . \tag{4.24}$$

Der Übergang von Gleichung (4.12) zur Gleichung (4.23) erfolgt durch die Transformation der Fourier Reihe in eine kontinuierliche Fourier-Transformation, mit $\ell \to \infty$, $n\pi/\ell = k$, $dk = \pi/\ell$, $z \to z + \ell/2$, $z'' \to z'' + \ell/2$ und durch Ersetzen der unendlichen Summe mit dem Integral über k.

4.4.1 Zylindrisches Rohr auf Potential Null

Betrachtet wird ein Zylinder, der sich auf Nullpotential befindet, d.h. $\phi(a, \varphi, z) = 0$. Durch Einsetzen der Gleichung (4.24) in Gleichung (4.8) folgt für das Potential innerhalb des Zylinders (mit $\rho(\vec{r}\,'') = q\delta(\vec{r}\,' - \vec{r}\,'')$):

$$\phi(\vec{r}, \vec{r}\,') = \frac{q}{2\pi^2\varepsilon_0} \Bigg\{ \sum_{m=-\infty}^{\infty} e^{im(\varphi-\varphi')} \int_0^\infty \cos[k(z-z')] I_m(k\rho_<) \times$$

$$\times \left[K_m(k\rho_>) - I_m(k\rho_>) \frac{K_m(ka)}{I_m(ka)} \right] dk \Bigg\} \ . \tag{4.25}$$

Wie bisher stehen die Ausdrücke $\rho_>$ und $\rho_<$ für die größeren bzw. kleineren Werte von ρ und ρ'.

Für das elektrisches Feld auf Grund von elektrostatischer Induktion ergibt sich $\vec{E}_0 = -\nabla\phi$, mit den Komponenten:

$$E_\rho(\rho < \rho') = -\frac{\partial \phi}{\partial \rho} = -\frac{q}{2\pi^2\varepsilon_o} \Bigg\{ \sum_{m=-\infty}^{\infty} e^{im(\varphi-\varphi')} \int_0^\infty k \cos[k(z-z')] {I_m}'(k\rho) \times$$

$$\times \left[K_m(k\rho') - I_m(k\rho') \frac{K_m(ka)}{I_m(ka)} \right] dk \Bigg\} \ , \tag{4.26}$$

$$E_\rho(\rho > \rho') = -\frac{\partial \phi}{\partial \rho} = -\frac{q}{2\pi^2\varepsilon_0} \Bigg\{ \sum_{m=-\infty}^{\infty} e^{im(\varphi-\varphi')} \int_0^\infty k \cos[k(z-z')] I_m(k\rho') \times$$

$$\times \left[{K_m}'(k\rho) - {I_m}'(k\rho) \frac{K_m(ka)}{I_m(ka)} \right] dk \Bigg\} \ , \tag{4.27}$$

$$E_\varphi = -\frac{1}{\rho}\frac{\partial \phi}{\partial \varphi} = \frac{q}{\pi^2\varepsilon_0\rho} \Bigg\{ \sum_{m=1}^{\infty} m \sin[m(\varphi-\varphi')] \int_0^\infty \cos[k(z-z')] I_m(k\rho_<) \times$$

$$\times \left[K_m(k\rho_>) - I_m(k\rho_>) \frac{K_m(ka)}{I_m(ka)} \right] dk \Bigg\} \ , \tag{4.28}$$

$$E_z = -\frac{\partial \phi}{\partial z} = \frac{q}{2\pi^2\varepsilon_0} \Bigg\{ \sum_{m=-\infty}^{\infty} e^{im(\varphi-\varphi')} \int_0^\infty k \sin[k(z-z')] I_m(k\rho_<) \times$$

$$\times \left[K_m(k\rho_>) - I_m(k\rho_>)\frac{K_m(ka)}{I_m(ka)}\right] dk\Bigg\} \ . \tag{4.29}$$

Die auf die Ladung q wirkende elektrische Kraft auf Grund von elektrostatischer Induktion $\vec{F}_0 = q\vec{E}_0(\vec{r}\,')$ wird durch Gleichung (4.26) wiedergegeben für $\vec{r} = \vec{r}\,'$ ohne den ersten Term in Klammern (der das durch die Ladung q erzeugte Feld wiedergibt). Bei unendlicher Länge des Zylinders ergibt sich nur eine radiale Komponente zu:

$$\vec{F}_0(\vec{r}\,') = \frac{q^2}{2\pi^2\varepsilon_0}\left\{\sum_{m=-\infty}^{\infty}\int_0^{\infty} kI_m(k\rho')I_m{}'(k\rho')\frac{K_m(ka)}{I_m(ka)}dk\right\}\hat{\rho}$$

$$= -\frac{q^2}{4\pi^2\varepsilon_0\rho'^2}\left\{\sum_{m=-\infty}^{\infty}\int_0^{\infty} I_m^2(x)\frac{d}{dx}\left[x\frac{K_m(xa/\rho')}{I_m(xa/\rho')}\right]dx\right\}\hat{\rho} \ . \tag{4.30}$$

In der letzten Gleichung wurde schrittweise integriert. In Abbildung 4.2 ist die elektrische Kraft auf Grund von elektrostatischer Induktion aus Gleichung (4.30) dargestellt, normalisiert mit der Konstanten $F_q \equiv q^2/4\pi\varepsilon_0 a^2$ als Funktion von ρ'/a. Wie zu erwarten geht diese Kraft gegen Null für $\rho'/a = 0$ und divergiert für $\rho' \to a$.

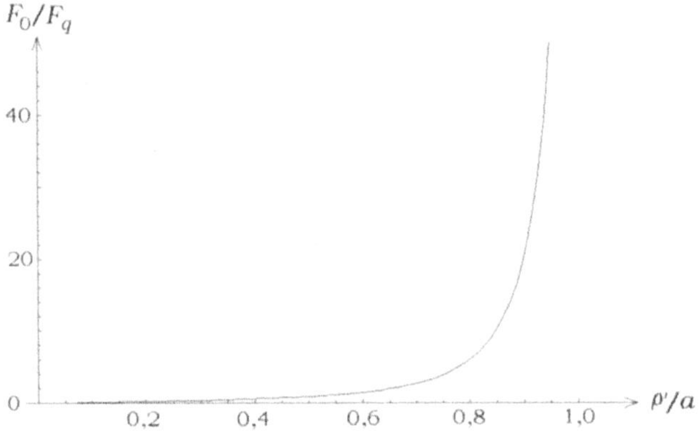

Abbildung 4.2: Elektrische Kraft auf Grund von elektrostatischer Induktion F_0 zwischen einem geerdeten Zylinder unendlicher Länge und Radius a und einer Punktladung q im Abstand $\rho' < a$ von der z-Achse (die gleichzeitig die Symmetrieachse darstellt), normalisiert mit der Konstanten $F_q \equiv q^2/4\pi\varepsilon_0 a^2$.

Die Oberflächenladungen können mit Hilfe des Gaußschen Gesetzes bestimmt werden und ergeben sich zu:

$$\sigma(a,\varphi,z) = \varepsilon_0 E_\rho(a,\varphi,z) =$$

$$= -\frac{q}{2\pi^2 a}\left[\sum_{m=-\infty}^{\infty} e^{im(\varphi-\varphi')}\int_0^\infty \cos[k(z-z')]\frac{I_m(k\rho')}{I_m(ka)}dk\right] . \tag{4.31}$$

Für die Ladung pro Längeneinheit $\lambda(z)$ folgt:

$$\lambda(a,z) = \int_0^{2\pi} \sigma(a,\varphi,z)a\,d\varphi = -\frac{q}{\pi}\int_0^\infty \cos[k(z-z')]\frac{I_0(k\rho')}{I_0(ka)}dk . \tag{4.32}$$

Die gesamte im Zylinder induzierte Ladung ergibt sich durch Integration von Gleichung (4.32) von $z = -\infty$ bis ∞ und mit $z' = 0$. Unter Verwendung von:

$$\delta(k) = \frac{1}{2\pi}\int_{-\infty}^{\infty} \cos(kz)dz = \frac{1}{\pi}\int_0^\infty \cos(kz)dz , \tag{4.33}$$

ergibt sich:

$$Q = \int_{-\infty}^{\infty} \lambda(a,z)dz = -q . \tag{4.34}$$

4.5 Leitendes zylindrisches Rohr unendlicher Länge mit externer Punktladung

Nun wird als neuer Fall die Anordnung eines leitenden Zylinders mit einer externen Punktladung behandelt. Die Position der Punktladung q sei $\vec{r}' = (\rho', \varphi', z')$ mit $\rho' > a$. In analoger Weise ergibt sich die Green-Funktion für diesen Fall zu:

$$G(\vec{r},\vec{r}'') = \frac{1}{2\pi^2}\left[\sum_{m=-\infty}^{\infty} e^{im(\varphi-\varphi'')}\int_0^\infty \cos[k(z-z'')]g_m(k,\rho,\rho'')dk\right] , \tag{4.35}$$

wobei g_m geschrieben werden kann als das Produkt $\psi_1'(\rho < \rho'')\psi_2'(\rho > \rho'')$. Die Funktionen ψ_1' und ψ_2' erfüllen die modifizierte Bessel Funktion. Sie können als lineare Kombination möglicher Lösungen dargestellt werden:

$$\psi_1'(k\rho_<) = A'I_m(k\rho_<) + B'K_m(k\rho_<) , \tag{4.36}$$
$$\psi_2'(k\rho_>) = C'I_m(k\rho_>) + D'K_m(k\rho_>) . \tag{4.37}$$

Für $\rho \to \infty$ muß die Green Funktion endlich bleiben. Folglich gilt $C' = 0$. Zusätzlich muß die Green-Funktion an der Grenzoberfläche den Wert Null annehmen. Hieraus folgt $G = 0$ an der Oberfläche des Zylinders $\rho = a$. Somit ergibt sich:

$$\psi_1'(a) = A'I_m(ka) + B'K_m(ka) = 0 \qquad \to \qquad B' = -A'\frac{I_m(ka)}{K_m(ka)} . \tag{4.38}$$

Um die Funktion g_m zu erhalten, muß noch die Konstante H' bestimmt werden:

$$g_m(k,\rho,\rho'') = H' \left[I_m(k\rho_<) - K_m(k\rho_<)\frac{I_m(ka)}{K_m(ka)} \right] K_m(k\rho_>) \;, \tag{4.39}$$

mit $\rho_>$ ($\rho_<$) als größerer (kleinerer) Wert von ρ und ρ''.

Aus Gleichung (4.19) folgt $H' = 4\pi$:

$$g_m(k,\rho,\rho'') = 4\pi \left[I_m(k\rho_<) - K_m(k\rho_<)\frac{I_m(ka)}{K_m(ka)} \right] K_m(k\rho_>) \;. \tag{4.40}$$

Als Green Funktion ergibt sich:

$$G(\vec{r},\vec{r}'') = \frac{2}{\pi} \left\{ \sum_{m=-\infty}^{\infty} \mathrm{e}^{im(\varphi-\varphi'')} \int_0^{\infty} \cos[k(z-z'')] \times \right.$$

$$\left. \times \left[I_m(k\rho_<) - K_m(k\rho_<)\frac{I_m(ka)}{K_m(ka)} \right] K_m(k\rho_>) dk \right\} \;. \tag{4.41}$$

4.5.1 Zylindrisches Rohr auf Potential Null

Wird die Oberfläche des Zylinders auf Potential Null gehalten, so gilt:

$$\phi(a,\varphi,z) = 0 \;. \tag{4.42}$$

Einsetzen der Gleichungen (4.41) und (4.42) in Gleichung (4.8) mit $\rho(\vec{r}'') = q\delta(\vec{r}' - \vec{r}'')$ ergibt:

$$\phi(\vec{r},\vec{r}') = \frac{q}{2\pi^2\varepsilon_0} \left\{ \sum_{m=-\infty}^{\infty} \mathrm{e}^{im(\varphi-\varphi')} \int_0^{\infty} \cos[k(z-z')] \times \right.$$

$$\phi(\vec{r},\vec{r}') = \frac{q}{2\pi^2\varepsilon_0} \left\{ \sum_{m=-\infty}^{\infty} \mathrm{e}^{im(\varphi-\varphi')} \int_0^{\infty} \cos[k(z-z')] \times \right.$$

$$\left. \times \left[I_m(k\rho_<) - K_m(k\rho_<)\frac{I_m(ka)}{K_m(ka)} \right] K_m(k\rho_>) dk \right\} \;. \tag{4.43}$$

Wiederum steht $\rho_>$ ($\rho_<$) für den größeren (kleineren) Wert von ρ und ρ'.

Da in großer Entfernung vom Nullpunkt ρ sehr viel größer ist als ρ', kann Gleichung (4.43) in approximativer Form geschrieben werden. Der erste Term in Klammern ergibt dann $I_m(k\rho_<)K_m(k\rho_>)$ mit $\rho_< = \rho'$ und $\rho_> = \rho$. Zu beachten ist der Term $K_m(k\rho)$ mit $\rho \gg \rho'$, der mit wachsendem k rasch gegen Null geht. Hieraus folgt, dass der wesentliche Beitrag zum Integral durch das Gebiet zwischen $0 < k < 1/\rho$ geliefert wird. Für kleine Argumente, d.h. für $k\rho' \ll 1$, ergibt $I_m(k\rho')$ angenähert $I_m(k\rho') \approx (k\rho'/2)^m/m!$. Hieraus ist ersichtlich, dass der erste Term der wichtigste ist, nämlich $m = 0$. Das Integral über den ersten Term in Klammern in Gleichung (4.43) ergibt:

$$\phi_1(\rho \gg \rho') \approx \frac{q}{2\pi^2\varepsilon_0} \int_0^\infty \cos[k(z-z')] K_0(k\rho) dk = \frac{q}{4\pi\varepsilon_0\rho} \ . \tag{4.44}$$

Die letzte Gleichsetzung ergibt sich aus der folgenden Identität:[8]

$$\frac{2}{\pi} \int_0^\infty \cos(xt) K_0(yt) dt = \frac{1}{\sqrt{x^2+y^2}} \ . \tag{4.45}$$

Der zweite Term in Klammern in Gleichung (4.43) kann in gleicher Weise behandelt werden. Der wesentliche Beitrag zum Integral wird durch die Region zwischen $0 < k < 1/\rho$ geliefert. Wiederum ist der erste Term der wichtigste. Entsprechend wird die Funktion $K_0(k\rho')$ für kleine Argumente angenähert zu: $K_0(k\rho') \approx -\ln(k\rho')$. Das Integral über den zweiten Term in Klammern in Gleichung (4.43) ergibt dann:

$$\phi_2(\rho \gg \rho') \approx -\frac{q}{2\pi^2\varepsilon_0} \int_0^\infty \cos[k(z-z')] \frac{\ln(k\rho')}{\ln(ka)} K_0(k\rho) dk \ . \tag{4.46}$$

Aus Gleichung (4.43) ergibt sich das elektrische Feld zu $\vec{E}_0 = -\nabla\phi$, mit den Komponenten:

$$E_\rho(\rho < \rho') = -\frac{q}{2\pi^2\varepsilon_0} \left\{ \sum_{m=-\infty}^{\infty} \mathrm{e}^{im(\varphi-\varphi')} \int_0^\infty k \cos[k(z-z')] \times \right.$$
$$\left. \times \left[I_m{}'(k\rho) - K_m'(k\rho) \frac{I_m(ka)}{K_m(ka)} \right] K_m(k\rho') dk \right\} , \tag{4.47}$$

$$E_\rho(\rho > \rho') = -\frac{q}{2\pi^2\varepsilon_0} \left\{ \sum_{m=-\infty}^{\infty} \mathrm{e}^{im(\varphi-\varphi')} \int_0^\infty k \cos[k(z-z')] \times \right.$$
$$\left. \times \left[I_m(k\rho') - K_m(k\rho') \frac{I_m(ka)}{K_m(ka)} \right] K_m{}'(k\rho) dk \right\} , \tag{4.48}$$

$$E_\varphi = \frac{q}{\pi^2\varepsilon_0\rho} \left\{ \sum_{m=1}^{\infty} m \sin[m(\varphi-\varphi')] \int_0^\infty \cos[k(z-z')] \times \right.$$
$$\left. \times \left[I_m(k\rho_<) - K_m(k\rho_<) \frac{I_m(ka)}{K_m(ka)} \right] K_m(k\rho_>) dk \right\} , \tag{4.49}$$

[8] [AW95, Aufgabe 11.5.11].

$$E_z = \frac{q}{2\pi^2\varepsilon_0}\left\{\sum_{m=-\infty}^{\infty} e^{im(\varphi-\varphi')}\int_0^\infty k\sin[k(z-z')]\times\right.$$

$$\left.\times\left[I_m(k\rho_<) - K_m(k\rho_<)\frac{I_m(ka)}{K_m(ka)}\right]K_m(k\rho_>)dk\right\} . \qquad (4.50)$$

Die auf die Ladung q wirkende elektrische Kraft auf Grund von elektrostatischer Induktion $\vec{F_0} = q\vec{E}_0(\vec{r}\,')$ wird durch Gleichung (4.47) wiedergegeben für $\vec{r} = \vec{r}\,'$ ohne den ersten Term in Klammern (der das durch die Ladung q erzeugte Feld wiedergibt). Es gibt nur eine radiale Komponente zu:

$$\vec{F_0}(\vec{r}\,') = \frac{q^2}{2\pi^2\varepsilon_0}\left[\sum_{m=-\infty}^{\infty}\int_0^\infty kK_m(k\rho')K_m{}'(k\rho')\frac{I_m(ka)}{K_m(ka)}dk\right]\hat{\rho}$$

$$= -\frac{q^2}{4\pi^2\varepsilon_0\rho'^2}\left\{\sum_{m=-\infty}^{\infty}\int_0^\infty K_m^2(x)\frac{d}{dx}\left[x\frac{I_m(ax/\rho')}{K_m(ax/\rho')}\right]dx\right\}\hat{\rho} . \qquad (4.51)$$

Die letzte Gleichung wurde schrittweise integriert. In Abbildung 4.3 ist die elektrische Kraft auf Grund von elektrostatischer Induktion aus Gleichung (4.51) in Abbildung 4.3 als Funktion von ρ'/a aufgetragen, normalisiert mit der Konstanten $F_q \equiv q^2/4\pi\varepsilon_0 a^2$. Wie zu erwarten geht diese Kraft gegen Null für $\rho'/a \to \infty$ und divergiert für $\rho' \to a$.

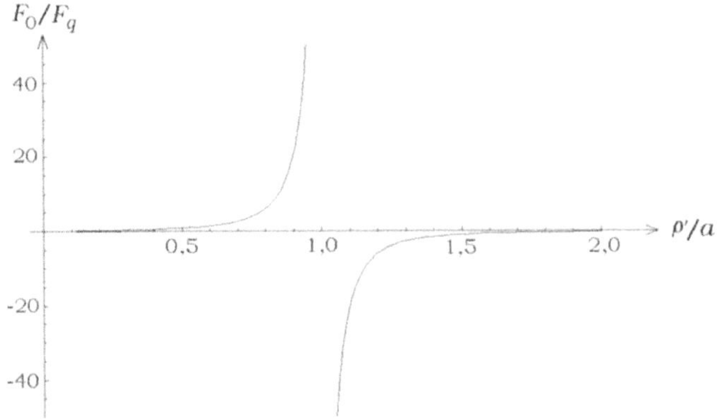

Abbildung 4.3: Elektrische Kraft auf Grund von elektrostatischer Induktion F_0 zwischen einem unendlich langen geerdeten Zylinder mit Radius a und einer Punktladung q im Abstand ρ' von der z-Achse (die mit der Symmetrieachse des Zylinders zusammenfällt), normalisiert mit der Konstanten $F_q \equiv q^2/4\pi\varepsilon_0 a^2$. Für $\rho' < a$ ergibt sich die Kraft aus Gleichung (4.30), für $\rho' > a$ aus Gleichung (4.51).

Die Oberflächenladungen können mit Hilfe des Gaußschen Gesetzes berechnet werden mit dem Ergebnis:

$$\sigma(a, \varphi, z) = \varepsilon_0 E_\rho(a, \varphi, z) =$$

$$= -\frac{q}{2\pi^2 a}\left[\sum_{m=-\infty}^{\infty} e^{im(\varphi-\varphi')} \int_0^\infty \cos[k(z-z')]\frac{K_m(k\rho')}{K_m(ka)}dk\right] . \tag{4.52}$$

Für die Ladung per Längeneinheit erhält man:

$$\lambda(a, z) = \int_0^{2\pi} \sigma(a, \varphi, z) a\, d\varphi = -\frac{q}{\pi}\int_0^\infty \cos[k(z-z')]\frac{K_0(k\rho')}{K_0(ka)}dk . \tag{4.53}$$

Es ist interessant, das Verhalten von λ für einen dünnen Draht weit entfernt von z' ($|z - z'| \gg \rho' \gg a$) zu bestimmen. Unter Verwendung der Gleichung (3.150) aus dem Buch von Jackson erhält man:[9]

$$\lambda \approx -\frac{q}{2\ln(|z|/a)}\frac{1}{\sqrt{\rho'^2 + z^2}} . \tag{4.54}$$

Die Summe aller Ladungen, die in dem Zylinder induziert werden, erhält man durch Integration von Gleichung (4.53) vom $z = -\infty$ bis ∞. Unter Verwendung von Gleichung (4.33) ergibt sich:

$$Q = \int_{-\infty}^{\infty} \lambda(a, z) dz = -q . \tag{4.55}$$

In Abbildung 4.4 ist $\lambda(a, z)$ als Funktion von z aufgetragen, mit $z' = 0$ und normalisiert mit q/ρ'. Wie zu erwarten findet sich der maximale Wert von $\lambda(a, z)$ bei $z = z'$. In Abbildung 4.5 ist λ_{max} als Funktion von ρ'/a aufgetragen, normalisiert mit q/ρ'. Aus dieser Abbildung wird ersichtlich, dass gilt: $\lambda_{\text{max}} \to 0$ für $\rho'/a \to \infty$, d.h. es ergibt sich eine einfache gerade leitende Linie für einen leitenden Zylinder der Dicke Null.

4.5.2 Dünnes zylindrisches Rohr auf Nullpotential

Unter der Annahme eines sehr dünnen geerdeten leitenden Zylinders mit $a \ll \rho'$ können die modifizierten Bessel-Funktionen für kleine Argumente angenähert werden durch:[10]

$$I_m(y \ll 1) \approx \frac{1}{m!}\frac{y^m}{2^m} , \tag{4.56}$$

$$K_m(y \ll 1) \approx \frac{(m-1)!2^{m-1}}{y^m}, \quad m > 0 , \tag{4.57}$$

$$K_0(y \ll 1) \approx -\ln\frac{y}{2} - \gamma . \tag{4.58}$$

[9] [Jac99].

[10] [GR94, Sektion 8.44].

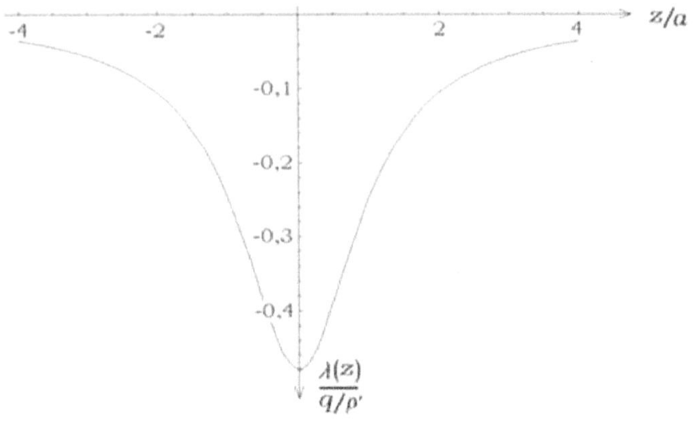

Abbildung 4.4: Induzierte lineare Ladungsdichte λ auf einem leitenden Zylinder mit einer externen Punktladung, Gleichung (4.53), als Funktion von z/a. Es wurde $z' = 0$ und $\rho'/a = 2$ gesetzt und normalisiert mit q/ρ'.

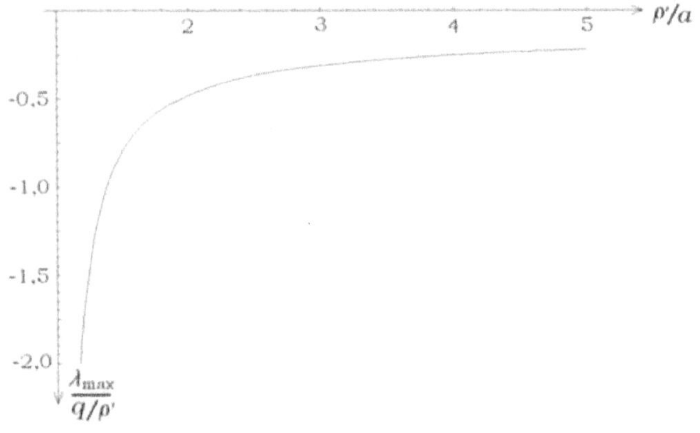

Abbildung 4.5: Maximale induzierte Ladungsdichte pro Längeneinheit $\lambda_{\max}(z = z')$ auf dem leitenden Zylinder mit einer externen Punktladung, Gleichung (4.53), als Funktion von ρ'/a (Abbildung normalisiert durch q/ρ').

Die Größe $\gamma = 0.577$ entspricht der Euler-Mascheroni Konstanten.

Der Klammerausdruck in Gleichung (4.51) für $m = 0$ beziehungsweise für $m > 0$ kann angenähert werden durch:

$$\frac{d}{dx}\left[x\frac{1}{-\ln\frac{ax}{2\rho'} - \gamma}\right] \approx -\frac{1}{\ln(a/\rho')}, \tag{4.59}$$

$$\frac{d}{dx}\left[x\frac{1}{m!}\frac{(ax/\rho')^m}{2^m}\frac{(ax/\rho')^m}{(m-1)!2^{m-1}}\right] \approx \frac{(2m+1)x^{2m}(a/\rho')^{2m}}{m!(m-1)!2^{2m-1}}. \tag{4.60}$$

Der wichtigste Term für $\rho' \gg a$ ist daher $m = 0$. Unter Verwendung der

Identität $\int_0^\infty K_0^2(x)dx = \pi^2/4$ ergibt sich die auf die Ladung q einwirkende elektrische Kraft auf Grund von elektrostatischer Induktion als:

$$\vec{F}_0(\rho' \gg a) \approx -\frac{q^2}{4\pi^2\varepsilon_0\rho'^2}\int_0^\infty K_0^2(x)\frac{\ln(2\rho'/xa)-\gamma+1}{[\gamma-\ln(2\rho'/xa)]^2}dx\hat{\rho}$$

$$\approx -\frac{q^2}{4\pi^2\varepsilon_0\rho'^2\ln(\rho'/a)}\int_0^\infty K_0^2(x)dx\hat{\rho} = -\frac{q^2}{16\varepsilon_0\rho'^2\ln(\rho'/a)}\hat{\rho}\,. \tag{4.61}$$

Ein alternativer Ausdruck für diese Kraft ergibt sich durch Integration der Kraft, die durch die lineare Ladungsdichte $\lambda(a,z)$ eines dünnen Zylinders aus Gleichung (4.53) auf die Punktladung q ausgeübt wird. Verwendet man

$$\int_{-\infty}^\infty \frac{\rho'\cos[k(z-z')]}{[\rho'^2+(z-z')^2]^{3/2}}dz = 2kK_1(k\rho')\,, \tag{4.62}$$

so erhält man:

$$\vec{F}_0(\vec{r}') = -\frac{q}{4\pi\varepsilon_0}\int_{-\infty}^\infty \frac{\rho'}{\sqrt{\rho'^2+z^2}}\frac{\lambda(a,z)}{\rho'^2+z^2}dz\hat{\rho}$$

$$= -\frac{q^2}{2\pi^2\varepsilon_0\rho'^2}\int_0^\infty x\frac{K_0(x)K_1(x)}{K_0(xa/\rho')}dx\hat{\rho}\,. \tag{4.63}$$

Um die Gleichungen (4.61) und (4.63) zu vergleichen, kann die letztere entwikkelt werden mit der Näherung $\rho' \gg a$. Unter Verwendung von $K_1(x) = -dK_0/dx$ und $K_0(xa/\rho') \approx -\ln(xa/2\rho') - \gamma \approx \ln(\rho'/a)$ und durch schrittweise Integraton erhält man:

$$\vec{F}_0 = \frac{q^2}{2\pi^2\varepsilon_0\rho'^2}\int_0^\infty x\frac{K_0(x)(dK_0/dx)}{K_0(xa/\rho')}dx\hat{\rho}$$

$$\approx -\frac{q^2}{4\pi^2\varepsilon_0\rho'}\int_0^\infty K_0^2(x)\frac{\ln(2\rho'/xa)-\gamma+1}{[\gamma-\ln(2\rho'/xa)]^2}dx\hat{\rho}$$

$$\approx -\frac{q^2}{16\varepsilon_0\rho'^2\ln(\rho'/a)}\hat{\rho}\,. \tag{4.64}$$

Dies entspricht genau der Gleichung (4.61).

4.5.3 Unendlich langes zylindrisches Rohr auf Nullpotential

Wird die Oberfläche eines leitenden Zylinders auf Potential Null gehalten, so gilt: $\phi(a,\varphi,z) = \phi_0$. Aus Gleichung (4.41) erhält man (mit $n'' = \rho_<$ und $\rho_> = \rho$):

$$\left.\frac{\partial G}{\partial n''}\right|_{\rho''=a} = -\frac{2}{\pi}\left\{\sum_{m=-\infty}^{\infty} \mathrm{e}^{im(\varphi-\varphi'')} \int_0^{\infty} k\cos[k(z-z'')]\frac{K_m(k\rho)}{K_m(ka)}\times\right.$$

$$\left.\times\left[I_m{}'(k\rho'')K_m(ka) - I_m(ka)K_m{}'(k\rho'')\right] dk\right\}_{\rho''=a}$$

$$= \frac{2}{\pi a}\left\{\sum_{m=-\infty}^{\infty} \mathrm{e}^{im(\varphi-\varphi'')} \int_0^{\infty} \cos[k(z-z'')]\frac{K_m(k\rho)}{K_m(ka)}dk\right\} . \qquad (4.65)$$

In der letzten Gleichung wurde die Wronskian-Beziehung $W[I_m(k\rho''), K_m(k\rho'')] = -1/(k\rho'')$ benutzt.

Der zweite Teil von Gleichung (4.8) kann geschrieben werden als:

$$\phi^+ = -\frac{1}{4\pi}\oint\!\!\!\oint_S \phi(\vec{r}'')\frac{\partial G}{\partial n''}da'' = \frac{\phi_0}{2\pi^2 a}\int_{-\infty}^{\infty} a\,dz'' \int_0^{2\pi} d\varphi''\times$$

$$\times\left\{\sum_{m=-\infty}^{\infty} \mathrm{e}^{im(\varphi-\varphi')} \int_0^{\infty} \cos[k(z-z')]\frac{K_m(k\rho)}{K_m(ka)}dk\right\}$$

$$= \frac{\phi_0}{\pi}\int_{-\infty}^{\infty} dz'' \int_0^{\infty} \cos[k(z-z')]\frac{K_0(k\rho)}{K_0(ka)}dk$$

$$= \frac{2\phi_0}{\pi}\int_0^{\infty} dz'' \int_0^{\infty} \cos[k(z-z')]\frac{K_0(k\rho)}{K_0(ka)}dk . \qquad (4.66)$$

In der letzten Gleichung wurden die Grenzen des Integrals über z'' geändert. Um das letzte Integral zu berechnen, wurde Gleichung (4.23) verwendet. Nach Änderung der Variablen erhält man:

$$\int_0^{\infty} \cos[k(z-z')]dz' = \pi\delta(k) . \qquad (4.67)$$

Eine Näherungslösung für kleine Werte von $K_0(y)$, nämlich $K_0(y) \approx -\ln y$, ist in diesem Fall unzulässig, denn es gilt: $\lim_{k\to 0} K_0(k\rho)/K_0(ka) \to 1$ für jedes ρ. Dies ist zutreffend für einen unendlich langen Zylinder, aber eröffnet keine physikalische Einsicht in das Verhalten des Potentials als Funktion von ρ. Dagegen sollte der Ausdruck $k \ll 1/\rho < 1/a$ benutzt werden mit dem Ergebnis:

$$\phi^+ \approx \phi_0\frac{\ln(k\rho)}{\ln(ka)}, \qquad \text{für} \qquad k \ll 1/\rho < 1/a . \qquad (4.68)$$

Das Potential im Außenraum eines unendlich langen leitenden Zylinders auf Potential ϕ_0 mit einer externen Punktladung ergibt sich aus der Summe der Gleichungen (4.43) und (4.68).

Das Potential eines Zylinders auf konstanten Potential ϕ_0 kann mit einer weiteren Methode bestimmt werden. Gegeben sei eine lange gerade Linie der Länge ℓ entlang der z-Achse, die mit einer konstanten eindimensionalen Ladungsdichte λ belegt ist. Für das Potential im Abstand ρ von der z-Achse für $\ell \gg \rho$ gilt:

$$\phi_{\text{Linie}} \approx \frac{\lambda}{2\pi\varepsilon_0} \ln \frac{\ell}{\rho} \ . \tag{4.69}$$

Im Abstand $\rho = a$ von der z-Achse ergibt sich ein konstantes Potential $\phi_0 = 2\lambda \ln(\ell/a)$, das der gleichen Randbedingung entspricht wie vorher. Dies bedeutet, dass die Lösung die gleiche ist. Durch Einsetzen von λ erhält man das Potential als:

$$\phi_{\text{Linie}} = \phi_0 \frac{\ln(\ell/\rho)}{\ln(\ell/a)} \ . \tag{4.70}$$

Dabei ist zu beachten, dass die Gleichung (4.68) mit $k \ll 1/\rho < 1/a$ und Gleichung (4.70) mit $\ell \gg a > \rho$ im wesentlichen die gleichen sind. Somit kann Gleichung (4.70) als Lösung für einen langen Zylinder auf konstantem Potential angesetzt werden.

Das Potential eines langen leitenden Zylinders auf konstantem Potential ϕ_0 mit einer externen Ladung q ist dann gegeben als:

$$\phi(\vec{r}, \vec{r}\,') = \frac{q}{2\pi^2\varepsilon_0} \left\{ \sum_{m=-\infty}^{\infty} \mathrm{e}^{im(\varphi-\varphi')} \int_0^\infty \cos[k(z-z')] K_m(k\rho_>) \times \right.$$

$$\left. \times \left[I_m(k\rho_<) - \frac{I_m(ka)}{K_m(ka)} K_m(k\rho_<) \right] dk \right\} + \phi_0 \frac{\ln(\ell/\rho)}{\ln(\ell/a)} \ . \tag{4.71}$$

Die Komponenten des elektrisches Feld auf Grund von elektrostatischer Induktion $\vec{E}_0$, die elektrische Kraft auf Grund von elektrostatischer Induktion $\vec{F}_0$, die auf die Ladung q wirkt, die Dichte der Oberflächenladungen σ und die eindimensionale Ladungsdichte λ ergeben sich zu:

$$E_\rho(\rho < \rho') = -\frac{q}{2\pi^2\varepsilon_0} \left\{ \sum_{m=-\infty}^{\infty} \mathrm{e}^{im(\varphi-\varphi')} \int_0^\infty k \cos[k(z-z')] \times \right.$$

$$\left. \times \left[{I_m}'(k\rho) - \frac{I_m(ka)}{K_m(ka)} K'_m(k\rho) \right] K_m(k\rho') dk \right\} \ , \tag{4.72}$$

$$E_\rho(\rho > \rho') = -\frac{q}{2\pi^2\varepsilon_0} \left\{ \sum_{m=-\infty}^{\infty} \mathrm{e}^{im(\varphi-\varphi')} \int_0^\infty k \cos[k(z-z')] \times \right.$$

$$\times \left[I_m(k\rho') - \frac{I_m(ka)}{K_m(ka)} K_m(k\rho') \right] K_m{}'(k\rho) dk \Bigg\} + \frac{\phi_0}{\rho \ln(\ell/a)} \, , \tag{4.73}$$

$$E_\varphi = \frac{q}{\pi^2 \varepsilon_0 \rho} \left\{ \sum_{m=1}^{\infty} m \sin[m(\varphi - \varphi')] \int_0^\infty \cos[k(z - z')] \times \right.$$

$$\left. \times \left[I_m(k\rho_<) - \frac{I_m(ka)}{K_m(ka)} K_m(k\rho_<) \right] K_m(k\rho_>) dk \right\} \, , \tag{4.74}$$

$$E_z = \frac{q}{2\pi^2 \varepsilon_0} \left\{ \sum_{m=-\infty}^{\infty} \mathrm{e}^{im(\varphi - \varphi')} \int_0^\infty k \sin[k(z - z')] \times \right.$$

$$\left. \times \left[I_m(k\rho_<) - \frac{I_m(ka)}{K_m(ka)} K_m(k\rho_<) \right] K_m(k\rho_>) dk \right\} \, , \tag{4.75}$$

$$\vec{F}_0(\vec{r}\,') = - \frac{q^2}{4\pi^2 \varepsilon_0 \rho'^2} \left\{ \sum_{m=-\infty}^{\infty} \int_0^\infty K_m^2(x) \frac{d}{dx} \left[x \frac{I_m(ax/\rho')}{K_m(ax/\rho')} \right] dx \right\} \hat{\rho}$$

$$+ \frac{q\phi_0}{\rho' \ln(\ell/a)} \hat{\rho} \, , \tag{4.76}$$

$$\sigma(a, \varphi, z) = - \frac{q}{2\pi^2} \left\{ \sum_{m=-\infty}^{\infty} \mathrm{e}^{im(\varphi - \varphi')} \int_0^\infty k \cos[k(z - z')] \frac{K_m(k\rho')}{K_m(ka)} dk \right\}$$

$$+ \frac{\varepsilon_0 \phi_0}{a \ln(\ell/a)} \, , \tag{4.77}$$

$$\lambda(a, z) = - \frac{q}{\pi} \int_0^\infty \cos[k(z - z')] \frac{K_0(k\rho')}{K_0(ka)} dk + \frac{2\pi\varepsilon_0 \phi_0}{\ln(\ell/a)} \, . \tag{4.78}$$

Mit Hilfe von Gleichung (4.78) kann die Summe der Ladungen auf dem Zylinder berechnet werden zu:

$$Q = \int_{-\infty}^{\infty} \lambda(a, z) dz = - \frac{q}{\pi} \int_{-\infty}^{\infty} dz \int_0^\infty \cos[k(z - z')] \frac{K_0(k\rho')}{K_0(ka)} dk + \frac{2\pi\ell\varepsilon_0 \phi_0}{\ln(\ell/a)}$$

$$= \; -q \lim_{k \to 0} \frac{\ln(k\rho')}{\ln(ka)} + \frac{2\pi\ell\varepsilon_0 \phi_0}{\ln(\ell/a)} = -q + \frac{2\pi\ell\varepsilon_0 \phi_0}{\ln(\ell/a)} \, . \tag{4.79}$$

Für einen neutralen geladenen Zylinder, d.h. für $Q = 0$ gilt als Beziehung zwischen dem konstanten Potential ϕ_0 und der Ladung q:

$$\phi_0 = \frac{q \ln(\ell/a)}{2\pi\varepsilon_0 \ell} \, . \tag{4.80}$$

4.6 Diskussion

Die elektrische Kraft auf Grund von elektrostatischer Induktion, die von einem geerdeten unendlichen langen Zylinder mit Radius a auf eine externe Ladung q im Abstand ρ' von der Achse des Zylinders ausgeübt wird, ist gegeben als:

$$\vec{F}_0 = -\alpha_L \frac{q^2}{4\pi\varepsilon_0 \rho'^2}\hat{\rho} \,. \tag{4.81}$$

Dabei ist α_L ein dimensionsloser Parameter. In dieser Arbeit wurden die folgenden drei unterschiedlichen Ausdrücke für diese Kraft bestimmt und zwar in Form der Gleichungen (4.51), (4.61) und (4.63). Für diese drei Fälle ergibt sich der Parameter α_L zu:

$$\alpha_L = \frac{1}{\pi}\left\{\sum_{m=-\infty}^{\infty}\int_0^\infty K_m^2(x)\frac{d}{dx}\left[x\frac{I_m(ax/\rho')}{K_m(ax/\rho')}\right]dx\right\} , \tag{4.82}$$

$$\alpha_L \approx \frac{1}{\pi}\int_0^\infty K_0^2(x)\frac{\ln(2\rho'/xa)-\gamma+1}{[\gamma-\ln(2\rho'/xa)]^2}dx \approx \frac{\pi}{4\ln(\rho'/a)} , \tag{4.83}$$

$$\alpha_L \approx \frac{2}{\pi}\int_0^\infty x\frac{K_0(x)K_1(x)}{K_0(xa/\rho')}dx \,. \tag{4.84}$$

In Abbildungen 4.6 bis 4.8 wird α_L als Funktion von a/ρ' dargestellt.

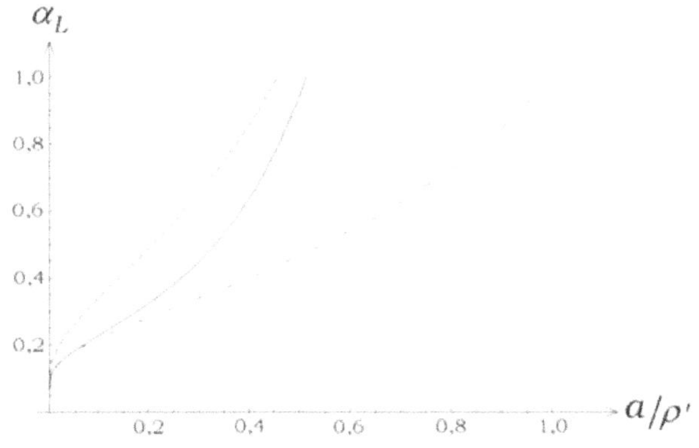

Abbildung 4.6: Dimensionsloser Parameter α_L von Gleichung (4.81) als Funktion von a/ρ'. Die durchgezogene Linie gibt den Parameter von Gleichung (4.82) wieder, die grobgestrichelte Linie den von Gleichung (4.83) und die feingestrichelte Linie den von Gleichung (4.84).

Es wird deutlich, dass diese drei Werte von α_L miteinander konvergieren für $a/\rho' \to 0$. Dies ist zu erwarten, denn Gleichung (4.51) ist gültig für einen Zylinder von endlicher Dicke mit beliebigem Wert für a/ρ', während Gleichungen (4.61) und (4.63) nur gültig sind für dünne Zylinder, d.h. für $a \ll \rho'$.

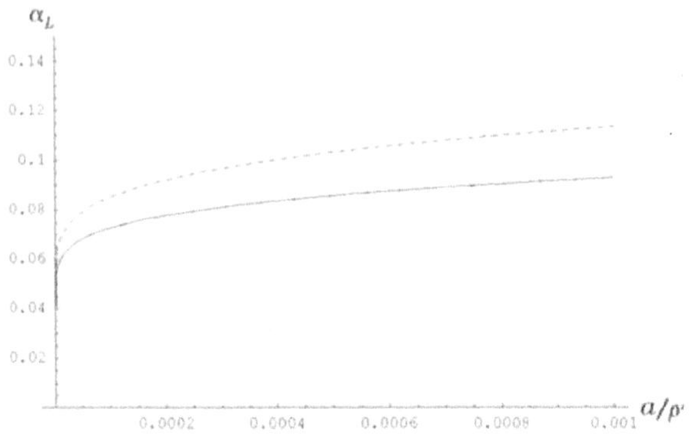

Abbildung 4.7: Dimensionloser Parameter α_L von Gleichung (4.81) als Funktion von a/ρ', für das Gebiet $a/\rho' \ll 1$. Die durchgezogenen Linie gibt den Parameter von Gleichung (4.82) wieder, die grobgestrichelte Linie den von Gleichung (4.83) und die feingestrichelte Linie (die in diesem Intervall von a/ρ' mit der durchgezogenen Kurve zusammenfällt) den von Gleichung (4.84).

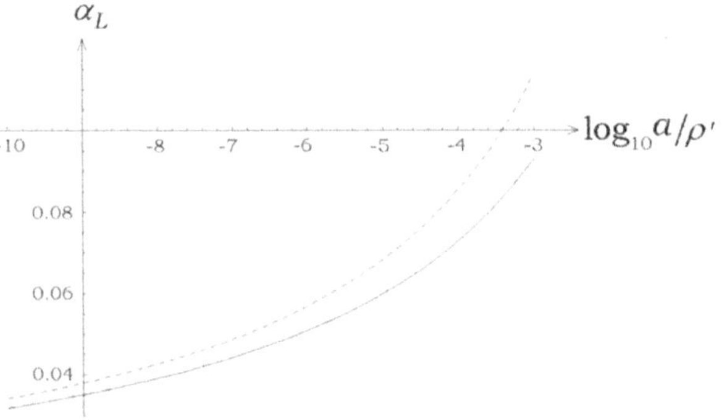

Abbildung 4.8: Dimensionloser Parameter α_L von Gleichung (4.81) als Funktion von $\log_{10}(a/\rho')$, für das Gebiet $a/\rho' \ll 1$. Die durchgezogene Linie gibt den Parameter von Gleichung (4.82) wieder, die grobgestrichelte Linie den von Gleichung (4.83) und die feingestrichelte Linie (die in diesem Intervall von a/ρ' mit der durchgezogenen Kurve zusammenfällt) den von Gleichung (4.84).

In Tabelle (4.85) sind die Werte der in Gleichung (4.82) exakt bestimmten Größe α_L als Funktion von ρ'/a wiedergegeben.

Aus Gleichung (4.83) wird ersichtlich, dass der Parameter α_L sich für $a/\rho' \ll 1$ dem Ausdruck $\pi/[4\ln(\rho'/a)]$ annähert, d.h. er geht gegen Null für $a/\rho' \to 0$. Diese Berechnungen führen zu dem Schluß, dass zwischen einer Punktladung und einer idealen, geerdeten Linie (Durchmesser gleich Null) keine Wechselwirkung besteht. Einer der Autoren (AKTA)[11] hatte dies nicht speziell für eine

[11] [ARM99].

geerdete Linie voausgesagt, aber für eine leitende insgesamt neutrale Linie mit $0 < \alpha_L < 1$. Insbesondere wurde $0.1 < \alpha_L < 0.9$ erwartet, ausgehend von dem Ergebnis einer Dimensionsbetrachtung und in Analogie zu dem Fall einer Punktladung q im Abstand ρ' einer unendlich großen leitenden Ebene. Im letzteren Fall ist die resultierende Kraft auf eine Testladung gegeben durch $\alpha_P q^2/4\pi\varepsilon_0\rho'^2$, mit $\alpha_P = 1/4 = 0.25$. Dagegen zeigen die hier aufgeführten Berechnungen $\alpha_L = 0$ für $a/\rho' = 0$ (für den Fall einer unendlich ausgedehnte geerdeten Linie). Dies ist ein interessantes Ergebnis, denn es zeigt, dass für die Existenz einer Kraft auf eine externe Testladung nicht nur ein endlicher Abstand zum Zylinder notwendig ist, sondern auch die Existenz einer von Null verschiedenen Oberfläche auf dem wechselwirkenden Leiter.

$$\begin{bmatrix} \rho'/a & \alpha_L \\ 1.1 & 29.1 \\ 1.2 & 8.94 \\ 1.5 & 2.20 \\ 2.0 & 0.944 \\ 5 & 0.322 \\ 10 & 0.228 \\ 100 & 0.130 \\ 10^3 & 0.0930 \\ 10^4 & 0.0727 \\ 10^{10} & 0.0318 \end{bmatrix} \tag{4.85}$$

Später wird diese elektrische Kraft auf Grund von elektrostatischer Induktion mit derjenigen Kraft verglichen, die sich proportional zur Spannung der Batterie verhält und entsteht, wenn ein konstanter Strom durch den zylindrischen Draht fließt.

Kapitel 5

Wichtige Themen

5.1 Eigenschaften des elektrostatischen Feldes

Im folgenden werden einige Eigenschaften des skalaren elektrischen Potentials ϕ und des elektrischen Feldes $\vec{E}$ wiedergegeben. Diese Eigenschaft sind im Detail in den meisten Büchern zum Elektromagnetismus abgeleitet worden, so dass hier nur die wesentlichen Aspekte wiedergegeben werden.

Gegeben sei ein Inertialsystem S mit Nullpunkt 0. In diesem Bezugssystem seien N ruhende Punktladungen q_j mit $j = 1, ..., N$ angeordnet. Die Ortvektoren zu den Positionen der Ladung q_j in Bezug auf 0 seien $\vec{r}_j$. Auf Grund des Prinzips der Superposition kann das Potential am Ort $\vec{r}_o$ auf Grund dieser N Ladungen definiert werden als:

$$\phi(\vec{r}_o) \equiv \sum_{j=1}^{N} \frac{q_j}{4\pi\varepsilon_0} \frac{1}{r_{oj}} , \tag{5.1}$$

wobei $r_{oj} \equiv |\vec{r}_o - \vec{r}_j|$ der Abstand ist zwischen der Spitze des Vektors $\vec{r}_o$ und der Ladung q_j.

Für das elektrische Feld am Punkt $\vec{r}_o$ gilt:

$$\vec{E}(\vec{r}_o) = -\nabla_o \phi . \tag{5.2}$$

Das Linienintegral über die Potentialdifferenz $d\phi = -\vec{E} \cdot d\vec{\ell}$ zwischen den Punkten A und B ergibt

$$\int_A^B \vec{E} \cdot d\vec{\ell} = -\int_A^B (\nabla\phi) \cdot d\vec{\ell} = -\int_A^B d\phi = \phi(\vec{r}_A) - \phi(\vec{r}_B) . \tag{5.3}$$

Daraus folgt, dass dies Integral nicht vom Weg des Integrals abhängt, sondern nur eine Funktion des Anfangs- und Endpunktes darstellt.

Wird die Integration über einen geschlossenen Weg ausgeführt, so ergibt sich der Wert Null:

$$\oint \vec{E} \cdot d\vec{\ell} = 0 \; . \tag{5.4}$$

5.2 Das elektrische Feld an verschiedenen Punkten des Leiterquerschnitts

Gegeben sei ein geradliniger homogener Widerstandsdraht von konstantem Querschnitt, durch den ein konstanter Strom fließt. Es war wohl Davy, der als Erster im Jahr 1821 bewies, dass der Strom durch den gesamten Querschnitt und nicht nur entlang der Oberfläche fließt:[1]

> Wie wir schon gesehen haben, hat Cavendish sehr umfassend die Fähigkeit von Metallen untersucht, elektrostatische Ladungen abzuleiten; voltaische Ströme zu leiten wurde dann von Davy untersucht.[2] Seine Methode bestand darin, die Ausgänge einer voltaischen Batterie sowohl über eine Wasserstrecke zu verbinden (so dass das Wasser zersetzt wurde), als auch über einen zu untersuchenden metallischen Leiter. Unterhalb einer bestimmten Länge des metallischen Leiters wurde das Wasser nicht mehr zersetzt; Davy bestimmte unter diesen Bedingungen Länge und Gewicht verschiedener Metalle und unterschiedlicher Querschnitte und konnte durch Vergleich zeigen, dass die Leitfähigkeit aller dieser verschiedenen Metalle sich umgekehrt proportional verhält zur Länge und direkt proportional zum Querschnitt der Leiter, aber unabhängig ist von der Form des Querschnitts.[3] Wie er bemerkte, zeigen die letzeren Tatsachen, dass voltaischer Strom durch den Körper des Leiters und nicht entlang der Oberfläche verläuft.

Einen theoretischen Beweis für die Tatsache, dass der Strom den Querschnitt des Leiters ausfüllt, findet sich (unter sicherlich vielen anderen) in dem Buch von Chabay und Sherwood.[4] Hierbei wird ein metallischer homogener und geradliniger Widerstandsdraht von beliebig geformten Querschnitt angenommen, durch den ein konstanter Strom fließt. Im Gleichgewichtszustand muß das elektrische Feld parallel zum Leiterdraht verlaufen (um senkrecht zum Draht verlaufende Ströme und elektrostatische Polarisation auszuschließen). Angenommen wird nun ein rechteckiger Pfad $ABCDA$ innerhalb des Drahtes, wobei AB und CD parallel zum Draht, BC und DA senkrecht zum Draht verläuft. Wie in Abschnitt 5.1 gezeigt wurde, ergibt das Linienintegral über das elektrische Feld den Wert Null. Bei diesem Nachweis wurden ruhende Ladungen angenommen. In dem vorliegenden Abschnitt handelt es sich jedoch um einen konstanten Strom, bei

[1] [Whi73, Seite 90].

[2] *Phil. Trans.* cxi (1821), Seite 425. Seine Ergebnisse wurden von Becquerel bestätigt, *Annales de Chimie*, xxxii (1825), Seite 423.

[3] Diese Ergebnisse waren Cavendish bekannt.

[4] [CS02, Abschnitt 18.2.4, Seite 631].

dem die Oberflächenladungen eine Driftgeschwindigkeit v_d relativ zur Hauptmasse des Leiters aufweisen. Diese Driftgeschwindigkeit ist jedoch sehr klein im Vergleich zur Lichtgeschwindigkeit c. Dies bedeutet, dass die Korrektur zweiter Ordnung des Typs v_d^2/c^2 im Vergleich zur Coulomb-Kraft zu vernachlässigen ist. Sie wird deshalb hier nicht weiter beachtet. Somit folgt, dass das elektrische Feld im Abschnitt AB parallel zum Leiterdraht verläuft und die gleiche Feldstärke aufweist wie das elektrische Feld in Abschnitt CD. Wegen der differentiellen Form des Ohmschen Gesetzes muß dieses Ergebnis auch für die auf das Volumen bezogene Stromdichte $\vec{J}$ gelten.

Das gleiche Ergebnis ergibt sich auch für diejenige Komponente des elektrischen Feldes, die durch den radialen Halleffekt hervorgerufen wird (siehe Abschnitt 6.4), denn das Linienintegral dieser axial gerichteten Komponente hebt sich längs der Abschnitte BC und DA gegenseitig auf.

Für den Fall eines ringförmigen homogenen Leiters mit einem azimutalen Stromfluß ergibt die gleiche Überlegung, dass das azimutal ausgerichte elektrische Feld (unter Vernächlässigung des kleinen radialen Halleffekts) mit $1/\rho$ abnehmen muß, mit ρ als Abstand zwischen dem Ort der Beobachtung und der Symmetrieachse des Ringes. Ein Beispiel für diese Anordnung wird in Kapitel 13 vorgestellt.

Den Autoren ist kein Experiment bekannt, mit dem der Nachweis geführt werden sollte, dass das elektrische Feld und die volumenbezogene Stromdichte in allen Punkten des Querschnitts eines metallischen geradlinigen Leiters konstant ist, durch den ein konstanter Strom fließt. Das gleiche gilt für die $1/\rho$ Abhängigkeit im Fall eines ringförmigen Leiters. Die Experimente von Bergman, Schaefer, Jefimenko und Parker (siehe Kapitel 3) zeigen jedoch qualitativ, dass diese Annahmen akzeptabel sind.

5.3 Elektromotorische Kraft versus Potentialdifferenz

Im vorliegenden Buch werden mehrere Beispiele behandelt, die zeigen, dass das elektrische Feld im Außenraum eines gleichstromführenden Leiters proportional ist zur elektromotorischen Kraft (EMK) einer angeschlossenen Batterie. In diesem Abschnitt wird betont, dass das Konzept einer EMK zu unterscheiden ist von der Potentialdifferenz auf Grund ruhender Ladungen. Dieses Thema ist von zahlreichen Autoren diskutiert worden.[5]

Um positive und negative Ladungen zu trennen, ist die Existenz von "Nicht-Coulombkräften", $\vec{F}_{nC}$, erforderlich, d.h. von Kräften nicht elektrostatischen Ursprungs. Dies gilt in all den Fällen, in denen Ladungen getrennt werden: im Fall von Reibungselektrizität; bei der Berührung zweier unterschiedlicher Metalle; in chemischen Batterien; beim piezoelektrischen Effekt, im Van de Graaf Generator, in einer photoelektrischen Zelle, usw. Auf Grund der Coulombkräfte ziehen sich Ladungen mit entgegengesetzter Polarität an und streben eine Vereinigung an. Was eine Trennung ermöglichen (oder eine Vereinigung unterbinden) soll,

[5][VF80], [Gri89, Abschnitt 7.1.2, Seiten 277-278], [CSa] und [CS02, Seiten 642-644].

muß daher von nicht-elektrostatischer Natur sein, d.h. diese Wechselwirkung muß von elektrostatischen Coulombkräften unabhängig sein.

Der Ursprung des Begriffs "elektromotorische Kraft" geht auf Volta (1745-1827) zurück.[6]

Wie in Abschnitt 5.1 gezeigt wurde gilt für die Differenz des elektrostatischen Potentials zwischen zwei Punkten A und B:

$$\phi_B - \phi_A = -\int_A^B \vec{E}_C \cdot d\vec{\ell} \,. \tag{5.5}$$

Die Größe $\vec{E}_C$ gibt das elektrostatische Potential der ruhenden Ladungen wieder. Diese Potentialdifferenz ist unabhängig vom Integrationsweg und nur eine Funktions der Grenzwerte.

Andererseits gilt für die elektromotorische Kraft zwischen zwei Punkten A und B, emk_{BA}:

$$emk_{BA} = \int_A^B \vec{E}_{nC} \cdot d\vec{\ell} \,. \tag{5.6}$$

Die Größe $\vec{E}_{nC} = \vec{F}_{nC}/q$ steht für die auf die Testladung q einwirkende Kraft, geteilt durch die Größe der Ladung. Diese einwirkende Kraft ist von nicht-elektrostatischem Ursprung. Das Linienintegral ist vom Weg des Integrals abhängig.

Zum Beispiel heben sich in einer Batterie bei geöffnetem Stromkreis die Coulomb- und Nicht-Coulombkräfte gegenseitig auf. Dies bedeutet, dass zwischen den Anschlüssen der Batterie eine Potentialdifferenz vorhanden ist, die numerisch gleich groß ist wie die EMK der Batterie.

In analoger Weise erhält man für die EMK in einem geschlossenen Stromkreis:

$$emk = \oint \vec{E}_{nC} \cdot d\vec{\ell} \,. \tag{5.7}$$

Befindet sich in einem geschlossenen Stromkreis eine chemische Batterie oder eine andere Kraft nicht-elektrostatischen Ursprungs, so nimmt dieses Linienintegral insgesamt einen von Null verschiedenen Wert an.

Trotz des Wortes "Kraft" in der Bezeichnung EMK ist die EMK keine Kraft im Newtonschen Sinne. Die EMK einer chemischen Batterie is numerisch gleich der Potentialdifferenz, die zwischen den Anschlüssen der Batterie erzeugt wird. Sie wird in den gleichen Einheiten gemessen, nämlich Volt oder Newton/Coulomb. Dennoch ist die EMK nicht das selbe wie Potentialdifferenz, wie in diesem Abschnitt betont wird. Sie basiert vom Ursprung her auf einer Nicht-Coulomkraft und ist nicht immer mit einer Potentialdifferenz assoziiert, wie zum Beispiel im Fall eines ringförmigen Leiters, dessen Abstand zu einem Permanentmagneten geändert wird (dies von Weber vorgestellte Beispiel wird im Anhang A diskutiert). Hier wird ein Strom längs des ringförmigen ohmschen

[6] [VF80].

Leiters induziert, obwohl keine Potentialdifferenz zwischen irgendwelchen zwei Punkten auftritt.[7]

5.4 Russellsches Theorem

In einem wichtigen kurzen Artikel leitete Russell ein allgemeines Theorem ab, bezogen auf geradlinige Leiter mit beliebigen Querschnitt, durch die ein konstanter Strom fließt.[8] Er folgerte, dass die Dichte der Oberflächenladungen σ auf den Leitern sich längs der gemeinsamen Achse z linear mit der Entfernung ändert. Das gleiche Ergebnis gilt ebenfall für das Potential ϕ innerhalb und außerhalb der Leiter.

Russell betrachtete homogenes isotropes Material, umgeben von einem isolierenden Medium von konstanter Permeabilität ε. Sein Theorem gilt für große Entfernungen von den Leiterenden (zur Vermeidung von Randeffekten) und ebenfall in großer Entfernung von der Quelle der elektromotorischen Kraft, die den Stromfluß bewirkt.

Im Kern seines Beweises steht die Aussage, dass das elektrische Feld $\vec{E}$ überall innerhalb des stromführenden Leiters die gleiche longitudinale Komponente aufweist. Mit $\vec{E} = -\nabla\phi$ bedeutet dies, dass das Potential innerhalb des Leiters eine lineare Funktion von z sein muß. Im Außenraum muß das Potential ϕ der Laplace-Gleichung $\nabla^2\phi = 0$ genügen. Da die Lösungen der Laplace-Gleichung, die allen Randedingungen genügen, eindeutig sind und alle Randbedingungen in allen Leitern lineare Funktionen von z darstellen, muß das gleiche auch im Außenraum gelten. Somit gilt:

$$\phi(x, y, z) = F(x, y)(A + Bz) \ . \tag{5.8}$$

Dabei ist $F(x, y)$ eine Funktion der senkrecht zur Leiterachse ausgerichteten Koordinaten, während A und B Konstanten darstellen.

In analoger Weise erhält man aus dem Gaußschen Gesetz, dass sich die Oberflächenladungen proportional zur Normalkomponente des elektrischen Feldes an der Grenzfläche des Leiters verhalten. Mit $\vec{E} = -\nabla\phi$ ergibt sich aus Gleichung (5.8):

$$\sigma(x, y, z) = G(x, y)(A + Bz) \ , \tag{5.9}$$

wobei $G(x, y)$ eine Funktion der senkrecht zur Leiterachse ausgerichteten Koordinaten darstellt.

Hieraus folgt, dass die Lösung des elektrostatischen Problems direkt auf die Lösung für konstante Ströme angewendet werden kann, in dem eine lineare Abhängigkeit der linearen Komponente eingefügt wird. Im folgenden Kapitel werden mehrere Beispiele vorgestellt, die dieses Theorem illustrieren.

Dabei ist jedoch zu beachten, dass die Lösung nur für große Entfernungen von den Leiterenden und in großer Entfernung von der Batterie gilt. Weiterhin gilt

[7] [VF80] und [Mor85].

[8] [Rus68].

sie nicht in der Nähe der Verbindung zweier Materialien mit unterschiedlicher Leitfähigkeit.

Teil II

Geradlinige Leiter

In dieser Arbeit gilt stets das Labor als Bezugssystem. Sofern von Leitern und Drähten gesprochen wird, werden damit Materialien mit gleichmäßiger Leitfähigkeit vorausgesetzt, falls nichts anderes ausgesagt wird. Das Raum außerhalb oder zwischen den Leitern ist üblicherweise evakuiert oder mit Luft gefüllt. Zeitliche Veränderungen von Strömen oder Potentialen werden in diesem Zusammenhang nicht betrachtet. Weiterhin wird angenommen, dass sich in der Nähe der stromführenden Leiter keine weiteren Leiter oder externe Ladungen befinden, so dass sie als frei von äußeren Einflüssen angesehen werden können (mit Ausnahme der schon erwähnten Testladung).

Im folgenden ersten Abschnitt werden ein oder mehrere gleichstromführenden Leiter parallel zur z-Achse untersucht.

Kapitel 6

Ein langer geradliniger Draht mit kreisförmigem Querschnitt

Wilhelm Weber veröffentlichte als Erster, so scheint es, im Jahr 1852,[1] eine theoretische Berechnung des elektrischen Feldes im Innern eines Leiters mit kreisförmigen Querschnitt, das durch die Dichte der Oberflächenladungen mit linearem Gradienten in Längsrichtung hervorgerufen wird (siehe Anhang A). Im folgenden wird das 1999 publizierte Verfahren angewendet.[2]

6.1 Konfiguration des Problems

Betrachtet wird ein zylinderförmiger homogener Widerstandsdraht der Länge ℓ und dem Radius $a \ll \ell$ (Abbildung 6.1).

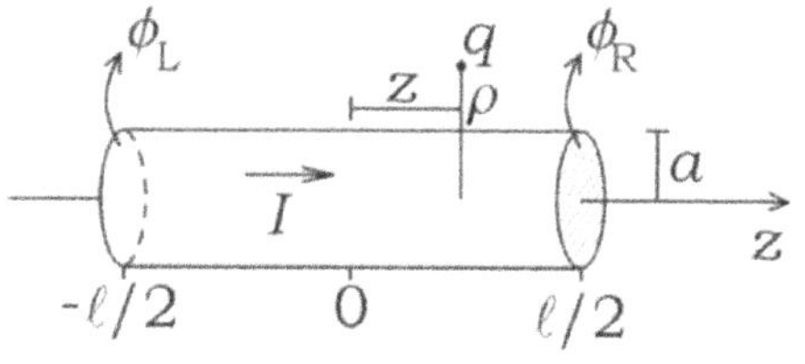

Abbildung 6.1: Konfiguration des Problems.

Die Achse des Drahtes stimmt mit der z-Achse überein, mit $z = 0$ im Mittelpunkt des Drahtes. Eine Batterie hält ein konstantes Potential ϕ_L bzw. ϕ_R

[1] [Web52].
[2] [ARM99].

an den Drahtenden $z = -\ell/2$ und $z = +\ell/2$ aufrecht. Der Draht führt einen konstanten Strom der Stärke I, hat eine endliche Leitfähigkeit g und ruht relativ zum Labor. Der Raum außerhalb ist entweder evakuiert oder mit Luft gefüllt. Im Abstand $\rho = \sqrt{x^2 + y^2}$ von der Drahtachse befindet sich eine stationäre Testladung q. Gesucht wird die Kraft, die von dem Draht auf die Testladung q ausgeübt wird. Ein besonderes Interesse gilt derjenigen Komponente der Kraft, die sich proportional zur Spannung oder zur EMK der Batterie verhält bzw. zur Potentialdifferenz längs des Drahtes. Hierzu werden folgende Annahmen vorausgesetzt:

$$\ell \gg \rho \geq 0, \ \ell \gg a > 0 \text{ und } \ell \gg |z| \geq 0 \ . \tag{6.1}$$

Die Größe z entspricht der longitudinalen Komponente des Ortsvektor von q (siehe Abbildung 6.1). Im vorliegenden Abschnitt werden durchgängig Zylinderkoordinaten (ρ, φ, z) und Einheitsvektoren $\hat{\rho}$, $\hat{\varphi}$ und $\hat{z}$ verwendet.

Der hier vorgestellte Draht muß an irgendeiner Stelle zu einem Stromkreis geschlossen werden. Zusammen mit diesen Annahmen gilt die durchzuführende Rechnung für einen Stromkreis wie in Abbildung 6.2 dargestellt. Dies ist ein Stromkreis in Form eines Vierecks mit gleicher Seitenlänge ℓ und bestehend aus zylindrischen Leitern mit einem Radius $a \ll \ell$. In größerer Entfernung zur Spannungsquelle befindet sich etwa in der Mitte einer der Seiten (wie z.B. AB, BC oder CD) eine Testladung. Der Fall, bei dem sich die Testladung nahe der Mitte der Seite AD befindet, wurde 2004 veröffentlicht.[3]

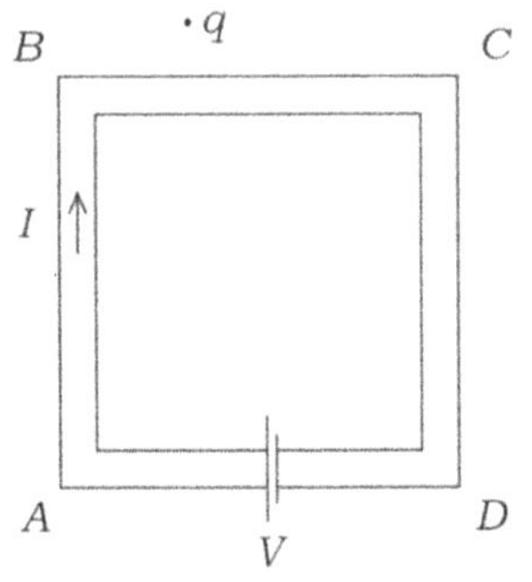

Abbildung 6.2: Ein geschlossener Stromkreis in Form eines Vierecks bestehend aus einem Widerstandsdraht von kreisförmigem Querschnitt. Eine Testladung befindet sich nahe der Mitte einer der Seiten des Vierecks.

Unter diesen Annahmen gilt, dass die übrigen drei Seiten keinen nennenswerten Beitrag zum Potential und zum Feld in der Nähe der Mitte der 4. Seite beitragen. Zusätzlich können Näherungslösungen erwartet werden für einen kreisförmigen Stromkreis mit Radius $R_0 = \ell/2\pi$ und kleinem Radius $a \ll R_0$ (ein Ring), sofern sich die Punktladung in der Nähe des Kreises, aber in größerer Entfernung zur eingeschalteten Spannungsquelle befindet. Schließlich können die

[3][HCA04].

Lösungen in einer ersten groben Näherung zur Bestimmung der Kraft auf eine Punktladung wie in Abbildung 1.1 auch für einen normalen Stromkreis von großer Länge und kleiner Krümmung Verwendung finden (d.h. mit einem im Vergleich zum Drahtdurchmesser und zum Abstand Punktladung-Leiter sehr viel größeren Krümmungsradius).

Es werden drei Komponenten der durch den Leiter auf die Punktladung q ausgeübten Kraft getrennt betrachtet: (A) Die Komponente aufgrund elektrostatischer Induktion, basierend auf den durch die Punktladung q auf der Leiteroberfläche induzierten Ladungen (siehe Kapitel 4); (B) die Kraftkomponente, die durch die mit einem stromführenden Leiter verbundenen Oberflächenladungen hervorgerufen wird (proportional zur Spannung bzw. EMK der angeschlossenen Batterie); (C) die Kraftkomponente proportional zum Quadrat der Driftgeschwindigkeit v_d der Leitungselektronen, d.h. proportional zu v_d^2/c^2.

6.2 Kraftwirkung auf den Leiter proportional zur Potentialdifferenz.

Wie schon besprochen wird das elektrische Feld, das einen konstanten Stromfluß durch einen an eine Batterie angeschlossenen Widerstandsdraht antreibt, durch freie, auf der Oberfläche des Drahtes verteilte Elektronen hervorgerufen. Die Dichte der Oberflächenladungen sei $\sigma(a, \varphi, z)$. Für den Fall von Gleichströmen ist σ zeitlich konstant, aber variiert längs des Leiters (d.h. die Dichte ist eine Funktion von z). Der hier verfolgte Ansatz entspricht dem in Kapitel 2 vorgestellten Ansatz von Weber und Kirchhoff. Die Batterie, die auf Grund chemischer Kräfte eine Potentialdifferenz an ihren Ausgängen erzeugt, ist für die Aufrechterhaltung dieser Verteilung von Oberflächenladungen verantwortlich. Die Batterie bewirkt aber nicht direkt das elektrische Feld an allen Punkten im Leiterkreis. Die Oberflächenladungen andererseits bewirken nicht nur das Feld innerhalb des Leiters, sondern auch ein Feld im Außenraum.

Der Ansatz dieses Kapitels beinhaltet das folgende Verfahren: Es wird ein zylinderförmiger Draht betrachtet, der von einem konstanten Strom I durchflossen wird und es wird zunächst in Abwesenheit einer Testladung q das Potential ϕ_1 und das elektrische Feld $\vec{E}_1$ innerhalb und außerhalb des Leiters berechnet. Wird die Testladung im Abstand ρ vom Leiter angebracht, so ergibt sich die darauf einwirkende Kraft auf Grund der Oberflächenladungen zu $\vec{F}_1 = q\vec{E}_1$. Dies gilt unter der Annahme, dass die Ladung klein genug ist, um weder den Strom noch den Leiter zu beeinflussen — mit Ausnahmen der induzierten Ladungen und ihrer Kraftwirkung $\vec{F}_0 = q\vec{E}_0$ (siehe Kapitel 4). Zunächst erfolgt die Berechnung des Potentials auf Grund der Oberflächenladungen.

Bei einem Gleichstrom muß das antreibende elektrische Feld im Innern über der Querschnittfläche des Leiters konstant sein.[4] Dabei wird der kleine radiale Halleffekt innerhalb des Leiters vernachlässigt, der durch das magnetische Feld des Stromflusses bewirkt wird (siehe Abschnitt 6.4). Dies bedeutet, dass das Po-

[4][Whi73, Seite 90].

tential und die Verteilung der Oberflächenladungen eine lineare Funktion von z sein muß (siehe Abschnitt 5.4). Wegen der axialen Symmetrie des Drahtes kann das Potential auch nicht vom azimutalen Winkel abhängen.

$$\sigma(a,\varphi,z) = \sigma_A + \sigma_B \frac{z}{\ell} \ , \tag{6.2}$$

mit σ_A und σ_B als Konstante.

Eine kurze Diskussion dieses Ausdrucks erscheint sinnvoll, bevor die Berechnung fortgesetzt wird. Unter der Annahme, dass der Leiter insgesamt neutral ist und somit keine Überschußladung aufweist, muß die Integration der Ladungsdichte über die gesamte Oberfläche den Wert Null ergeben. Dies Ergebnis ergibt sich nach Integration der Gleichung (6.2) von $z = -\ell/2$ bis $z = \ell/2$ nur in dem symmetrischen Fall, bei dem $\sigma_A = 0$ gilt. Dies mag z.B. für die oberer Seite BC der Abbildung 6.2 gelten. Andererseits soll die Berechnung für allgemeine Werte von σ_A durchgeführt werden, so dass sie z.B. auch für die linke Hälfte der oberen Seite BC der Abbildung 6.2 anwendbar ist. Die Integration von σ über die linke Seite (von $z = -\ell/2$ bis Null) ergibt einen positiven Wert, da sie sich näher beim positiven Pol der Batterie befindet. Diese positive Ladung wird ausgeglichen durch die negative Ladung auf der rechten Hälfte der oberen Seite BC der Abbildung 6.2 (z von Null bis $+\ell/2$). Ein allgemeines σ_A, angewendet z.B. auf die linke Seite AB der Abbildung 6.2, ergibt eine positive Ladung, die ausgeglichen wird durch eine negative Ladung auf der rechten Seite CD von Abbildung 6.2. Es sei betont, dass der Punkt mit $\sigma = 0$ durch die Batterie bestimmt wird. Die Batterie bestimmt ebenfalls, an welchen Stellen σ positiv bzw. negativ ist, je nach dem, ob die Teile sich näher beim positiven oder negativen Pol der Batterie befinden.

Auf Grund der axialen Symmetrie von σ kann die Berechnung von ϕ für einen speziellen Winkel $\varphi = 0$ rad durchgeführt und dann für alle φ verallgemeinert werden. Das Potential innerhalb und außerhalb des Drahtes ergibt sich zu:

$$\begin{aligned}\phi_1(\rho,z) &= \frac{1}{4\pi\varepsilon_0}\int_{\varphi_2=0}^{2\pi}\int_{z_2=-\ell/2}^{\ell/2} \frac{\sigma a d\varphi_2 dz_2}{\sqrt{\rho^2+a^2-2\rho a\cos\varphi_2+(z_2-z)^2}} \\ &= \frac{1}{4\pi\varepsilon_0}\int_{\varphi_2=0}^{2\pi}\int_{z_2=-\ell/2}^{\ell/2} \frac{(\sigma_A+\sigma_B z_2/\ell)d\varphi_2 dz_2}{\sqrt{\left(1-2\frac{\rho}{a}\cos\varphi_2+\frac{\rho^2}{a^2}\right)+\left(\frac{z_2-z}{a}\right)^2}}\end{aligned} \tag{6.3}$$

Mit der Definition der dimensionslosen Variablen $s^2 \equiv 1 - 2(\rho/a)\cos\varphi_2 + (\rho^2/a^2)$ und $u \equiv (z_2 - z)/a$ ergibt sich: $\phi_1(\rho,z) = (a/4\pi\varepsilon_0)[(\sigma_B a/\ell)I_1 + (\sigma_A + \sigma_B z/\ell)I_2]$, mit

$$I_1 \equiv \int_{\varphi_2=0}^{2\pi}\int_{u=-(\ell/2a+z/a)}^{\ell/2a-z/a} u\frac{d\varphi_2 du}{\sqrt{s^2+u^2}} \ , \tag{6.4}$$

und

$$I_2 \equiv \int_{\varphi_2=0}^{2\pi}\int_{u=-(\ell/2a+z/a)}^{\ell/2a-z/a} \frac{d\varphi_2 du}{\sqrt{s^2+u^2}} \ . \tag{6.5}$$

Diese Integrale können mit der Näherung (6.1) gelöst werden. Als angenähertes Endergebnis folgt (verallgemeinert für alle φ):

$$\phi_1(\rho \leq a, \varphi, z) \approx \frac{a}{\varepsilon_0}\left[\sigma_A \ln\frac{\ell}{a} + \sigma_B \frac{z}{\ell}\ln\frac{\ell}{ea}\right] , \tag{6.6}$$

$$\phi_1(\rho \geq a, \varphi, z) \approx \frac{a}{\varepsilon_0}\left[\sigma_A \ln\frac{\ell}{\rho} + \sigma_B \frac{z}{\ell}\ln\frac{\ell}{e\rho}\right] . \tag{6.7}$$

In Gleichung (6.1) kann $\ln e = 1$ im Vergleich zu $\ln(\ell/a)$ und $\ln(\ell/\rho)$ vernachlässigt werden. Daraus folgt:

$$\phi_1(\rho, \varphi, z) \approx \frac{a\sigma(z)}{\varepsilon_0}\ln\frac{\ell}{a} = \frac{a(\sigma_A + \sigma_B z/\ell)}{\varepsilon_0}\ln\frac{\ell}{a} , \quad \text{mit } \rho \leq a , \tag{6.8}$$

$$\phi_1(\rho, \varphi, z) \approx \frac{a\sigma(z)}{\varepsilon_0}\ln\frac{\ell}{\rho} = \frac{a(\sigma_A + \sigma_B z/\ell)}{\varepsilon_0}\ln\frac{\ell}{\rho} , \quad \text{mit } \rho \geq a . \tag{6.9}$$

Mit dem Ausdruck $\lambda(z) \equiv 2\pi a\sigma(z)$ ergeben die beiden letzten Gleichungen:

$$\phi_1(\rho \leq a, \varphi, z) \approx \frac{\lambda(z)}{2\pi\varepsilon_0}\ln\frac{\ell}{a} , \tag{6.10}$$

$$\phi_1(\rho \geq a, \varphi, z) \approx \frac{\lambda(z)}{2\pi\varepsilon_0}\ln\frac{\ell}{\rho} . \tag{6.11}$$

Aus den Gleichungen (6.6) und (6.7) erhält man für das elektrische Feld $\vec{E}_1 = -\nabla\phi_1$:

$$\vec{E}_1(\rho < a, \varphi, z) \approx -\frac{a\sigma_B}{\varepsilon_0 \ell}\left(\ln\frac{\ell}{ea}\right)\hat{z} , \tag{6.12}$$

$$\vec{E}_1(\rho > a, \varphi, z) \approx \frac{a}{\varepsilon_0}\left(\sigma_A + \sigma_B\frac{z}{\ell}\right)\frac{\hat{\rho}}{\rho} - \frac{a\sigma_B}{\varepsilon_0 \ell}\left(\ln\frac{\ell}{e\rho}\right)\hat{z} . \tag{6.13}$$

Soweit bekannt hat Wilhelm Weber im Jahr 1852 als erster die Gleichung (6.12) aufgestellt, ausgehend von der Integration der Gleichung (6.2) (siehe Anhang A).

In Gleichung (6.1) ist 1 im Vergleich zu $\ln(\ell/a)$ und $\ln(\ell/\rho)$ zu vernachlässigen. Somit ergibt sich die Coulombsche Kraft auf eine Testladung q im Abstand (ρ, φ, z) (mit $\vec{F}_1 = -q\nabla\phi_1$) zu:

$$\vec{F}_1 = q\vec{E}_1 \approx -\frac{qa}{\varepsilon_0}\frac{\partial\sigma(z)}{\partial z}\left(\ln\frac{\ell}{a}\right)\hat{z} = -\frac{qa\sigma_B}{\ell\varepsilon_0}\left(\ln\frac{\ell}{a}\right)\hat{z} , \quad \text{mit } \rho < a , \tag{6.14}$$

$$\vec{F}_1 = q\vec{E}_1 \approx \frac{qa\sigma(z)}{\varepsilon_0}\frac{\hat{\rho}}{\rho} - \frac{qa}{\varepsilon_0}\frac{\partial\sigma(z)}{\partial z}\left(\ln\frac{\ell}{\rho}\right)\hat{z}$$

$$= \frac{qa(\sigma_A + \sigma_B z/\ell)}{\varepsilon_0}\frac{\hat{\rho}}{\rho} - \frac{qa\sigma_B}{\ell\varepsilon_0}\left(\ln\frac{\ell}{\rho}\right)\hat{z}\ , \quad \text{mit } \rho > a\ . \tag{6.15}$$

Diese Ausdrücke können mit dem im Draht fließenden Strom I in Verbindung gebracht werden. Aus Abbildung 6.1 und der Tatsache, dass ϕ_1 eine lineare Funktion von z ist, folgt:

$$\phi_1(\rho \leq a, z) = \frac{\phi_R + \phi_L}{2} + (\phi_R - \phi_L)\frac{z}{\ell}\ . \tag{6.16}$$

Durch Gleichsetzen mit Gleichung (6.8) und unter Verwendung des Ohmschen Gesetzes, $\phi_L - \phi_R = RI$, mit $R = \ell/g\pi a^2$ als Widerstand des Drahtes und g als dessen Leitfähigkeit, ergibt sich $\sigma_B = -R\varepsilon_0 I/a\ln(\ell/a)$ und $\sigma_A = \varepsilon_0(\phi_R + \phi_L)/2a\ln(\ell/a) = \varepsilon_0(RI + 2\phi_R)/2a\ln(\ell/a)$. Für die Dichte der freien Elektronen längs der Oberfläche des Drahtes folgt dann:

$$\sigma(a, \varphi, z) = \frac{\varepsilon_0(\phi_R + \phi_L)}{2a\ln(\ell/a)} - \frac{R\varepsilon_0 I}{a\ln(\ell/a)}\frac{z}{\ell}\ . \tag{6.17}$$

Daraus folgt für das Potential und die Kraft auf eine Testladung q:

$$\phi_1 = \frac{\phi_R + \phi_L}{2} - RI\frac{z}{\ell}\ , \quad \text{mit } \rho \leq a\ , \tag{6.18}$$

$$\phi_1 = \frac{\phi_R + \phi_L}{2}\frac{\ln(\ell/\rho)}{\ln(\ell/a)} - RI\frac{\ln(\ell/\rho)}{\ln(\ell/a)}\frac{z}{\ell}\ , \quad \text{mit } \rho \geq a\ , \tag{6.19}$$

$$\vec{F}_1 = q\vec{E}_1 = q\frac{RI}{\ell}\hat{z}\ , \quad \text{mit } \rho < a\ , \tag{6.20}$$

$$\vec{F}_1 = q\vec{E}_1 = q\left[\frac{1}{\ln(\ell/a)}\left(\frac{RI + 2\phi_R}{2} - RI\frac{z}{\ell}\right)\frac{\hat{\rho}}{\rho} + \frac{RI}{\ell}\frac{\ln(\ell/\rho)}{\ln(\ell/a)}\hat{z}\right]\ , \quad \text{mit } \rho > a\ . \tag{6.21}$$

Nach Berechnung des Potentials kann im Umkehrschluß die Laplace-Gleichung $\nabla^2\phi = 0$ für Zylinderkoordinaten innerhalb und außerhalb des Drahtes (für $a \leq \rho \leq \ell$) durch Trennung der Variablen gelöst werden, wobei eine Lösung von der Form $\phi(\rho, \varphi, z) = R(\rho)\Phi(\varphi)Z(z)$ angenommen wird. Die bei dieser Methode gewonnenen willkürlichen Konstanten bedingen die folgenden Randbedingungen: begrenztes Potential $\phi(0, \varphi, z)$, $\phi(a, \varphi, z) = (\phi_R + \phi_L)/2 + (\phi_R - \phi_L)z/\ell$ und $\phi(\ell, \varphi, z) = 0$. Diese letztere Bedingung ist nicht trivial, sondern konnte erst aufgestellt werden nach Auffinden der Lösung in der hier vorgestellten Reihenfolge (siehe Gleichung (6.9)). Die übliche Randbedingung, die besagt, dass das Potential im Unendlichen gegen Null strebt, gilt nicht für den Fall eines langen Zylinders, durch den ein Gleichstrom fließt. Aber die Aussage, dass das Potential für $\rho = \ell$ gleich Null ist, stellt ein vernünftiges Ergebnis dar. Schließlich bedeutet dies, dass $\phi = 0$ in großer Entfernung vom Leiter betrachtet wird. Durch diese invertierte Methode erhält man das Potential innerhalb und außerhalb des Leiters, danach durch $\vec{E} = -\nabla\phi$ das elektrische Feld und schließlich die Dichte der Oberflächenladungen durch Multiplikation mit ε_0 und der Normalkomponente des elektrischen Feldes außerhalb des Leiters, mit $\rho \to a$. In dieser Art und Weise wurden alle Berechnungen überprüft.

Wird in den Gleichungen (6.18) bis (6.21) $\phi_L = \phi_R = \phi_0$ oder $I = 0$ gesetzt, so erhält man die elektrostatischen Lösungen zurück (langer Draht mit gleichmäßiger Ladungsdichte σ_A und Gesamtladung $Q_A = 2\pi a \ell \sigma_A$) und zwar:

$$\phi_1(\rho \leq a) = \phi_0 = \frac{a\sigma_A}{\varepsilon_0} \ln \frac{\ell}{a} , \tag{6.22}$$

$$\phi_1(\rho \geq a) = \phi_0 \frac{\ln(\ell/\rho)}{\ln(\ell/a)} = \frac{a\sigma_A}{\varepsilon_0} \ln \frac{\ell}{\rho} , \tag{6.23}$$

$$\vec{E}_1(\rho < a) = \vec{0} , \tag{6.24}$$

$$\vec{E}_1(\rho > a) = \frac{\phi_0}{\ln(\ell/a)} \frac{\hat{\rho}}{\rho} = \frac{a\sigma_A}{\varepsilon_0} \frac{\hat{\rho}}{\rho} . \tag{6.25}$$

Es ergibt sich ebenfalls die Kapazität des langen zylinderförmigen Leiters pro Längeneinheit zu $C/\ell = [Q_A/\phi(a)]/\ell = 2\pi\varepsilon_0/\ln(\ell/a)$.

Es ist von Interesse, an dieser Stelle die Lösungen für Punkte in unmittelbarer Nähe des Drahtes zu analysieren, also für $\rho = a + d$ mit $d \ll a$. Mit dieser Näherung ergibt Gleichung (6.9):

$$\phi_1 \approx \frac{a\sigma(z)}{\varepsilon_0} \left(\ln \frac{\ell}{a} - \frac{d}{a} \right) . \tag{6.26}$$

Die vorgestellte Analyse verfeinert das Ergebnis, dass von Coombes und Laue 1981 publiziert wurde, bei dem sie sich auf den Fall eines unendlich langen Leiters beschränkten.[5] Die Autoren erzielten den gleichen Ausdruck für das elektrische Feld innerhalb und außerhalb des Leiters. Dieses Ergebnis ist zutreffend für einen unendlich langen Leiter. Im vorliegenden Fall wird ein zwar langer Leiter, jedoch von endlicher Länge ℓ behandelt. Als Ergebnis ergibt sich ein homogenes elektrisches Feld innerhalb des Leiters und ein elektrischen Feld im Außenraum mit einer von ρ abhängigen longitudinalen und radialen Komponente.

Gleichungen (6.16), (6.20) und (6.21) zeigen, dass sich das elektrische Feld innerhalb und außerhalb des Leiters proportional zur angelegten Potentialdifferenz $\phi_L - \phi_R = RI$ verhält. Die gleiche Aussage gilt für die Kraft, die durch einen gleichstromführenden Leiter auf eine äußere Testladung ausgeübt wird. Durch Änderung des Leiterquerschnitts oder der Leitfähigkeit kann der Leitungswiderstand variiert werden. Wird der Leiter jedoch mit der gleichen Batterie verbunden und wird die gleiche Potentialdifferenz wirksam, so wird sich die Stromstärke entsprechend ändern. Was sich nicht ändert, ist jedoch die Dichte der Oberflächenladungen sowie das äußere elektrische Feld. Auf diesen wichtigen Aspekt haben Chabay und Sherwood hingewiesen.[6]

---

[5] [CL81].

[6] [CS95], [CS02] und [CSa].

Überdies existiert nicht nur eine tangentiale Komponente des äußeren elektrischen Feldes (wie aus der Stetigkeitsbedingung dieser Komponente an der Grenze zweier Medien abzuleiten ist), sondern auch eine radiale Komponente. Für den symmetrischen Fall mit $\phi_L = -\phi_R = RI/2$ ergibt sich das Verhältnis der radialen Komponente von $\vec{F}_1$ zu seiner tangentialen Komponente zu $z/[\rho \ln(\ell/\rho)]$. Für einen Leiter von 1 m Länge und $z = \rho = 10$ cm erhält man für dieses Verhältnis den Wert 0.4. Dies bedeutet, dass beide Komponente in gleicher Größenordnung auftreten.

An der Trennfläche zweier Medien ist die longitudinale Komponente des elektrischen Feldes stetig. Wie aus Gleichungen (6.20) und (6.21) folgt, ergibt sich die longitudinale Komponente des elektrischen Feldes an der Oberfläche des Leiters mit $\rho = a$ zu $\vec{E}_1 = (RI/\ell)\hat{z}$. Dieses elektrische Feld übt auf die zu dem Leiter gehörenden Leitungselektronen auf der Oberfläche eine Kraft aus, die im Gleichgewicht mit dem Leitungswiderstand bewirkt, dass die Elektronen sich im stationären Zustand mit konstanter tangentialer Geschwindigkeit bewegen. Im Gleichgewichtszustand ist der Zufluß und Abfluß der freien Elektronen für jeden kreisförmigen Streifen der Länge $2\pi a$ und Breite dz gleich groß, so dass die Verteilung der Oberflächenladungen zeitlich konstant, aber eine Funktion von z ist. In jedem Fall bleiben die Oberflächenladungen bei Vorhandensein eines elektrischen Stromes nicht in Ruhe, sondern bewegen sich auf Grund des an der Oberfläche existierenden elektrischen Feldes. Die Driftgeschwindigkeit der Leitungselektronen ist also nicht nur im Innern des Leiters, sondern auch an der Oberfläche von Null verschieden. Die Verteilung von Oberflächenladungen entspricht somit einem Oberflächenstrom. Das gleiche gilt für alle im weiteren zu besprechenden stromführenden Leiter.

Aus den Gleichungen (6.19) und (6.21) folgt, dass das äußere Potential, das elektrische Feld und die Kraft für $\ell/a \to \infty$ gegen Null streben. Dies bedeutet, das elektrische Ströme in ohmschen Leitern auf externe ruhende Ladungen eine Kraft ausüben mit Ausnahme des idealisierten Falles eines strichförmigen Leiters (Querschnittsfläche = Null). Eine entscheidende Bedingung für die Existenz einer Kraft ist nicht nur die Tatsache, dass die stromführenden Leiter einen Widerstand besitzen, sondern auch, dass sie einen endlichen Querschnitt aufweisen.

Im folgenden wird die Kraftkomponente proportional zum Quadrat der Stromstärke betrachtet.

6.3 Kraft proportional zum Quadrat der Stromstärke

Bisher wurden nur zwei Komponenten der Kraft eines stromführenden Leiters auf eine externe Testladung betrachtet: (A) die durch elektrostatische Induktion bewirkte Komponente (auf Grund der durch die Anwesenheit von q induzierten Ladungen auf der Oberfläche des Leiters) und (B) die Komponente, die durch die an den Leiter anliegende Potentialdifferenz bewirkt wird (auf Grund der Anwesenheit von Oberflächenladungen, induziert durch den von der Batterie erzeugen konstanten Stromfluß). Diese Dichte von Oberflächenladungen und das begleitenden elektrische Feld sind proportional zur EMK der Batterie bzw. der am Leiter anliegenden Potentialdifferenz. Noch nicht betrachtet wurde die Kraft, die von dem stationären Gitter und den beweglichen Leitungselektronen auf die ruhende Testladung ausgeübt wird. Dies erfolgt im nächsten Abschnitt im Vergleich zweier unterschiedlicher theoretischer Modelle: dem Kraftgesetz nach Lorentz und dem nach Weber.

Aus dem Kraftgesetz nach Lorentz (oder der Liénard-Schwarzschildschen Kraft) ergibt sich eine von einem stromführenden Leiter auf eine Testladung q ausgeübte Kraftkomponente, die vom Quadrat der Geschwindigkeit der Ladung q_2, v_d^2, sowie von deren Beschleunigung abhängt. Bei einem konstanten Stromfluß ergibt sich eine Beschleunigung von q_2 aus der Radialbeschleunigung aufgrund der beliebigen Krümmungen des Leiters. Diese Beschleunigung ist proportional zu v_d^2/r_c mit r_c als Krümmungsradius an den verschiedenen Punkten des Leiters. Dies hätte eine Kraft proportional zu v_d^2 oder zu I^2 zur Folge. Jedoch konnte gezeigt werden, dass sich im Fall eines geschlossenen Stromkreises mit konstantem Strom alle diese Komponenten außerhalb des Leiters zu Null addieren und somit keinen Effekt ergeben.[7] Das gleiche Ergebnis ergibt sich auf der Grundlage des Kraftgesetzes von Clausius. Zusammenfassend läßt sich feststellen: Aus der Lorentzkraft folgt, dass das durch das stationäre Gitter erzeugte elektrische Feld durch die Kraftwirkung der freien Elektronen im Innern des Leiters ausgeglichen werden und dies gilt ebenfalls, wenn ein elektrischen Strom fließt. Somit kann der Leiter in seinem Innern als elektrisch neutral angesehen werden (der radial Hall Effekt wird später behandelt).

Nun zu Webers Elektrodynamik.[8] Wie schon erwähnt, wird der kleine radiale Halleffekt auf Grund des durch den Strom erzeugten azimutalen magnetischen Feldes vernachlässigt. Somit kann das Innere des Leiters im wesentlichen als elektrisch neutral angesehen werden. Trotz dieser Tatsache sagt die Webersche Elektrodynamik eine Kraftwirkung von diesem neutralen Leiters auf eine in der Nähe befindliche Ladung voraus und zwar auch bei einem geschlossenen Stromkreis. Dies erklärt sich durch die Tatsache, dass die Kraft der beweglichen Elektronen auf die Probeladung verschieden ist von der Kraft, die von den positiven Ionen des Gitters auf die Testladung ausgeübt wird. Die entsprechenden Berechnungen wurden 1991 veröffentlicht.[9] Bei der Durchführung dieser Rechnungen wurde die Existenz der in diesem Buch diskutierten Oberflächenladungen noch nicht beachtet. Vielmehr wurden die Berechnungen unter der Annahme durchgeführt, dass der Leiter im Innern und auf seiner Oberfläche elektrisch neutral sei. Trotz dieser einschränkenden Annahme werden die Endergebnisse hier wiedergegeben um aufzuzeigen, dass sie sich bei gleicher Neutralitätsannahme von den auf der Grundlage der Lorentzkraft erzielten Ergebnissen unterscheiden

Für die in Abbildung 6.1 dargestellte Situation (unter der Annahme von (6.1)) mit einer gleichförmigen Stromdichte $\vec{J} = (I/\pi a^2)\hat{z}$ ergibt sich eine Kraft

---

[7] [Jac75, Aufgabe 14.13, Seite 697], [EKL76] und [Ass94, Sektion 6.6].

[8] [Ass94].

[9] [Ass91] und [Ass94, Sektion 6.6, Seiten 161-168].

auf eine Probeladung zu:

$$\vec{F}_2 = -q\frac{Iv_d}{4\pi\varepsilon_0 c^2}\frac{\hat{\rho}}{\rho} = -\frac{\mu_0}{4\pi^2}\frac{qI^2}{a^2en}\frac{\hat{\rho}}{\rho} \quad \text{für } \rho > a \ , \tag{6.27}$$

mit v_d als Driftgeschwindigkeit der Elektronen. Dabei gilt $c^2 = 1/\varepsilon_0\mu_0$ und $v_d = I/\pi a^2 en$ mit $e = 1.6 \times 10^{-19}$ C als Elementarladung und n als Anzahl freier Elektronen pro Volumeneinheit.

Diese Kraft ist proportional zum Quadrat der Stromstärke. Das elektrische Feld $\vec{E}_2 = \vec{F}_2/q$ zeigt in Richtung $-\hat{\rho}$ der Leiter, als ob dieser negativ geladen wäre. Dieses Feld zweiter Ordnung wird in der angelsächsischen Literatur auch "Bewegungsfeld" oder "Elektrisches Feld durch Bewegung" (*motional electric field*) genannt.

Nun werde der stromführende Leiter gebogen, so dass er z.B. die Form eines Ringes erhält. In diesem Fall sagt die Webersche Elektrodynamik eine weitere Kraftkomponente voraus, die von dem Strom auf eine Ladung außerhalb des Leiters ausgeübt wird. Diese neue Komponente ist abhängig von der Beschleunigung der verursachenden Ladungen (in diesem Fall den Leitungselektronen). Unter der Annahme einer zeitlich konstanten Stromstärke ist nur die Radialbeschleunigung v_d^2/r_c vorhanden, mit r_c als Krümmungsradius des Leiters an der betreffenden Stelle. Somit ist auch die Kraftkomponente proportional zu v_d^2 oder zu I^2. Die Größenordnung ist die gleiche wie bei dem vorherigen Beispiel. In zwei Veröffentlichungen aus dem Jahre 1991 und 1994[10] wurde auf der Basis des Weberschen Kraftgesetzes die Kraft zweiter Ordnung berechnet, die auf eine im Außenraum befindliche Ladung durch einen ringförmigen gleichstromführenden Leiter ausgeübt wird. Es wurde gezeigt, dass sie in der Summe der Größenordnung von Gleichung (6.27) entspricht. Dabei wurde nicht nur die Kraftkomponente berücksichtigt, die sich proportional zum Quadrat der Geschwindigkeit der verursachenden Ladungen, v_d^2, verhält, sondern auch diejenige Kraftkomponente, die durch deren radiale Beschleunigung hervorgerufen wird. Daraus folgt, dass die Webersche Kraft zweiter Ordnung sich für einen geschlossenen Stromkreis nicht zu Null addiert. Dagegen ist im Fall der Lorentzkraft diese Komponente zweiter Ordnung bezogen auf einen geschlossenen Stromkreis stets gleich Null, womit sich ein wichtiger Unterschied zwischen diesen beiden Theorien ergibt.

6.4 Radialer Halleffect

Eine weitere einfache Frage kann gestellt werden: Ist ein ruhender, gleichstromführender Leiter in seinem Inneren elektrisch neutral?

Viele der in Abschnitt 1.2 aufgeführten Autoren beantworten diese Frage positiv und kommen dadurch zu dem Schluß, dass der Leiter im Außenraum kein elektrisches Feld hervorrufen kann. Wie jedoch gezeigt wurde, existiert eine longitudinale Verteilung von Oberflächenladungen, durch die sowohl im

[10] [Ass91] und [Ass94, Sektion 6.6, Seiten 161-168].

Innern als auch im Außenraum ein longitudinales elektrisches Feld entsteht. Im folgenden wird gezeigt, dass im Innern des Leiters ebenfalls ein radiales elektrisches Feld existiert und zwar auf Grund der Tatsache, dass das Innere negativ geladen ist.

Soweit bekannt wurde dieser Effekt und seine quantitative Berechnung als erste von Matzed, Russell und Rosser veröffentlicht.[11] Von Smythe wurde dies Thema ebenfall kurz erwähnt.[12]

Da der normale Halleffekt in den meisten Lehrbüchern zum Thema Elektrodynamik besprochen wird, wird hier auf Einzelheiten verzichtet. In diesen Darstellungen wird üblicherweise die Auswirkung auf einen stromführenden Leiter in einem äußeren Magnetfeld betrachtet. Diese Auswirkungen schließen die sogenannte "Hallspannung" und verwandte Effekte ein.

Jedoch wird hier der gleiche Effekt diskutiert mit dem Unterschied, dass die Wirkung eines durch den stromführenden Leiter in seinem Innern erzeugten Magnetfeldes betrachtet wird ohne Anwesenheit eines äußeren Magnetfeldes. Um diesen Effekt von dem üblichen Halleffekt zu unterscheiden, wird die Bezeichnung "radialer Halleffekt" verwendet (in Anlehnung an den Fall eines Stromflusses in einem zylinderförmigen Leiter).

Betrachtet wird der radiale Halleffekt auf Grund des azimutalen Magnetfeldes innerhalb des Leiters, das durch den im Leiter fließenden Strom hervorgerufen wird. Wie üblich wird angenommen,[13] dass die Stromstärke I über den Querschnitt des zylinderförmigen Leiters gleichmäßig verteilt ist, mit der Stromdichte $J = I/\pi a^2$. Aus dem Gesetz $\oint_C \vec{B} \cdot d\vec{\ell} = \mu_0 I_C$, mit C als Integrationsweg und I_C als Strom, der durch die von C umschlossene Fläche fließt, ergibt sich das Magnetfeld innerhalb und außerhalb des Leiters zu:

$$\vec{B}(\rho \leq a) = \frac{\mu_0 I \rho}{2\pi a^2}\hat{\varphi} \ , \tag{6.28}$$

$$\vec{B}(\rho \geq a) = \frac{\mu_0 I}{2\pi \rho}\hat{\varphi} \ . \tag{6.29}$$

Die magnetische Kraft auf ein einzelnes Leitungselektron (Ladung $q = -e$) innerhalb des Leiters im Abstand $\rho < a$ von der Leiterachse und der Driftgeschwindigkeit $\rho < a$ ergibt sich auf Grund des durch alle anderen Leitungselektronen erzeugten Magnetfeldes zu:

$$\vec{F} = q\vec{v} \times \vec{B} = -\frac{|\mu_0 e v_d I \rho|}{2\pi a^2}\hat{\rho} \ . \tag{6.30}$$

Die radial ausgerichtete Kraft zeigt nach innen und bewirkt wie bei einem Pincheffekt eine Ansammlung von negativen Ladungen im Innern des Leiters. Im stationären Zustand wird durch diese Ladungen eine radial gerichtete Kraft

[11] [MR68] und [Ros70].
[12] [Smy68, Sektion 6.04, Seiten 250-252].
[13] [Whi73, Seite 90].

erzeugt, für die gilt: $qE = qvB$. Das heißt, es existiert zusätzlich zu dem longitudinalen elektrischen Feld E_1, das den Strom antreibt, ein nach innen gerichtetes radiales elektrisches Feld der Größe:

$$\vec{E}_\rho(\rho \leq a) = -\frac{|\mu_0 v_d I \rho|}{2\pi a^2}\hat{\rho} \,. \tag{6.31}$$

Das den Strom antreibende longitudinale elektrische Feld innerhalb des Leiters ist gleich $E_1 = RI/\ell$. Um es mit der durch den radialen Halleffekt erzeugten Stärke des elektrischen Feldes zu vergleichen, wird das Maximum der letzteren dicht unterhalb des Oberfläche bei $\rho \to a$ angesetzt als $E_\rho \to |\mu_0 v_d I|/2\pi a$. Hieraus ergibt sich (mit $R = \ell/g\pi a^2$):

$$\frac{|E_\rho|}{|E_1|} = \frac{|\mu_0 v_d g a|}{2} \,. \tag{6.32}$$

Für einen typischen Kupferdraht ($v_d \approx 4 \times 10^{-3}$ m/s und $g = 5.7 \times 10^7$ $\Omega^{-1}\mathrm{m}^{-1}$) mit einem Durchmesser von 1 mm ergibt dies: $E_\rho/E_1 \approx 7 \times 10^{-5}$. Somit ist das radiale elektrische Feld im Innern des Leiters im Vergleich zum longitudinalen Feld zu vernachlässigen.

Aus dem Gaußschen Gesetz $\nabla \cdot \vec{E} = \rho_c/\varepsilon_0$ folgt eine konstante negative Ladungsdichte ρ_{c-} im Innern des Leiters zu: $\rho_{c-} = -|Iv_d|/\pi a^2 c^2$. Die gesamte Ladung im Innern wird kompensiert durch die auf der Oberfläche verteilte positive Ladung mit der konstanten Ladungsdichte $\sigma_+ = |\rho_{c-} a/2| = |Iv_d|/2\pi a c^2$. Daraus folgt, dass die negative Ladung im Innern längs eines schmalen Segmentes der Länge dz, $\rho_{c-}\pi a^2 dz$ entgegengesetz gleich ist zur positiven Ladung $\sigma_+ 2\pi a dz$ auf der Oberfläche. Dies bedeutet, dass der radiale Halleffekt im Außenraum des Leiters kein elektrisches Feld erzeugt, sondern nur im Innern. Aus diesem Grund ist dieser Effekt ohne Bedeutung für die bisher diskutierten Experimenten. Jedoch ist es wichtig, diese Tatsache klarzustellen.

Im Gegensatz zur Dichte freier Oberflächenladungen $\sigma(a, z)$ ist diese konstante Ladungsdichte σ_+ nicht von der longitudinalen Komponente z abhängig.

Zusammenfassend ist festzustellen, dass sich die Dichte der gesamten Oberflächenladung ohne Einschluß des elektrischen Bewegungsfeldes und der Induktion von Ladungen innerhalb des Leiters aufgrund externer Ladungen ergibt als Summe der Konstanten σ_+ und dem σ aus Gleichung (6.17).

In dieser Analyse des radialen Halleffektes wurde das schon besprochene elektrische Bewegungsfeld nicht berücksichtigt, da dessen Existenz noch nicht gesichert ist. Die Ergebnisse dieses Abschnittes sind daher rein theoretischer Natur. Sie basieren auf dem Gleichgewicht zwischen einer magnetischen Kraft (auf Grund des ringförmigen magnetischen Feldes) und einer elektrischen Kraft (senkrecht zur Achse des Leiters), die auf ein längs der Leiterachse driftendes Elektron einwirken. Es ist kein Experiment bekannt, mit dem versucht wurde, die Größe der internen Ladungsdichte ρ_{c-} in metallischen, stromführenden Leitern zu messen.

Im folgenden werden alle drei Komponenten des elektrischen Feldes im Außenraum des Leiters miteinander verglichen.

6.5 Diskussion

Die hier vorgestellten Lösungen behalten ihre Gültigkeit für den Fall hohler zylinderförmiger Leiter mit innerem Radius a_i und äußerem Radius a. Die Ladungsdichte im Innern ist mit den hier gemachten Näherungen gleich Null, während sich für die Dichte der äußeren Oberflächenladungen die gleiche Größe ergibt wie bisher. Der wesentliche Unterschied besteht darin, dass das elektrische Feld in dem Gebiet $\rho < a_i$ keinen Strom erzeugt, da hier kein Leiter existiert.

Obwohl viele Autoren die durch elektrostatische Induktion hervorgerufene elektrische Kraft auf Grund von elektrostatischer Induktion nicht erwähnen, wenn sie die Wechselwirkung zwischen einem stromführenden Leiter und einer externen Ladung behandeln, so besteht doch kein Zweifel, dass diese Kraft existiert.

Von den drei bisher diskutierten Kraftkomponenten divergiert nur eine bei Annäherung an den Leiter. In großer Entfernung des Drahtes (für Abstände mit $\rho \gg a$) folgt die elektrische Kraft auf Grund von elektrostatischer Induktion der Gleichung $1/[\rho^2 \ln(\rho/a)]$ (wie in Gleichungen (4.81) und (4.83) dargestellt), während die radiale Kraftkomponente derjenigen Kraft, die sich proportional zur Spannung der Batterie verhält sowie der Kraft zweiter Ordnung, F_1 und F_2, mit $1/\rho$ abfällt (wie in Gleichungen (6.21) und (6.27) gezeigt).

Es werden nun die in den Gleichungen (4.81), (4.82), (6.21) und (6.27) beschriebenen drei Kraftkomponenten verglichen. Hierzu wird ein spezielles Beispiel herangezogen, dass vergleichbare Größenordnungen mit denen in Sansburys Experiment aufweist.[14] Sansbury verwendete einen u-förmigen Kupferleiter (50 cm lange Leiterteile im Abstand von 10 cm und einem Durchmesser von 0,95 cm). In dem hier diskutierten Beispiel werden diese Abmessungen verwendet, allerdings für einen geradlinigen Leiter mit einer Länge von $\ell = 1.20$ m und einem Radius $a = 4.75 \times 10^{-3}$ m. Die Leitfähigkeit von Kupfer beträgt $g = 5.7 \times 10^7$ $\Omega^{-1}\text{m}^{-1}$ und die Anzahl freier Elektronen pro Volumeneinheit ergibt sich zu $n = 8.5 \times 10^{28}$ m^{-3}. Daraus folgt für den Widerstand $R = \ell/g\pi a^2 = 3.0 \times 10^{-4}$ Ω. In dem Experiment von Sansbury floß ein Strom der Stärke von 900 A, woraus sich eine Potentialdifferenz zwischen den äußeren Ende des Leiters ergibt zu $\phi_L - \phi_R = 0.27$ V. Unter diesen Bedingungen ergibt sich eine Driftgeschwindigkeit von $v_d = I/\pi a^2 en = 0.9 \times 10^{-3}$ m/s. Unter der Annahme einer symmetrischen Anordnung gilt $\phi_R = -\phi_L = -0.135$ V. Als Testladung wird wie im Experiment von Sansbury einen Größe von $q \approx 5 \times 10^{-10}$ C angenommen in einer Entfernung von $\rho = 3.5$ cm $= 3.5 \times 10^{-2}$ m vom Leiter. Hieraus folgt $a/\rho' = 0.121$. Obwohl in dem Experiment die Ladung über eine 2 cm × 2 große Silberfolie verteilt war, wird im folgenden eine Punktladung angenommen

Aus Gleichungen (4.81) und (4.82) ergibt sich mit diesen Werten $\alpha_L = 0.247$, $F_0 = 4.5 \times 10^{-7}$ N und $E_0 = F_0/q = 9.0 \times 10^2$ V/m. Obwohl Sansbury eine elektrische Kraft auf Grund von elektrostatischer Induktion beobachtete, wurde ihre Größe nicht gemessen. Zum Vergleich wird hier die elektrische Kraft auf Grund von elektrostatischer Induktion auf ein Elektron ($q = -1.6 \times 10^{-19}$ C)

[14] [San85].

sowie auf eine üblicherweise durch Reibung erzeugte Ladung ($q \approx 10^{-6}$ C) angegeben, die sich im gleichen Abstand zum Leiter befindet. Die Rechnung ergibt: $F_0 = 4.6 \times 10^{-26}$ N beziehungsweise $F_0 = 1.8$ N. Der riesige Unterschied zwischen diesen beiden Werten wird bedingt durch die Tatsache, dass F_0 proportional ist zum Quadrat von q. Das entsprechende elektrisches Feld auf Grund von elektrostatischer Induktion, aufgrund des Elektrons, und der durch Reibung erzeugten Ladung beträgt $E_0 = 2.9 \times 10^{-7}$ V/m beziehungsweise $E_0 = 1.8 \times 10^6$ V/m.

Betrachtet wird nun die Kraft F_1 und das elektrische Feld $E_1 = F_1/q$ proportional zur Spannung der Batterie und zwar nur in der durch Gleichung (6.21) vorgegeben radialen Komponente $\hat{\rho}$. Diese Komponente ist abhängig von der Größe des Potentials an den Enden des Leiters und ebenfalls von z. Unter Beachtung des symmetrischen Potentials $\phi_L + \phi_R = 0$ V, geht die radiale Komponente von F_1 und von E_1 gegen Null für $z = 0$. Der Maximalwert von F_1 und E_1 findet sich bei $z = \pm\ell/2$. An diesen Orten mit $q = 5 \times 10^{-10}$ C und unter den gegebenen Bedingungen ergibt sich: $F_1 = 3.5 \times 10^{-10}$ N und $E_1 = 0.69$ V/m.

Zur Bestimmung des Effektes zweiter Ordnung dient Gleichung (6.27). Mit $q = 5 \times 10^{-10}$ C und den gegebenen Bedingungen ergibt sich: $F_2 = 1.2 \times 10^{-15}$ N. Daraus folgt $E_2 = F_2/q = 2.4 \times 10^{-6}$ V/m.

Abschließend werden die drei Kraftkomponenten in longitudinaler Richtung verglichen (dabei wird für F_1 nur der Maximalwert herangezogen). Mit $q = 5 \times 10^{-10}$ C ergibt sich: $F_0 = 4.5 \times 10^{-7}$ N, $F_1 = 3.5 \times 10^{-10}$ N und $F_2 = 1.2 \times 10^{-15}$ N. Für die entsprechenden Komponenten des elektrischen Feldes erhält man: $E_0 = 9.0 \times 10^2$ V/m, $E_1 = 6.9 \times 10^{-1}$ V/m und $E_2 = 2.4 \times 10^{-6}$ V/m. Hieraus folgt $F_0/F_1 = 1.3 \times 10^3$, $F_1/F_2 = 2.9 \times 10^5$, $E_0/E_1 = 1.3 \times 10^3$ und $E_1/E_2 = 2.9 \times 10^5$. Das bedeutet für diesen Fall $F_0 \gg F_1 \gg F_2$ und $E_0 \gg E_1 \gg E_2$.

Ähnliche Größenordnungen ergaben sich in den Experimenten von Bartlett und Maglic.[15]

Um die Bestimmung der Kraft F_1 zu erleichtern, wäre es vorteilhaft, eine Testladung nicht in die Nähe des leitenden Drahtes zu plazieren. Stattdessen wäre es ideal, einen kleinen neutralen Leiter in dessen Nähe anzuordnen. Grundsätzlich solche dieser nicht auf den Draht einwirken. Schickt man aber einen Strom durch den Draht, so wird er auf seiner Oberflächen aufgeladen. Dadurch erzeugt er ein elektrisches Feld E_1 im Außenraum, wodurch der kleine Leiter polarisiert und konsequenterweise eine Anziehung zwischen Draht und kleinem Leiter hervorgerufen wird. Experimente dieser Art wurden schon in Kapitel 3 beschrieben.

Die zweite Möglichkeit, zur besseren Bestimmung der Kraft F_1 auch in Anwesenheit der Kraft F_0 zu gelangen (für den Fall, dass ein geladener Körper dem stromführenden Leiter genähert wird), besteht in einer Erhöhung der Spannung der angeschlossenen Batterie. Da F_1 proportional zur EMK der Batterie ist, kann durch Verwendung von hochohmigen Leitern und hohen Spannungen die Kraft F_1 größer gemacht werden als F_0. Diese Art von Experimenten wurde in

[15][BM90].

Kapitel 3 beschrieben.

Im allgemeinen ist $F_0 \gg F_1 \gg F_2$. Wie in Kapitel 3 beschrieben, wurde trotz dieser Tatsache die Kraft $\vec{F}_1$ schon experimentell beobachtet.

Im folgenden wird der Strom im oberen Teil des Stromkreises von Abbildung 6.1 untersucht mit dem symmetrischen Potential $\phi_R = -\phi_L$. Um einen Vergleich dieser theoretischen Ergebnisse mit dem Experiment zu ermöglichen, müssen die elektrischen Feldlinien bestimmt werden. Dies wird erreicht mit Hilfe des im Buch von Sommerfeld dargestellten Ansatzes (Original in deutscher Sprache von 1948, basierend auf Vorlesungen in den Jahren 1933-1934).[16] Diese Berechnung wird für die Ebene xz ($y = 0$) durchgeführt. Für jede Ebene, die die z-Achse enthält, ergibt sich eine entsprechende Lösung. Die elektrischen Feldlinien verlaufen orthogonal zu den Äquipotentiallinien. Aus der Beziehung $\vec{E} = -\nabla\phi$ folgt, dass die elektrischen Feldlinien entlang der Richtung maximaler Variation von ϕ verlaufen. Somit wird eine Funktion $\xi(\rho, z)$ gesucht für die gilt:

$$\nabla\xi(\rho, z) \cdot \nabla\phi(\rho, z) = 0 \ . \tag{6.33}$$

Für $\rho < a$ ergibt sich ϕ als lineare Funktion von z, mit ξ proportional zu ρ. Daraus ergibt sich $\xi(\rho < a, z) = -A\ell\rho$ mit A als Konstante. Für die Äquipotentiallinien $\phi(\rho, z) =$ konstant ergibt sich der Ausdruck $z_1(\rho) = K_1$ mit K_1 als Konstante (für jede Konstante ergibt sich eine andere Äquipotentiallinie). In analoger Weise lassen sich die elektrischen Feldlinien darstellen als $z_2(\rho) = K_2$ mit K_2 als einer weiteren Konstanten (zu jeder Konstanten K_2 gehört eine bestimmte Feldlinie). Aus Gleichung (6.33) folgt $dz_2/d\rho = -1/(dz_1/d\rho) = (\partial\phi/\partial z)/(\partial\phi/\partial\rho)$. Integration dieser Gleichung ergibt $\xi(\rho, z)$. Mit Gleichung (6.9) erhält man die Lösung für $\rho > a$. Als Gesamtergebnis folgt:

$$\xi(\rho, z) = (\phi_R - \phi_L)\frac{\rho}{\ell} \ , \quad \text{mit } \rho < a \ , \tag{6.34}$$

$$\xi(\rho, z) = (\phi_R + \phi_L)\frac{z}{\ell} + (\phi_R - \phi_L)\left(\frac{\rho^2}{2\ell^2} + \frac{z^2}{\ell^2} - \frac{\rho^2}{\ell^2}\ln\frac{\rho}{\ell}\right) \ , \quad \text{mit } \rho > a \ . \tag{6.35}$$

Diese Gleichungen erlauben eine einfache Verifikation von Gleichung (6.33).

Um diese Ergebnisse mit den Experimenten von Bergmann, Schaefer, Jefimenko, Barnett und Kelly zu vergleichen, benötigt man im wesentlichen nur den Wert für ℓ/a. Aus Abbildung 3.1 und Abbildung 3.3 erhält man $\ell/a \approx 33$, bzw. $\ell/a \approx 13$, während sich aus Abbildung 3.10 ein Wert von $g\ell/a \approx 4$ ergibt. Die graphische Darstellung der Äquipotentiallinien zwischen $z = -\ell/2$ und $\ell/2$ aus Gleichungen (6.8) und (6.9) mit diesen Werten von ℓ/a sind in den Abbildungen 6.3, 6.4 und 6.5 wiedergegeben (den experimentellen Ergebnissen von Bergmann, Schaefer, Jefimenko, Barnett und Kelly überlagert).

Das durch die Gleichungen (6.34) und (6.35) bestimmte elektrische Feld mit diesen Werten für ℓ/a ist in den Abbildungen 6.6, 6.7 und 6.8 dargestellt (den Ergebnissen von Bergmann, Schaefer, Jefimenko, Barnett und Kelly überlagert).

[16] [Som64, Seiten 125-130].

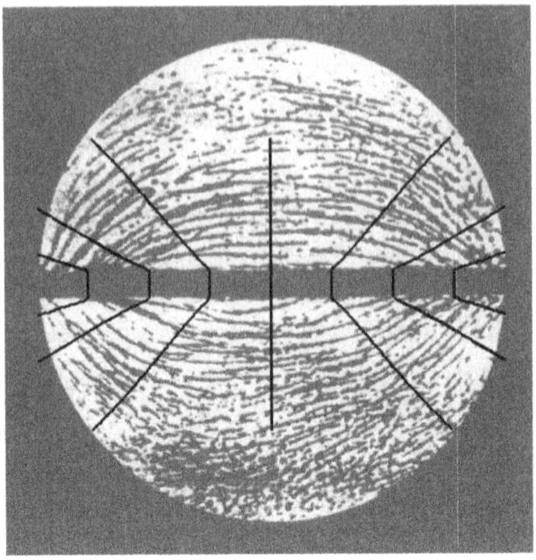

Abbildung 6.3: Theoretische Äquipotentiallinien, den experimentellen elektrischen Feldlinien von Bergmann und Schaefer überlagert.

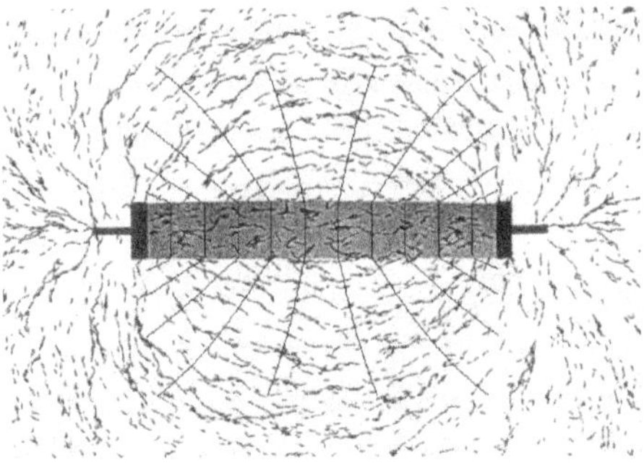

Abbildung 6.4: Theoretische Äquipotentiallinien, den experimentellen elektrischen Feldlinien von Jefimenko überlagert.

Diese theoretisch abgeleiteten Kurven zeigen eine gute Übereinstimmung mit den experimentellen Ergebnissen.

Ein Anmerkung zu dem in Kapitel 3 diskutierten Experiment von Sansbury erscheint erforderlich. Die dort beobachtete Kraft war von der Größenordnung 10^{-7} N, eine genaue Messung war nicht möglich. Sansbury erörtert die Möglichkeit, dass es sich hierbei um die hier diskutierte Kraft F_1 handelt könnte. Dabei betrachtete er aber nur das longitudinale Feld im Außenraum des Leiters und kam zu dem Schluß, dass diese Kraft drei Größenordnungen kleiner sein müßte als der von ihm gemessene und hier diskutierte Effekt. Die Tatsache, dass eine radiale Komponente existiert und größer sein kann als die longitudinale - wie hier gezeigt wurde - war offensichtlich nicht bekannt. Außerdem befand sich in dem Experiment die Krümmung des U-förmigen Drahtes in der Nähe der Folie, wodurch eine Übertragung auf die Verhältnisse bei einem geradlinigen Leiter

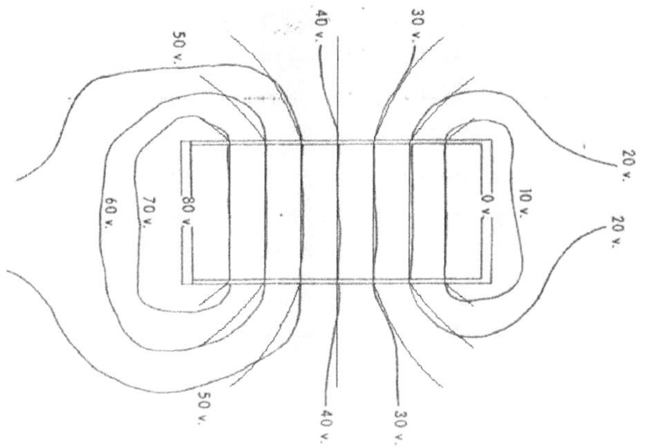

Abbildung 6.5: Theoretische Äquipotentiallinien, den experimentellen elektrischen Feldlinien von Jefimenko, Barnett und Kelly überlagert.

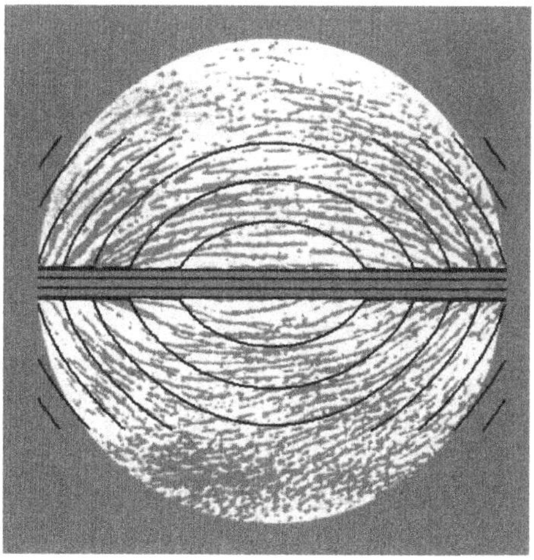

Abbildung 6.6: Theoretische Feldlinien, den Experimenten von Bergmann und Schaefer überlagert.

möglicherweise nicht zulässig ist. In der Nähe einer rechtwinkligen Krümmung ist das elektrische Feld außerhalb des Leiters sogar größer als das longitudinale Feld im Innern.[17] Möglicherweise hat Sansbury somit direkt die hier diskutierte Kraft F_1 gemessen. Es wäre wichtig, dieses Experiment unter Beachtung dieser Überlegungen zu wiederholen.

[17][Ros70].

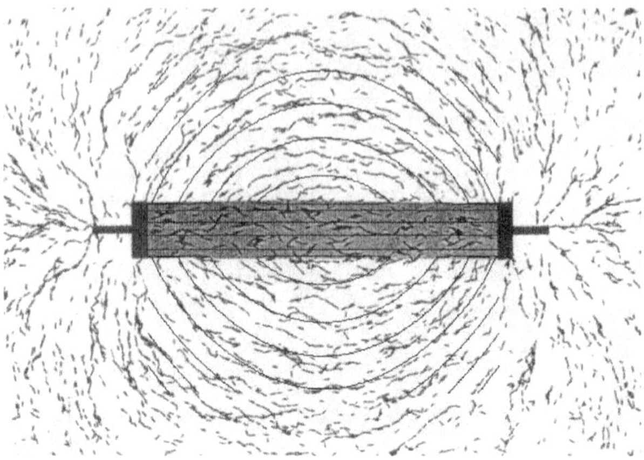

Abbildung 6.7: Theoretische Feldlinien, den Experimenten von Jefimenko überlagert.

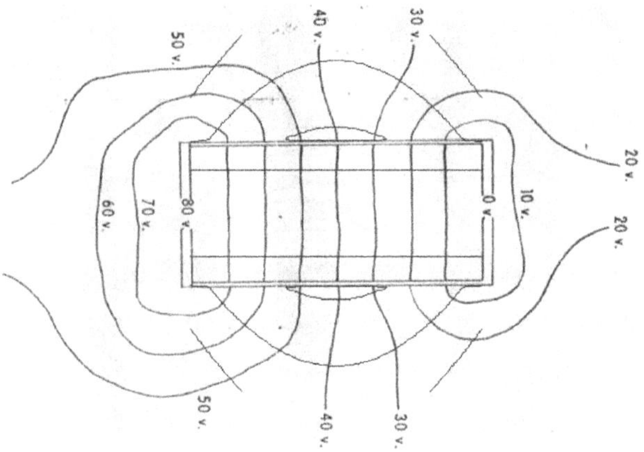

Abbildung 6.8: Theoretische Feldlinien, den Experimenten von Jefimenko, Barnett und Kelly überlagert.

6.6 Zusammenfassung

Im vorliegenden Kapitel wurde ein erstes Beispiel vorgestellt, bei dem das elektrische Feld innerhalb und außerhalb eines ohmschen stromführenden Leiters bedingt wird durch Ladungen, die auf der Oberfläche des Leiters verteilt sind. Die Dichte dieser Ladungen ist zeitlich konstant, variiert aber mit der Länge des Leiters. Sie ist proportional zur Spannung der angeschlossenen Batterie. Die Tatsache, dass das interne und externe elektrische Feld durch Ladungen auf der Leiteroberfläche erzeugt wird, macht deutlich, dass eine direkte Verbindung besteht zwischen der Elektrostatik (repräsentiert durch das Gaußsche Gesetz) und dem Ohmschen Gesetz. Somit wird eine Verbindung möglich zwischen diesen beiden Themenbereichen, die üblicherweise in den Lehrbücher als getrennt behandelt werden. Allerdings haben einige Autoren auf die starke Verbindung zwischen diese beiden Zweige des Elektromagnetismus aufmerksam gemacht, beginnend mit Weber und Kirchhoff, wie in den Anhänge A und B gezeigt wird. Einige neuere Arbeiten erwähnen den gleichen Sachverhalt.[18]

Bedeutsam an dem hier behandelten Beispiel ist, dass auch für einen geradlinigen stromführenden Leiter gezeigt werden konnte, dass ein externes elektrisches Feld existiert, welches proportional zur angelegten Potentialdifferenz ist. Dieses elektrische Feld hängt weder von einem sich ändernden Strom ab (mit einer longitudinalen Beschleunigung in Richtung des Leiters), noch von einer zentripetalen Beschleunigung der Leitungselektronen (aufgrund irgendwelcher Krümmungen des Leiters). Das heißt, dass diese externe elektrische Feld auch ohne Beschleunigung der Leitungselektronen existiert.

[18][Ros63], [Mor89], [EG90], [CSa] und [CS02, Kapitel 18: Ein mikroskopisches Model des elektrischen Stromkreises, Seiten 623-666].

Kapitel 7

Koaxialkabel

7.1 Einführung

Zahlreiche Wissenschaftler haben die Verteilung von Oberflächenladungen in ohmschen stromführenden Koaxialkabeln untersucht sowie das Potential und das elektrische Feld außerhalb und innerhalb des Leiters.[1]

Im folgenden werden die wesentlichen Ergebnisse dieser Anordnung vorgestellt, wobei von einem Rückleiter endlichen Querschnitts und endlicher Leitfähigkeit ausgegangen wird. Unter diesen Bedingungen ist im Außenraum des Rückleiters ein elektrisches Feld vorhanden, obwohl das magnetische Feld hier gegen Null geht.

Abbildung 7.1 gibt die Konfiguration dieser Versuchsanordnung wieder.

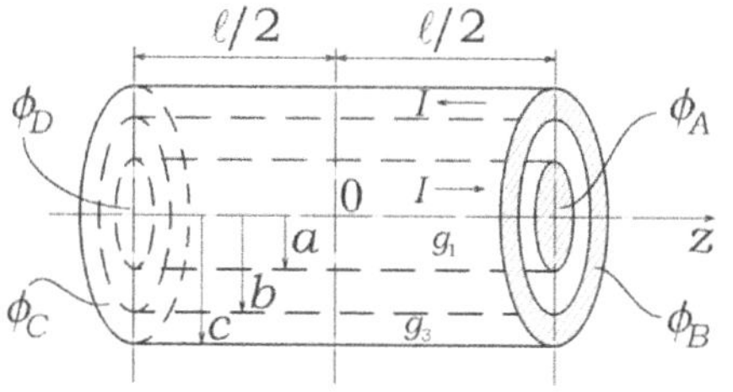

Abbildung 7.1: Konfiguration der Versuchsanordnung.

Ein Gleichstrom I fließe gleichförming in z-Richtung längs des inneren Leiters (mit Radius a und der Leitfähigkeit g_1) und kehre gleichförmig längs des äußeren Leiters zurück (mit innerem und äußerem Radius b bzw. c, und der Leitfähigkeit g_3). Der Querschnitt der Leiter sei genau kreisförmig und ihre Länge sei $\ell \gg c > b > a$, mit $z = 0$ als Mittelpunkt. Das Medium im Außenraum sei Luft oder Vakuum. Die Werte der Potentiale an den Endpunkten des inneren

[1][Sch32, Seiten 175-184], [Mar41], [Som64, Seiten 125-130], [Rus83], [VF84], [Jef89, Seiten 318 und 509-511], [Jac96], [AC98], [Gri89, Seiten 336-337], [AC00] und [LF03].

und äußeren Leiters bei $z = \ell/2$ seien konstant gleich ϕ_A bzw. ϕ_B. Die Werte der Potentiale an den Endpunkten des inneren und äußeren Leiters bei $z = -\ell/2$ seien konstant gleich ϕ_C bzw. ϕ_D.

7.2 Potentiale und Felder

Um Randeffekte vernachlässigen zu können, wird im folgenden die Berechnung der Potentiale und Felder am Punkt $\vec{r} = (\rho, \varphi, z)$ durchgeführt mit $\ell \gg \rho$ und $\ell \gg |z|$. Alle im folgenden vorgestellten Ergebnisse unterliegen diesen Randbedingungen. Damit ergibt sich das Potential als lineare Funktion von z (siehe Abschnitt 5.4). Für das Potential mit den vorgegebenen Werten an den Endpunkten und zur Erzeugung eines gleichförmigen Stromflusses folgt:

$$\phi(\rho \leq a, \varphi, z) = \frac{\phi_A + \phi_D}{2} + (\phi_A - \phi_D)\frac{z}{\ell} \ , \tag{7.1}$$

$$\phi(b \leq \rho \leq c, \varphi, z) = \frac{\phi_C + \phi_B}{2} + (\phi_B - \phi_C)\frac{z}{\ell} \ . \tag{7.2}$$

Aus dem Ohmschen Gesetz (mit R_1 und R_3 als Widerstand des inneren bzw. äußeren Leiters) folgt:

$$\phi_D - \phi_A = R_1 I = \frac{\ell I}{\pi g_1 a^2} \ , \tag{7.3}$$

$$\phi_B - \phi_C = R_3 I = \frac{\ell I}{\pi g_3 (c^2 - b^2)} \ . \tag{7.4}$$

In den vier Regionen ($\rho < a$, $a < \rho < b$, $b < \rho < c$ und $c < \rho$) erfüllt das Potential ϕ die Laplacesche Gleichung $\nabla^2 \phi = 0$. Aus den Gleichungen (7.1) und (7.2) folgt der Wert von ϕ in der ersten und dritten Region und dieser Wert liefert ebenfalls die Randbedingungen für $\rho = a$ und für $\rho = b$, um daraus ϕ in der zweiten Region zu bestimmen. Zur Bestimmung von ϕ in der vierten Region ist zusätzlich zum Wert von ϕ für $\rho = c$ eine andere Randbedingung erforderlich, die durch Gleichung (7.2) geliefert wird. Diese Randbedingung sei:

$$\phi(\rho = \ell, \varphi, z) = 0 \text{ V} \ . \tag{7.5}$$

Dies ist die eigentliche, nicht triviale Randbedingung dieses Problems. Sie folgt aus der gleichen Argumentation, wie sie auch im Zusammenhang mit Gleichung (6.21) in Abschnitt 6.2 geführt wurde. Aus dieser Gleichung folgt, dass das Potential gegen Null geht für $\rho = \ell$ in radialer Richtung, so dass die Länge ℓ des Kabels in der Lösung vorkommt. Die übliche Randbedingung $\phi(\rho \to \infty, \varphi, z) = 0$ V ist für die hier betrachtete Situation nicht anwendbar. Ein erster entsprechender Versuch zur Bestimmung des Potentials blieb ohne Erfolg und nur durch eine inverse Rechnung konnte die Gleichung (7.5) gefunden werden. Durch die Arbeit von Russell ist bekannt, dass im stationären Zustand die

Dichte der Oberflächenladungen auf einem System paralleler langer und homogener Leiter linear mit der axialen Ausdehnung variiert (und dies triff für das hier betrachtete Koaxialkabel zu).[2] Mit d als Platzhalter für a, b oder c, ergibt sich die Dichte der Ladungen auf diesen Oberflächen zu $\sigma_d(z) = A_d + B_d z$, mit den für jede Oberfläche A_d und B_d charakteristischen Konstanten. Somit erhält man für alle Punkte im Raum:

$$\phi(\vec{r}) = \frac{1}{4\pi\varepsilon_0} \sum_{j=1}^{3} \int\int_{S_j} \frac{\sigma(\vec{r}_j) da_j}{|\vec{r} - \vec{r}_j|} \ . \tag{7.6}$$

Die Summe erstreckt sich über drei Oberflächen von $z = -\ell/2$ bis $z = \ell/2$. Nach Lösung dieser Integrale erkennt man, dass ϕ nicht im Unendlichen gleich Null wird, sondern für $\rho = \ell$. Obwohl dieser Unterschied im mathematischen Sinne von Bedeutung ist, um eine verwendbare Lösung zu erhalten, kann man im physikalischen Sinne sagen, dass eine Nullstelle des Potential für $\rho = \ell$ gleichbedeutend ist mit einer Nullstelle im Unendlichen. Mit der getroffenen Vereinbarung $\ell \gg c > b > a$ wird im Grunde gefordert, dass das Potential - wie es sachgerecht ist - in großer Entfernung zum Leiter gegen Null geht.

Im folgenden wird die Argumentation umgekehrt. Dies bedeutet, dass mit den Randbedingungen für ϕ begonnen wird, daraus als Lösung der Laplace-Gleichung das elektrische Feld $\vec{E} = -\nabla\phi$ und schließlich σ mit Hilfe des Gaußschen Gesetzes gewonnen wird.

Die Randbedingungen sind dann die Werte von ϕ für $\rho = a$, $\rho = b$, $\rho = c$ und $\rho = \ell$ und folgen aus den Gleichungen (7.1), (7.2) und (7.5). Die Lösung der Laplace-Gleichung $\nabla^2\phi = 0$ für $a \leq \rho \leq b$ und für $c \leq \rho$ in Zylinderkoordinaten mit diesen Randbedingungen ergibt:

$$\phi(a \leq \rho \leq b, \varphi, z) = \frac{\phi_B + \phi_C}{2} + (\phi_B - \phi_C)\frac{z}{\ell}$$

$$+ \left[\frac{\phi_A + \phi_D - \phi_C - \phi_B}{2} + (\phi_A - \phi_D + \phi_C - \phi_B)\frac{z}{\ell}\right] \frac{\ln(b/\rho)}{\ln(b/a)} \ , \tag{7.7}$$

$$\phi(c \leq \rho, \varphi, z) = \left[\frac{\phi_C + \phi_B}{2} + (\phi_B - \phi_C)\frac{z}{\ell}\right] \frac{\ln(\ell/\rho)}{\ln(\ell/c)} \ . \tag{7.8}$$

Die elektrischen Feldlinien ergeben sich als Funktion $\xi(\rho,\ z)$ mit $\nabla\xi \cdot \nabla\phi = 0$. Mit Hilfe des im vorigen Kapitel beschriebenen Verfahrens erhält man

$$\xi(\rho < a, \varphi, z) = -(\phi_A - \phi_D)\frac{\rho}{\ell} \ , \tag{7.9}$$

$$\xi(a < \rho < b, \varphi, z) = \frac{\phi_A + \phi_D - \phi_C - \phi_B}{2}\frac{z}{\ell} + \frac{\phi_B - \phi_C}{2}\frac{\rho^2}{\ell^2}\ln\frac{b}{a}$$

[2] [Rus68].

$$+\frac{\phi_A-\phi_D+\phi_C-\phi_B}{2}\left(\frac{z^2}{\ell^2}+\frac{\rho^2}{2\ell^2}-\frac{\rho^2}{\ell^2}\ln\frac{\rho}{b}\right) , \tag{7.10}$$

$$\xi(b<\rho<c,\varphi,z)=-(\phi_B-\phi_C)\frac{\rho}{\ell} , \tag{7.11}$$

$$\xi(c<\rho,\varphi,z)=\frac{\phi_B+\phi_C}{2}\frac{z}{\ell}+\frac{\phi_B-\phi_C}{2}\left(\frac{z^2}{\ell^2}+\frac{\rho^2}{2\ell^2}-\frac{\rho^2}{\ell^2}\ln\frac{\rho}{\ell}\right) . \tag{7.12}$$

Das elektrische Feld $\vec{E}=-\nabla\phi$ ergibt sich zu

$$\vec{E}(\rho<a,\varphi,z)=\frac{\phi_D-\phi_A}{\ell}\hat{z} , \tag{7.13}$$

$$\vec{E}(a<\rho<b,\varphi,z)=\left[\frac{\phi_A+\phi_D-\phi_C-\phi_B}{2}\right.$$

$$\left.+(\phi_A-\phi_D+\phi_C-\phi_B)\frac{z}{\ell}\right]\frac{1}{\ln(b/a)}\frac{\hat{\rho}}{\rho}$$

$$+\left[\frac{\phi_C-\phi_B}{\ell}+\frac{\phi_D-\phi_A+\phi_B-\phi_C}{\ell}\frac{\ln(b/\rho)}{\ln(b/a)}\right]\hat{z} , \tag{7.14}$$

$$\vec{E}(b<\rho<c,\varphi,z)=\frac{\phi_C-\phi_B}{\ell}\hat{z} , \tag{7.15}$$

$$\vec{E}(c<\rho,\varphi,z)=\left[\frac{\phi_C+\phi_B}{2}+(\phi_B-\phi_C)\frac{z}{\ell}\right]\frac{1}{\ln(\ell/c)}\frac{\hat{\rho}}{\rho}$$

$$+\frac{\phi_C-\phi_B}{\ell}\frac{\ln(\ell/\rho)}{\ln(\ell/c)}\hat{z} . \tag{7.16}$$

Die wichtigsten hier zu betonenden Aussagen betreffen die Lösungen (7.8) und (7.16). Sie verweisen auf die Existenz eines elektrischen Feldes im Außenraum eines ohmschen Leiters und zwar auch dann, wenn ein konstanter Strom fließt.

Bei dieser Ableitung wurde nicht das sogenannte elektrische Bewegungsfeld oder "Elektrisches Feld durch Bewegung" (motional electric field) betrachtet, das proportional ist zur zweiten Ableitung von v_d/c. Dieses Feld ist von viel kleinerer Größenordnung als das hier betrachtete Feld (proportional zur Potentialdifferenz längs des Leiters) und kann deshalb vernachlässigt werden.

Die Dichte der Oberflächenladungen σ längs des inneren Leiters und längs der inneren und äußeren Oberfläche des Rückleiters ($\rho=b$, $\sigma_b(z)$ und $\rho=c$, $\sigma_c(z)$) ergibt sich in einfacher Weise aus dem Gaußschen Gesetz:

$$\oiint_S \vec{E} \cdot d\vec{a} = \frac{Q}{\varepsilon_0} \,, \tag{7.17}$$

mit $d\vec{a}$ als dem Oberflächenelement senkrecht zu der geschlossenen Oberfläche S, nach außen gerichtet und mit Q als Überschußladung im Innern von S. Hieraus ergibt sich $\sigma_a(z) = \varepsilon_0 E_{2\rho}(\rho \to a, z)$, $\sigma_b(z) = -\varepsilon_0 E_{2\rho}(\rho \to b, z)$ und $\sigma_c(z) = \varepsilon_0 E_{4\rho}(\rho \to c, z)$, wobei die Indices auf die radiale Komponente von $\vec{E}$ verweisen und zwar jeweils für die zweiten bzw. vierten Regionen $a < \rho < b$ und $c < \rho$. Hieraus folgt:

$$\sigma_a(z) = \frac{\varepsilon_0}{a} \frac{1}{\ln(b/a)} \left[\frac{\phi_A + \phi_D - \phi_C - \phi_B}{2} + (\phi_A - \phi_D + \phi_C - \phi_B)\frac{z}{\ell} \right] \,, \tag{7.18}$$

$$\sigma_b(z) = -\frac{a}{b}\sigma_a(z) \,, \tag{7.19}$$

$$\sigma_c(z) = \frac{\varepsilon_0}{c} \frac{1}{\ln(\ell/c)} \left[\frac{\phi_C + \phi_B}{2} + (\phi_B - \phi_C)\frac{z}{\ell} \right] \,. \tag{7.20}$$

Eine Alternative zu Berechnung von ϕ und $\vec{E}$ besteht darin, mit der durch Gleichungen (7.18) bis (7.20) gegebenen Oberflächenladung zu beginnen. Daraus kann das elektrische Potential ϕ bestimmt werden (sowie $\vec{E} = -\nabla\phi$) mit Hilfe von Gleichung (7.6). Diese Berechnung wurde mit Hilfe dieses Verfahrens überprüft.

7.3 Der symmetrische Fall

Zur Veranschaulichung der Äquipotentiallinien und elektrischen Feldlinien wird $\ell/c = 5$, $\ell/b = 15/2$ und $\ell/a = 15$ gesetzt. Zwei Fälle sind von besonderem Interesse und zwar der symmetrische und der unsymmetrische Fall. Im symmetrischen Fall befinden sich zwei gleiche Batterien an den Enden des Leiters (siehe Abbildung 7.2).

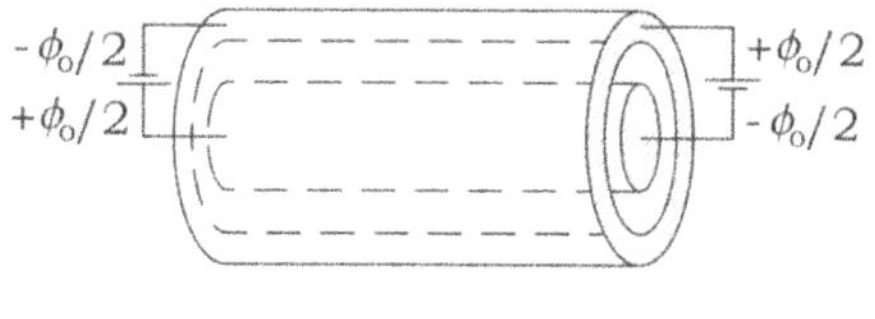

Abbildung 7.2: Der symmetrische Fall.

Diese Batterien erzeugen die Potentiale $\phi_B = \phi_D = -\phi_A = -\phi_C \equiv \phi_0/2$. Die Dichte der Oberflächenladungen strebt für diesen Fall gegen Null für die Mittelpunkte aller drei Oberflächen ($\rho = a$, b und c). Die Äquipotentiallinien und elektrischen Feldlinien für diese Situation sind in den Abbildungen 7.3 bzw. 7.4 dargestellt.

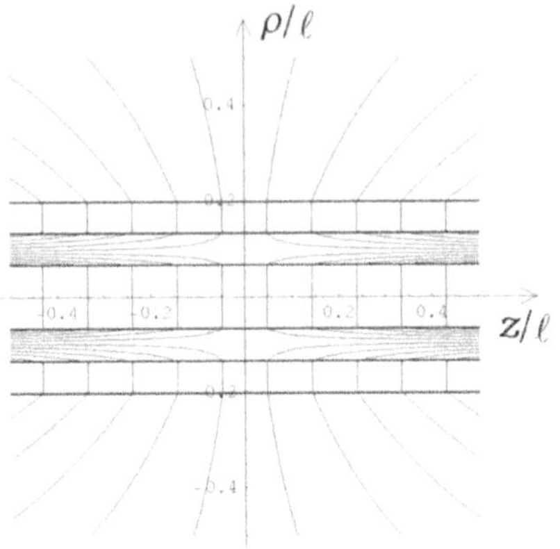

Abbildung 7.3: Äquipotentiallinien für den symmetrischen Fall.

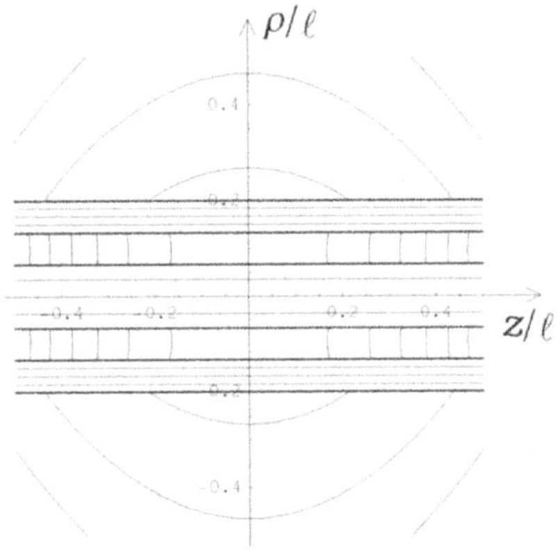

Abbildung 7.4: Elektrische Feldlinien für den symmetrischen Fall.

Für diesen Fall ergibt sich das Potential als proportional zu z ohne eine additive Konstante. Mit den Größen Stromstärke und Leitfähigkeit ergibt es sich zu:

$$\phi(\rho \leq a) = -\frac{Iz}{\pi g_1 a^2} , \tag{7.21}$$

$$\phi(a \leq \rho \leq b) = -\frac{I}{\pi}\frac{z}{\ln(b/a)}\left[\frac{\ln(b/\rho)}{g_1 a^2} - \frac{\ln(\rho/a)}{g_3(c^2-b^2)}\right] , \tag{7.22}$$

$$\phi(b \leq \rho \leq c) = \frac{Iz}{\pi g_3(c^2-b^2)} , \tag{7.23}$$

$$\phi(c \leq \rho) = \frac{I}{\pi}\frac{\ln(\ell/\rho)}{\ln(\ell/c)}\frac{z}{g_3(c^2-b^2)} . \tag{7.24}$$

Sonderfälle ergeben sich mit einem äußeren Leiter auf konstantem Potential ($\phi_C = \phi_B = 0$) mit einer unendlich großen Oberfläche ($c \to \infty$) oder einer unendliche großen Leitfähigkeit ($g_3 \to \infty$). Diese Lösungen ergeben sich mit $g_3(c^2 - b^2) \to \infty$, so dass gilt: $\sigma_c(z) \to 0$, $\vec{E}(\rho > b) \to 0$ und $\phi(\rho \geq b) \to 0$ für alle z. Die entgegengesetzte Lösung mit einem Strom im inneren Leiter von unendlich großer Leitfähigkeit und einer Rückleitung von endlicher Oberfläche und endlicher Leitfähigkeit ergibt sich ebenfall problemlos aus dem vorherigen Ergebnis mit $\vec{E}(\rho < a) \to 0$ und $\phi(\rho \leq a) \to 0$ für alle z.

7.4 Der unsymmetrische Fall

Im unsymmetrischen Fall befindet sich eine Batterie am linken Ende und ein Abschlußwiderstand am rechten Ende R_L (siehe Abbildung 7.5).

Abbildung 7.5: Der unsymmetrische Fall.

Das von der Batterie mit einer Leerlaufspannung von ϕ_0 erzeugte Potential sei gegeben als $\phi_D = -\phi_C \equiv \phi_0/2$. Auf Grund des Ohmschen Gesetzes ergibt sich die Gesamtstromstärke als $I = \phi_0/R_t$ mit dem Gesamtwiderstand $R_t \equiv R_1 + R_L + R_2$. Analog folgt: $\phi_D - \phi_A = \phi_0(R_1/R_t)$, $\phi_A - \phi_B = \phi_0(R_L/R_t)$ und $\phi_B - \phi_C = \phi_0(R_2/R_t)$. Mit den Ergebnisse aus Gleichungen (7.1) bis (7.12) folgt:

$$\phi(\rho \leq a, \varphi, z) = \phi_0 \left(\frac{R_2 + R_L}{2R_t} - \frac{R_1}{R_t}\frac{z}{\ell} \right) , \tag{7.25}$$

$$\begin{aligned} \phi(a \leq \rho \leq b, \varphi, z) = -\phi_0 \Bigg[& \left(\frac{R_1 + R_L}{2R_t} - \frac{R_1 + R_2 + 2R_L}{2R_t} \frac{\ln(b/\rho)}{\ln(b/a)} \right) \\ & - \left(\frac{R_2}{R_t} - \frac{R_1 + R_2}{R_t} \frac{\ln(b/\rho)}{\ln(b/a)} \right) \frac{z}{\ell} \Bigg] , \end{aligned} \tag{7.26}$$

$$\phi(b \leq \rho \leq c, \varphi, z) = -\phi_0 \left(\frac{R_1 + R_L}{2R_t} - \frac{R_2}{R_t}\frac{z}{\ell} \right) , \tag{7.27}$$

$$\phi(c \leq \rho, \varphi, z) = -\phi_0 \left(\frac{R_1 + R_L}{2R_t} - \frac{R_2}{R_t}\frac{z}{\ell} \right) \frac{\ln(\ell/\rho)}{\ln(\ell/c)} . \tag{7.28}$$

$$\xi(\rho < a, \varphi, z) = \phi_0 \frac{R_1}{R_t}\frac{\rho}{\ell} , \tag{7.29}$$

$$\xi(a < \rho < b, \varphi, z) = \phi_0 \left[\frac{R_1 + R_2 + 2R_L}{2R_t} \frac{z}{\ell} + \frac{R_2}{2R_t} \frac{\rho^2}{\ell^2} \ln \frac{b}{a} \right.$$

$$\left. - \frac{1}{2} \left(\frac{z^2}{\ell^2} + \frac{\rho^2}{2\ell^2} - \frac{\rho^2}{\ell^2} \ln \frac{\rho}{b} \right) \right] , \tag{7.30}$$

$$\xi(b < \rho < c, \varphi, z) = -\phi_0 \frac{R_2}{R_t} \frac{\rho}{\ell} , \tag{7.31}$$

$$\xi(c < \rho, \varphi, z) = -\phi_0 \left[\frac{R_1 + R_L}{2R_t} \frac{z}{\ell} - \frac{R_2}{2R_t} \left(\frac{z^2}{\ell^2} + \frac{\rho^2}{2\ell^2} - \frac{\rho^2}{\ell^2} \ln \frac{\rho}{\ell} \right) \right] . \tag{7.32}$$

Diese Gleichungen werden in den Abbildungen 7.6 und 7.7 veranschaulicht mit $\ell/c = 5$, $\ell/b = 15/2$, $\ell/a = 15$ und $R_1 = R_2 = R_L$.

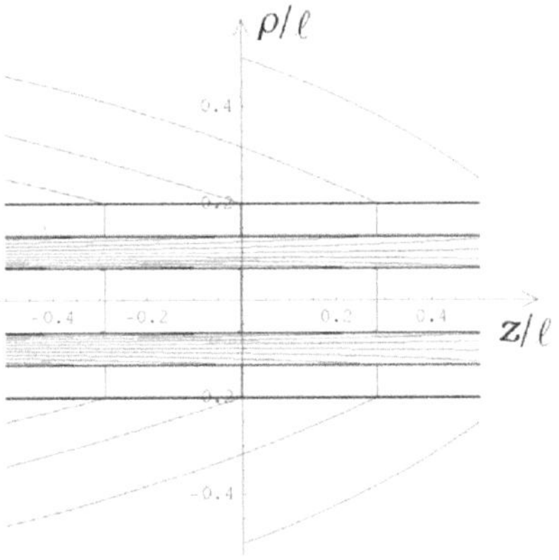

Abbildung 7.6: Äquipotentiallinien für den asymmetrischen Fall.

Mit Hilfe der gewonnenen algebraischen Lösungen können in einfacher Weise im Handel befindliche Kabel untersucht werden, um z.B. die Größenordnung der entsprechenden Werte für verschiedene Standardkabel zu bestimmen.

7.5 Diskussion

Die Verteilung von Oberflächenladungen, wie sie in den Gleichungen (7.18) bis (7.20) gegeben ist, entspricht der Ansammlung gleich großer, aber entgegengesetzt gepolter Ladungen auf gegenüberliegenden Oberflächen. Das heißt, die Ladung an der Position $\rho = a$, z in einem Längenbereich von dz, $dq_a(z) = 2\pi a \sigma_a(z) dz$ ist gleich groß und von entgegengesetzter Polarität wie die Ladung an der Position $\rho = b$, z, im gleichen Längenabschnitt dz, $dq_b(z) = 2\pi b \sigma_b(z) dz = -dq_a(z)$.

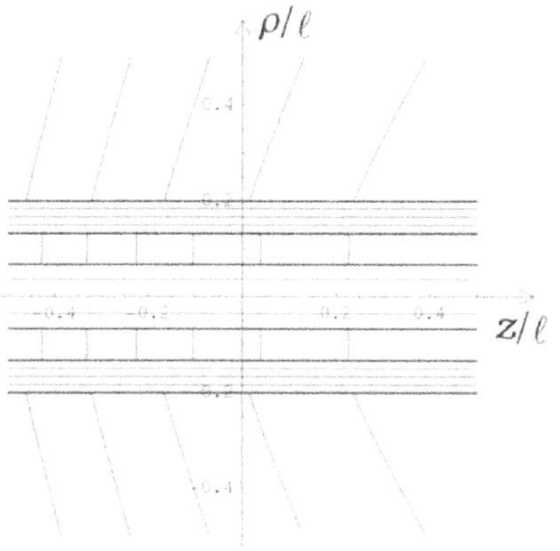

Abbildung 7.7: Elektrische Feldlinien für den asymmetrischen Fall.

Das elektrische Feld im Außenraum des Koaxialkabels ist daher nur abhängig von der Ladung auf der äußeren Oberfläche des Rückleiters $\sigma_c(z)$:

$$\phi(c \leq \rho, \varphi, z) = \frac{c}{\varepsilon_0}\sigma_c(z) \ln \frac{\ell}{\rho} = \left[\frac{\phi_B + \phi_C}{2} + (\phi_B - \phi_C)\frac{z}{\ell}\right] \frac{\ln(\rho/\ell)}{\ln(c/\ell)} . \quad (7.33)$$

Die wesentlichen nichttrivialen Schlußfolgerungen ergeben sich aus den Gleichungen (7.16) und (7.33). Sie zeigen, dass obwohl kein Vektorpotential oder Magnetfeld im Außenraum des Koaxialkabels existiert, das elektrische Feld dennoch nicht gleich Null ist, sofern der äußere Leiter einen endliche Widerstand aufweist. Soweit bekannt hat Russell in seiner wichtigen Veröffentlichung von 1983 als Erster auf die Existenz eines äußeren elektrischen Feldes bei einem Koaxialkabel hingewiesen.[3] Dieses Kapitel liefert die analytische Berechnung dieses Feldes.

Dieses externe elektrische Feld verdeutlicht, dass es bei einem Koaxialkabel mit einem ohmschen äußeren Rückleiter (sheath) keine Abschirmung gibt. Im Zusammenhang mit Interferenzen in Telekommunikationssystemen erscheint es wichtig, sich dieser Tatsache bewußt zu sein. Auch in langen Kabeln existiert dieses externe elektrische Feld wie die Gleichung (7.33) zeigt. Aus diesem Grund wird dieses ohmsche Kabel andere elektrische System in der näheren Umgebung beeinflussen und das gilt ebenfalls für variable Ströme. Dieser wichtige Aspekt wird von vielen Autoren übersehen.

[3] [Rus83].

Kapitel 8

Tansportleitung

8.1 Einleitung

Eines der wichtigsten elektrischen Systeme ist das einer zweiadrigen Transportleitung, auch Doppelleitung genannt. Im folgenden werden homogene ohmsche Leiter innerhalb eines Labors betrachtet, die einen konstanten Strom führen. Angestrebt wird die Berechnung des elektrischen Feldes im Außenraum der Leiter.

Der Fall einer Doppelleitung wurde als erster von Stratton behandelt.[1] Obwohl er auf das elektrische Feld im Außenraum hinwies, wurde diese Tatsache von den meisten Autoren, wie gezeigt wurde, übersehen. Im Jahr 1999 wurde dieser Fall dann ausführlich behandelt und wird hier im folgenden noch einmal vorgestellt.[2] Soweit bekannt sind dies die beiden einzigen theoretischen Arbeiten zu dieser Konfiguration.

8.2 Zweiadrige Transportleitung

Die Konfiguration des Systems ist in Abbildung 8.1 dargestellt.

Betrachtet werden zwei gleiche, geradlinige Leiter von kreisförmigem Querschnitt mit Radius a und einer Länge ℓ, umgeben von Luft. Die Achsen der Leiter haben einen gegenseitigen Abstand b, sie sind parallel zur z-Achse und symmetrisch zur z- und x-Achse angeordnet. Das heißt, dass sich das Zentrum der Leiter bei $(x,\ y,\ z) = (-b/2,\ 0, 0)$ und $(+b/2,\ 0,\ 0)$ befindet. Die Leitfähigkeit der Leiter sei g und ihre Enden befinden sich bei $z = -\ell/2$ und $z = +\ell/2$. Im folgenden wird das elektrische Potential ϕ und das elektrische Feld $\vec{E}$ an der Position $(x,\ y,\ z)$ berechnet mit $\ell \gg r = \sqrt{x^2 + y^2 + z^2}$. Darüber hinaus wird angenommen, dass $\ell \gg b/2 > a$ gilt, so dass Randeffekte vernachlässigt werden können.

[1] [Str41, Seite 262].

[2] [AM99].

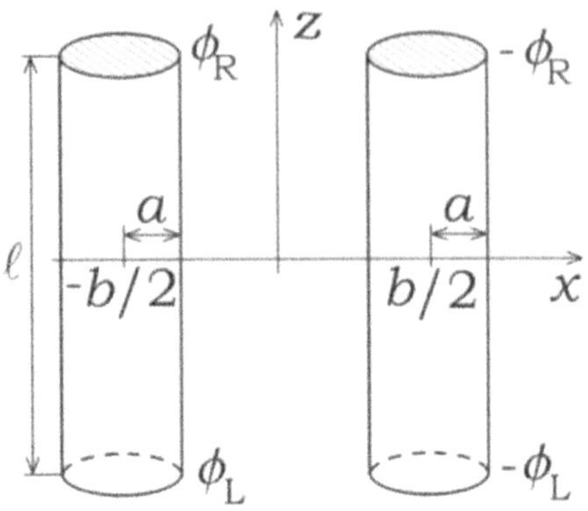

Abbildung 8.1: Zwei homogene parallele ohmsche Leiter mit Radius a und Abstand b. Der Strom I im ersten Leiter fließt in die positive z-Richtung und entsprechend im zweiten Leiter in the negative z-Richtung.

Gesucht wird das Potential und das elektrische Feld für den Fall, dass ein konstanter Strom durch einen der Leiter in Richtung $+\hat{z}$ fließt und gleichmäßig zurück durch den anderen in die Richtung $-\hat{z}$. Die Stromdichte in beiden Leitern ergibt sich dann aus der Gleichung $\vec{J} = (I/\pi a^2)\hat{z}$ bzw. $\vec{J} = -(I/\pi a^2)\hat{z}$. Da homogene Leiter mit einer konstanten Leitfähigkeit g betrachtet werden, ergibt sich das innere elektrische Feld im Leiter zu $\vec{E} = \pm(I/g\pi a^2)\hat{z}$. Wegen der Konstanz der Ströme gilt überall $\partial\vec{A}/\partial t = \vec{0}$ und somit können Betrachtungen über den Einfluß eines zeitabhängigen Vektorpotentials auf $\vec{E}$ entfallen. Unter diesen Voraussetzungen gilt: $\vec{E} = -\nabla\phi$. Aus der Konstanz des elektrischen Feldes in beiden Leitern folgt, dass das Potential innerhalb eines jeden Querschnitts konstant ist und außerdem eine lineare Funktion von z. Im folgenden wird die symmetrische Situation für das Potential betrachtet, in der der Strom im ersten Leiter von dem Potential ϕ_L bei $z = -\ell/2$ nach ϕ_R bei $z = \ell/2$ fließt und zurück in dem zweiten Leiter von $-\phi_R$ bei $z = \ell/2$ nach $-\phi_L$ bei $z = -\ell/2$ (siehe Abbildung 8.1).

Daraus ergibt sich:

$$\phi_F(z) = \frac{\phi_R + \phi_L}{2} + (\phi_R - \phi_L)\frac{z}{\ell} = \frac{\phi_R + \phi_L}{2} + \frac{I}{g\pi a^2}z \, , \tag{8.1}$$

$$\phi_S(z) = -\phi_F(z) \, . \tag{8.2}$$

In diesen Gleichungen stellen $\phi_F(z)$ und $\phi_S(z)$ die Potentiale als Funktion von z über die Querschnitte des ersten bzw. des zweiten Leiters dar.

In diesem Abschnitt wird der kleine Halleffekt vernachlässigt, der durch das von den Strömen erzeugte azimutale Magnetfeld hervorgerufen wird (siehe Abschnitt 6.4). Dieser Effekt bewirkt eine Umverteilung der Ladungsdichte innerhalb des Leiters und beeinflußt ebenfalls die Oberflächenladungen. Da dieser Effekt jedoch üblicherweise sehr klein ist, wird er hier vernachlässigt.

Zur Bestimmung des Potentials im Raum wird zunächst angenommen, dass sich der Leiter in einer luftgefüllten Umgebung befindet. Ist der Leiter geradlinig und sind die Randbedingungen für das Potential eine lineare Funktion von z, so gilt die gleiche Abhängigkeit für das Potential im ganzen Raum (siehe Sektion 5.4). Somit gilt $\phi = (A + Bz)f(x, y)$, wobei A und B Konstante sind und $f(x, y)$ eine Funktion von x und y. Diese Funktion kann durch Anwendung der Spiegelmethode gefunden werden, in dem ein konstantes Potential ϕ_0 dem ersten und $-\phi_0$ dem zweiten aufgeprägt wird.[3] Für die finale Lösung von ϕ und $\vec{E}$, die die gegebenen Randbedingungen erfüllt, ergibt sich für den Bereich des Außenraum der Leiter:

$$\phi(x, y, z) = -\left(\frac{\phi_R + \phi_L}{2} + (\phi_R - \phi_L)\frac{z}{\ell}\right)\frac{1}{2\ln\frac{b-\sqrt{b^2-4a^2}}{2a}} \times \ln\frac{(x - \sqrt{b^2 - 4a^2}/2)^2 + y^2}{(x + \sqrt{b^2 - 4a^2}/2)^2 + y^2}, \tag{8.3}$$

$$\vec{E} = -\left(\frac{\phi_R + \phi_L}{2} + (\phi_R - \phi_L)\frac{z}{\ell}\right)\frac{\sqrt{b^2 - 4a^2}}{\ln\frac{b+\sqrt{b^2-4a^2}}{2a}} \times \frac{(x^2 - y^2 + a^2 - b^2/4)\hat{x} + 2xy\hat{y}}{D_1^4}$$

$$+ \frac{\phi_R - \phi_L}{\ell}\frac{1}{2\ln\frac{b-\sqrt{b^2-4a^2}}{2a}}\left[\ln\frac{(x - \sqrt{b^2 - 4a^2}/2)^2 + y^2}{(x + \sqrt{b^2 - 4a^2}/2)^2 + y^2}\right]\hat{z}, \tag{8.4}$$

wo:

$$D_1^4 \equiv x^4 + y^4 + b^4/16 + a^4 + 2x^2y^2 - b^2x^2/2 + 2a^2x^2 + b^2y^2/2 - 2a^2y^2 - b^2a^2/2. \tag{8.5}$$

Die Äquipotentiallinien für $z = 0$ sind in Abbildung 8.2 dargestellt.

Es ist ebenfalls wichtig, diese Ergebnisse in Zylinderkoordinaten (ρ, φ, z) anzugeben, zentriert im ersten und zweiten Leiter (siehe Abbildung 8.3).

Für den ersten Leiter wird dies erreicht, in dem x ersetzt wird durch $\rho_F \cos\varphi_F - b/2$, y durch $\rho_F \sin\varphi_F$, $\hat{x}$ durch $\hat{\rho}_F \cos\varphi_F - \hat{\varphi}_F \sin\varphi_F$ und $\hat{y}$ durch $\hat{\rho}_F \sin\varphi_F + \hat{\varphi}_F \cos\varphi_F$, mit dem Ergebnis:

$$\phi(\rho_F, \varphi_F, z) = -\left(\frac{\phi_R + \phi_L}{2} + (\phi_R - \phi_L)\frac{z}{\ell}\right)\frac{1}{2\ln\frac{b-\sqrt{b^2-4a^2}}{2a}}\ln\sqrt{\frac{D_2^2}{D_3^2}}, \tag{8.6}$$

[3][Jac99, Sektion 2.1].

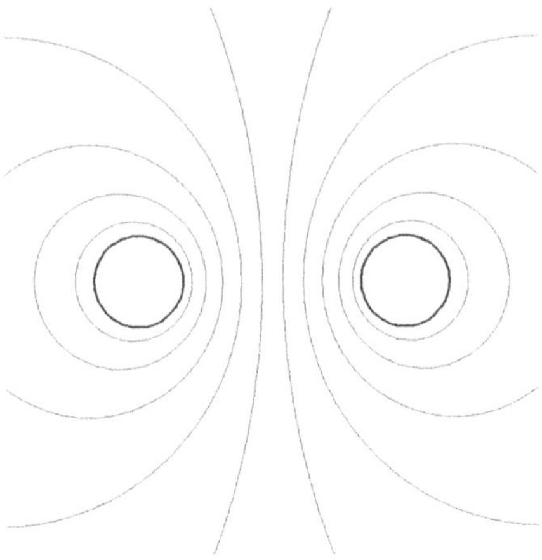

Abbildung 8.2: Äquipotentiallinien in der Ebene $z = 0$.

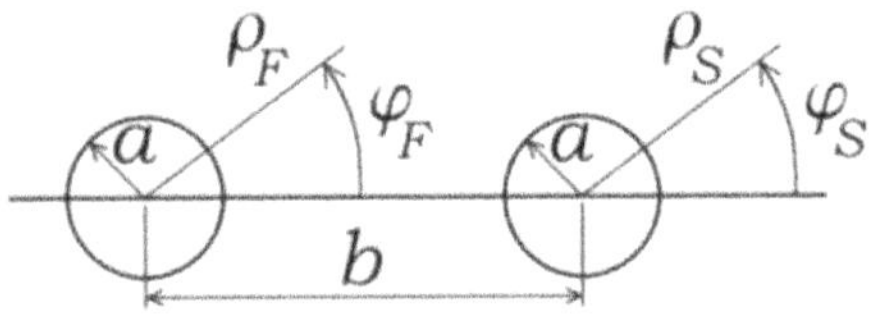

Abbildung 8.3: Zylinderkoordinaten mit Zentrum im ersten und zweiten Leiter.

Dabei gilt:

$$D_2^2 \equiv \rho_F^2 - \rho_F(\cos\varphi_F)\left(b + \sqrt{b^2 - 4a^2}\right) + \frac{b^2}{2} - a^2 + \frac{b\sqrt{b^2 - 4a^2}}{2}\,, \tag{8.7}$$

und

$$D_3^2 \equiv \rho_F^2 - \rho_F(\cos\varphi_F)\left(b - \sqrt{b^2 - 4a^2}\right) + \frac{b^2}{2} - a^2 - \frac{b\sqrt{b^2 - 4a^2}}{2}\,. \tag{8.8}$$

Das elektrische Feld ergibt sich als:

$$\vec{E} = -\left(\frac{\phi_R + \phi_L}{2} + (\phi_R - \phi_L)\frac{z}{\ell}\right)\frac{\sqrt{b^2 - 4a^2}}{\ln\frac{b+\sqrt{b^2-4a^2}}{2a}}$$

$$\times\frac{(\rho_F^2\cos\varphi_F - \rho_F b + a^2\cos\varphi_F)\hat{\rho}_F + (\sin\varphi_F)(\rho_F^2 - a^2)\hat{\varphi}_F}{D_4^4}$$

$$+\frac{\phi_R - \phi_L}{\ell}\frac{1}{2\ln\frac{b-\sqrt{b^2-4a^2}}{2a}}$$

$$\times \left[\ln \frac{\rho_F^2 - \rho_F(\cos\varphi_F)(b + \sqrt{b^2 - 4a^2}) + b^2/2 - a^2 + b\sqrt{b^2 - 4a^2}/2}{\rho_F^2 - \rho_F(\cos\varphi_F)(b - \sqrt{b^2 - 4a^2}) + b^2/2 - a^2 - b\sqrt{b^2 - 4a^2}/2} \right] \hat{z} \ , \quad (8.9)$$

wobei gilt:

$$D_4^4 \equiv \rho_F^4 - 2\rho_F^3 b \cos\varphi_F + \rho_F^2 b^2 + a^4$$

$$+ 2\rho_F^2 a^2 (\cos^2\varphi_F - \sin^2\varphi_F) - 2\rho_F b a^2 \cos\varphi_F \ . \quad (8.10)$$

Die Dichte der Ladungen auf den Oberflächen des ersten und zweiten Leiters σ_F und σ_S ergibt sich durch die Radialkomponente des elektrischen Feldes, multipliziert mit ε_0, mit dem Resultat:

$$\sigma_F = \left(\frac{\phi_R + \phi_L}{2} + (\phi_R - \phi_L)\frac{z}{\ell} \right) \frac{\varepsilon_0}{2a \ln \frac{b + \sqrt{b^2 - 4a^2}}{2a}} \frac{\sqrt{b^2 - 4a^2}}{b/2 - a\cos\varphi_F} \ , \quad (8.11)$$

$$\sigma_S = -\left(\frac{\phi_R + \phi_L}{2} + (\phi_R - \phi_L)\frac{z}{\ell} \right) \frac{\varepsilon_0}{2a \ln \frac{b + \sqrt{b^2 - 4a^2}}{2a}} \frac{\sqrt{b^2 - 4a^2}}{b/2 + a\cos\varphi_S} \ . \quad (8.12)$$

Zur Prüfung dieses Ergebnisses wird das Potential ϕ innerhalb eines jeden einzelnen Leiters sowie im Außenraum berechnet, in dem von diesen Ladungsdichten auf der Oberfläche ausgegangen und folgender Ausdruck benutzt wird:

$$\phi(x,\ y,\ z) = \frac{1}{4\pi\varepsilon_0} \left[\int_{z'=-\ell/2}^{\ell/2} \int_{\varphi'_F=0}^{2\pi} \frac{\sigma_F(\varphi'_F) a d\varphi'_F dz'}{|\vec{r} - \vec{r}\,'|} \right.$$

$$\left. + \int_{z'=-\ell/2}^{\ell/2} \int_{\varphi'_S=0}^{2\pi} \frac{\sigma_S(\varphi'_S) a d\varphi'_S dz'}{|\vec{r} - \vec{r}\,'|} \right] \ . \quad (8.13)$$

Dabei wird über die Oberflächen S_L und S_R des ersten bzw. zweiten Leiters integriert. Eine Prüfung der Ergebnisse wird nun möglich unter der Voraussetzung der Zulässigkeit der Spiegelmethode für elektrostatische Probleme und unter Verwendung der Näherung $\ell \gg |\vec{r}|$ und $\ell \gg b/2 > a$.

Mit $b \gg a$ und $b \gg \rho_F$, Gleichungen (8.11) und (8.6) folgt:

$$\sigma_F \approx \frac{\varepsilon_0}{a\ln(b/a)} \left(\frac{\phi_R + \phi_L}{2} + (\phi_R - \phi_L)\frac{z}{\ell} \right) \ , \quad (8.14)$$

und

$$\phi(a < \rho_F \ll b,\ \varphi_F,\ z) \approx \frac{a\sigma_F(z)}{\varepsilon_0} \ln\frac{b}{\rho_F} \ . \quad (8.15)$$

Diese Ergebnisse sind analog zu den Gleichungen (6.2) und (6.9).

8.3 Diskussion

Als ersten Schritt folgt eine qualitative Interpretation dieser Ergebnisse. Zur Vereinfachung der Analyse wird stets $\phi_R = 0$ angenommen. Die Verteilung von Oberflächenladungen für ein gegebenes z ist vergleichbar mit einer elektrostatischen Situation, in der die Potentiale ϕ_0 und $-\phi_0$ auf den beiden stromlosen Leitern vorgegeben sind, das heißt, $\sigma_F(\varphi_F) > 0$ für jedes φ_F mit einem maximalen Wert bei $\varphi_F = 0$ rad. Die Dichte der Oberflächenladungen σ_S auf dem zweiten Leiter zeigt das gleiche Verhalten σ_F, nur mit entgegengesetzter Polarität und einem Maximum bei $\varphi_S = \pi$ rad. Abbildung 8.4 zeigt qualitativ die Oberflächenladungen für $z = 0$.

Abbildung 8.4: Qualitative Verteilung von Oberflächenladungen für zwei parallele Leiter in der Ebene $z = 0$.

Eine quantitative Darstellung von σ_F ist in Abbildung 8.5 wiedergegeben mit der Annahme $b/2a = 10/3$ und einer Normalisierung der Ladungsdichte durch σ_F bei $\varphi_F = \pi$ rad.

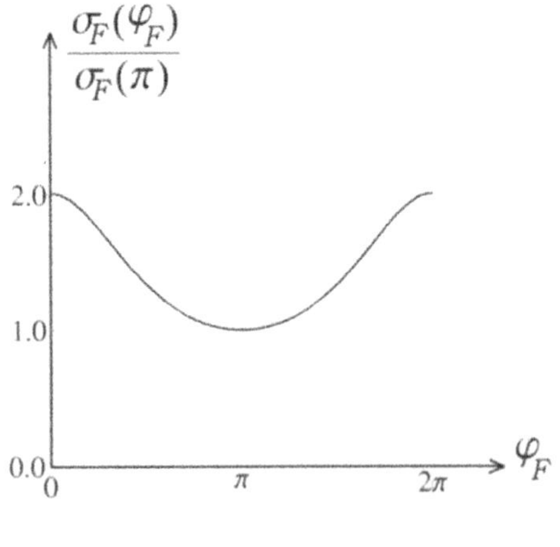

Abbildung 8.5: Quantitative normalisierte Verteilung der Dichte von Oberflächenladungen im ersten Leiter in der Ebene $z = 0$ als Funktion des azimutalen Winkels.

Zu bemerken ist, dass bei einem fest vorgegebenen Wert für φ_F die Ladungsdichte auf der Oberfläche linear von $z = -\ell/2$ bis $z = \ell/2$ abhängt, und das entgegengesetzte geschieht mit σ_S für ein fest vorgegebenes φ_S.

Durch Integration der Oberflächenadungen über den Umfang jedes Leiters erhält man die Gesamtladung pro Längeneinheit $\lambda(z)$ zu:

$$\lambda_F(z) = \int_{\varphi_F=0}^{2\pi} a\sigma_F(\varphi_F)d\varphi_F$$

$$= -\frac{2\pi\varepsilon_0}{\ln\left[(b-\sqrt{b^2-4a^2})/2a\right]}\left[\frac{\phi_R+\phi_L}{2}+(\phi_R-\phi_L)\frac{z}{\ell}\right] . \quad (8.16)$$

$$\lambda_S(z) = -\int_{\varphi_S=0}^{2\pi} a\sigma_S(\varphi_S)d\varphi_S = -\lambda_F(z) . \quad (8.17)$$

Ein wichtiger Aspekt in dieser Diskussion ist die experimentelle Bedeutung dieser Oberflächenladungen in Bezug auf Kraftwirkungen zwischen den Leitern, die jeweils eine nicht neutralisierte Ladung in jedem Sektor aufweisen und daher elektrostatische Kräfte aufeinander ausüben. Diese Kräfte können mit den magnetischen Kräften verglichen werden. Für die letzteren gilt (als Kraft pro Längeneinheit) unter der Annahme $b/2 \gg a$:

$$\frac{dF_M}{dz} = \frac{\mu_0 I^2}{2\pi b} . \quad (8.18)$$

Durch Integration der Kraft über den Umfang des ersten Leiters erhält man die auf ihn wirkende elektrische Kraft. Dabei wird eine typische Region in der Mitte des Leiters um $z = 0$ herum gewählt und wiederum $b/2 \gg a$ angenommen:

$$\frac{d\vec{F}_E}{dz} = \int_{\varphi_F=0}^{2\pi} a\sigma_F(\varphi_F)\vec{E}(\rho_F = a, \varphi_F, z = 0)d\varphi_F \approx \frac{\pi\varepsilon_0\phi_L^2}{\ln^2 b/a}\left(\frac{\hat{x}}{b}+\frac{\hat{z}}{\ell}\right) . \quad (8.19)$$

Aus den Gleichungen (8.18) und (8.19) folgt für das Verhältnis der magnetischen zu der radialen elektrischen Kraft (mit dem Ohmschen Gesetz $\phi_L^2/I^2 = R^2 = (\ell/g\pi a^2)^2$ und R als Widerstand jedes einzelnen Leiters):

$$\frac{F_M}{F_E} \approx \frac{\mu_0/\varepsilon_0}{2R^2}\ln^2\frac{b}{a} . \quad (8.20)$$

Mit $\mu_0/\varepsilon_0 = 1.4 \times 10^5\ \Omega^2$ folgt, dass dieses Verhältnis in aller Regel den Wert 1 um viele Größenordnungen übersteigt. Erst bei einem Widerstand von etwa $R \approx 370\ \Omega$ (mit $\ln(b/a) \approx 1$) ergibt sich ein Verhältnis in der Größenordnung von 1. Dies ist ein sehr großer Widerstand für homogenen Leiter.

Um die elektrische mit der magnetischen Kraft zu vergleichen, werden typische Kupferdrähte angenommen mit einer Leitfähigkeit von $g = 5.7 \times 10^7$ $\mathrm{m}^{-1}\Omega^{-1}$, einer Länge von $\ell = 1$ m, einem gegenseitigen Abstand von $b = 6$ mm und einem Durchmessern von $2a = 1$ mm. Daraus errechnet sich mit dem Ohmschen Gesetz $\phi_L^2/I^2 = R^2 \approx 5 \times 10^{-4}\ \Omega^2$. Mit diesen Werten ergibt sich ein Verhältnis der longitudinalen elektrischen Kraft zur magnetischen Kraft von etwa 7×10^{-11}, während sich für das Verhältnis der radialen elektrischen

Kraft zur magnetischen Kraft ein Wert von etwa 1×10^{-8} ergibt. Das bedeutet, dass die elektrische Kraft, hervorgerufen durch Oberflächenladungen, typischer Weise 10^{-8} mal kleiner ist als die magnetische Kraft und erklärt, warum sie üblicherweise zu vernachlässigen ist.

Trotz dieser Tatsache sei vermerkt, dass die magnetische Kraft in der vorgegebenen Situation (parallele Leiter mit entgegengesetzten Stromrichtungen) eine Abstoßung bewirkt, während die radiale elektrische Kraft, wie die Abbildung 8.4 zeigt, sich als anziehend erweist.

Die in diesem Kapitel beschriebene Situation ist derjenigen sehr ähnlich, in der Bergmann, Schaefer und Jefimenko ihre Experimente durchgeführt haben und deren Ergebnisse in Abbildungen 3.2 und 3.5 dargestellt sind. Um die Ergebnisse dieser Experimente mit den theoretischen Berechnungen zu vergleichen, können die hier berechneten Äquipotentiallinien in die dort vorgegebenen Abbildungen eingezeichnet werden. Dazu sind im wesentlichen die Werte ℓ/b, $b/2a$ und $\ell/2a$ erforderlich. Aus Abbildung 3.2 erhält man $\ell/b \approx 2.8$, $b/2a \approx 7.4$ und $\ell/2a \approx 20.7$. Aus Abbildung 3.5 erhält man $\ell/b \approx 1.9$, $b/2a \approx 3.0$ und $\ell/2a \approx 5.7$. Diese Werte zusammen mit $\phi_A = 0$ V und $\phi_B = 1$ V ergeben die Äquipotentiallinien aus Gleichung (8.3) bei $y = 0$ (siehe Abbildungen 8.6 und 8.7).

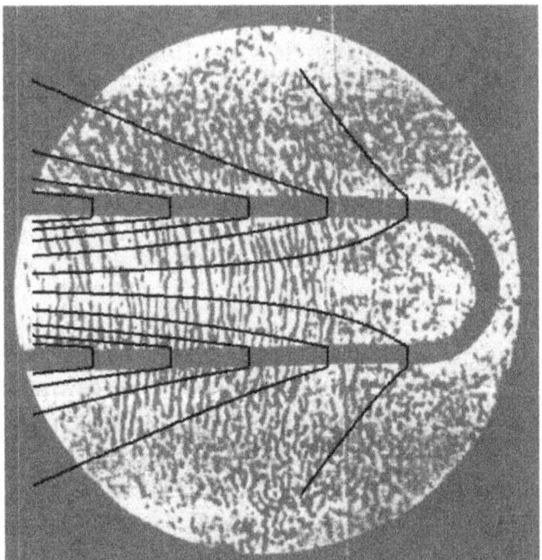

Abbildung 8.6: Berechnete Äquipotentiallinien als Überlagerung der von Bergmann und Schaefer experimentell gewonnenen elektrischen Feldlinien.

In dem Buch von Sommerfeld in Kapitel 6.5 wird die Methode beschrieben, wie die senkrecht zu den Äquipotentiallinien verlaufenden Feldlinie gewonnen werden können. Mit Hilfe dieser Methode erhält man die folgende Lösung für die Ebene $y = 0$ außerhalb der Leiter:

$$\xi^{\text{out}}(x, 0, z) = -(\phi_R + \phi_L)\frac{z}{\ell} + (\phi_R - \phi_L)\left[\frac{x(x^2 - 3x_o^2)}{6x_o\ell^2}\ln\frac{(x - x_o)^2}{(x + x_o)^2}\right.$$

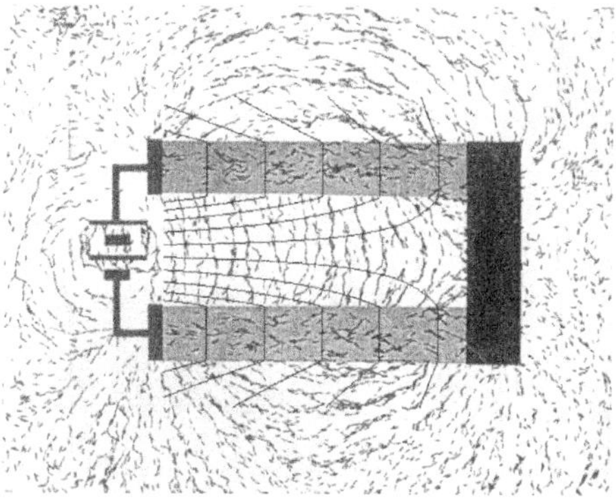

Abbildung 8.7: Berechnete Äquipotentiallinien als Überlagerung der von Jefimenko experimentell gewonnenen elektrischen Feldlinien.

$$+\frac{x_o^2}{3\ell^2}\ln\frac{(x-x_o)^2(x+x_o)^2}{x_o^4}-\frac{x^2}{3\ell^2}-\frac{z^2}{\ell^2}\Bigg] , \tag{8.21}$$

wo $x_o \equiv \sqrt{b^2-4a^2}/2$.

Ausdrücke für die elektrischen Feldlinien innerhalb des ersten bzw. zweiten Leiters ergeben sich wie folgt:

$$\xi^F(x,0,z) = -(\phi_R-\phi_L)\frac{|x+b/2|}{\ell} , \tag{8.22}$$

$$\xi^S(x,0,z) = (\phi_R-\phi_L)\frac{|x-b/2|}{\ell} . \tag{8.23}$$

Mit den oben angegebenen Werten für ℓ/b, $b/2a$ und $\ell/2a$ für die schon erwähnten Experimente ergeben sich die in den Abbildungen 8.8 und 8.9 dargestellten elektrischen Feldlinien als Überlagerung der Abbildung 3.2 und der linken Seite der Abbildung 3.5.

Die berechneten Kurven sind den experimentell gewonnenen sehr ähnlich, besonders in dem Bereich zwischen den Leitern. Obwohl diese Berechnungen im strikten Sinne nur für $r \ll \ell$ gültig sind, verlaufen die berechneten Kurven zwischen $z=-\ell/2$ bis $\ell/2$. Da die Ergebnisse mit den Experimenten in relativ guter Übereinstimmung sind, kann man schließen, dass die Randbedingung $z=\pm\ell/2$ für diese spezielle Konfiguration nicht besonders relevant ist.

Es ist ebenfall möglich, das Verhältnis der radialen zur longitudialen Komponente des elektrischen Feldes in der Nähe der Oberfläche im Außenraum abzuschätzen. Betrachtet wird der erste Leiter an drei unterschiedlichen Positionen von z: $z=-\ell/2$, $z=0$ und $z=\ell/2$. Die axiale Komponente E_z ist konstant über den Querschnitt und ist unabhängig von z. Dagegen ist die radiale Komponente E_x eine lineare Funktion von z und hängt außerdem von φ_F ab. Bei diesem Vergleich gilt $\varphi_F=0$. Mit diesen Werten und den Daten Jefimenkos in Gleichung (8.4) erhält man $E_x/E_z \approx 12$ bei $z=-\ell/2$, 6 bei $z=0$ und 0 bei

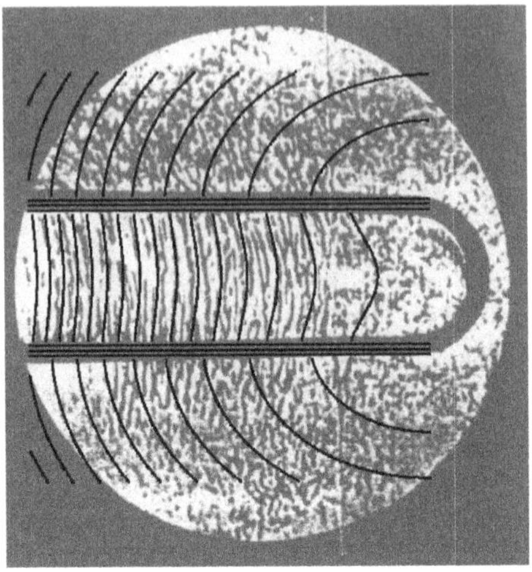

Abbildung 8.8: Berechnete elektrischen Feldlinien als Überlagerung der von Bergmann und Schaefer experimentell gewonnenen Linien.

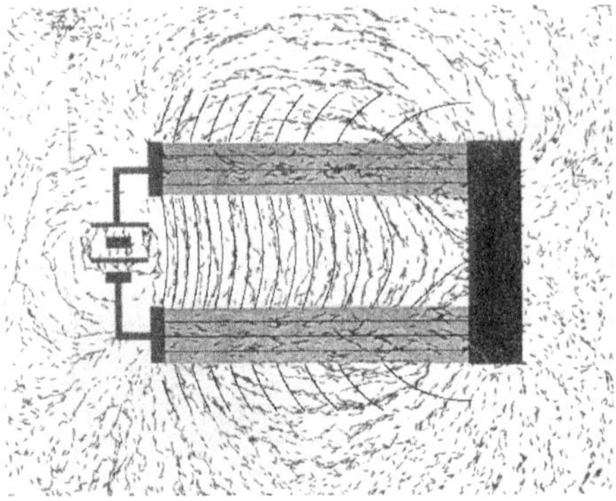

Abbildung 8.9: Berechnete elektrischen Feldlinien als Überlagerung der von Jefimenko experimentell gewonnenen Linien.

$z = \ell/2$. Das heißt, dass die radiale Komponente des elektrischen Feldes in unmittelbarer Nähe der Oberfläche typischer Weise etwa um eine Größenordnung größer ist als das longitudinale elektrische Feld, das den Stromfluß bewirkt. Jefimenkos Experimente bestätigen diese Aussage in deutlicher Weise.

Kapitel 9

Widerstandsplatten

9.1 Einführung

In diesem Kapitel werden eine oder mehrere stromführende Platten behandelt, die einen von Null verschiedenen Widerstand aufweisen. Zunächst wird der ideale Fall einer unendlich ausgedehnten zweidimensionale Widerstandsplatte (wie eine unendliche Ebene) untersucht. Es wird angenommen, dass der Strom gleichförmig durch die Platte in einer konstanten Richtung fließt.

Wird eine Testladung im Abstand z zu einer solchen zunächst stromlosen Platte positioniert, so stellt sich nach Erreichen eines elektrostatischen Gleichgewichts eine anziehende Kraft zwischen Platte und Testladung ein, die durch Gleichung (4.1) gegeben ist.

Was geschieht, wenn durch Anschluß an eine Batterie ein konstanter Strom durch die ruhenden Platte fließt? Das elektrische Feld, das den Stromfluß gegen den Ohmschen Widerstand aufrecht erhält, wird durch Oberflächenladungen hervorgerufen, die sich über die gesamte Platte verteilen. Angestrebt wird die Berechnung des Potentials und des elektrischen Feldes auf und in der Umgebung der stromführenden Platte.

Das vorliegenden Problem wurde zuerst von Jefimenko untersucht,[1] und später von anderen Autoren.[2] Im Kapitel 9 von Assis und Hernandes Buch,[3] sind alle mathematischen Ableitungen und Gleichungen zu finden, von denen im folgenden nur die Ergebnisse dieser Berechnungen vorgestellt werden.

9.2 Eine einzelne Platte

Die hier vorgestellten Betrachtungen konzentrieren sich auf die Verteilung von Oberflächenladungen und auf das dadurch erzeugte elektrische Feld.

---

[1] [Jef89, Seiten 303-304].
[2] [AHL01] und [Wel05].
[3] [AH07].

Untersucht wird eine rechteckige Platte mit der Länge ℓ_y in y Richtung und ℓ_z in z-Richtung. Die Platte befinde sich in der $x = 0$ Ebene mit dem Zentrum bei $(x,\ y,\ z) = (0, 0, 0)$. Angenommen wird, dass der Strom gleichmäßig von $-\ell_z/2$ nach $+\ell_z/2$ fließt mit einer Stromdichte auf der Oberfläche $\vec{K} = (I/\ell_y)\hat{z}$ (siehe Abbildung 9.1).

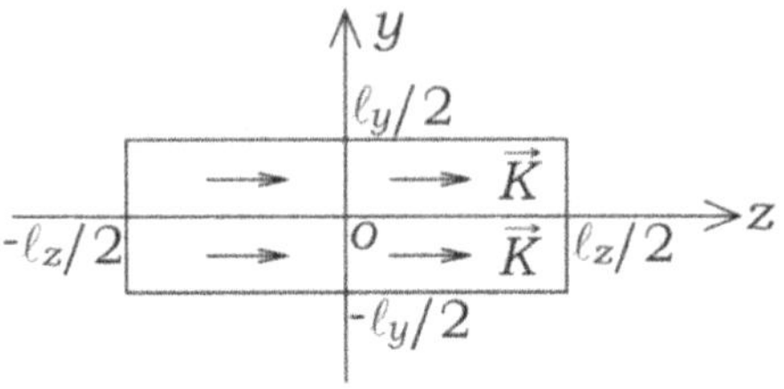

Abbildung 9.1: Eine Widerstandsplatte in der Ebene $x = 0$ mit einer konstanten und gleichförmigen Oberflächenstromdichte $\vec{K}$ längs der positiven z-Richtung.

Es wird ferner angenommen, dass die Oberflächenstromdichte, wie in Abschnitt 5.4 gezeigt, eine lineare Funktion von z ist. Dann gilt:

$$\sigma(z) = \sigma_A + \sigma_B \frac{z}{\ell_z} \ . \tag{9.1}$$

Im allgemeinen sollte die Verteilung der Oberflächenladungen eine Funktion der Koordinaten y und z sein, d.h. $\sigma = \sigma(y,\ z)$. Die Abhängigkeit von y kann für $\ell_y \gg |\vec{r}|$ vernachlässigt werden, wobei für den Abstand des Beobachtungspunktes zum Zentrum der Platte gilt: $|\vec{r}| = \sqrt{x^2 + y^2 + z^2}$. Weiterhin wird angenommen, dass die Testladung in größerer Entfernung von der Batterie angebracht ist. Der Fall, in dem sich die Testladung in der Nähe der Batterie befindet, entspricht dem in Abbildung 6.2 dargestellten Fall, wo sich die Ladung in der Nähe der Mitte von Seite AD befindet. Die Berechnung dieser Konfiguration wurde 2005 veröffentlicht.[4]

Um einen solchen, von der Variablen y unabhängigen Gleichstrom in x-Richtung einer unendlich ausgedehnten Platte zu erzeugen, kann man sich als Antrieb eine ideale Batterie in Form einer unendlich langen Linie denken, die senkrecht zur Stromrichtung angeordnet ist

Das elektrische Potential ergibt sich direkt aus der Oberflächenladung $\sigma(z)$ zu:

$$\phi(\vec{r}) = \frac{1}{4\pi\varepsilon_0} \int\int \frac{\sigma(z')da'}{|\vec{r} - \vec{r'}|} \ . \tag{9.2}$$

Dieses Integral erstreckt sich über die gesamte Ladungsverteilung. Im vorliegenden Fall ist das Potential in der Symmetriebene $y = 0$ von Interesse:

[4] [HCA05].

$$\phi(x,\ 0,\ z) = \frac{1}{4\pi\varepsilon_0} \int_{-\ell_y/2}^{\ell_y/2} \int_{-\ell_z/2}^{\ell_z/2} \frac{\sigma_A + \sigma_B z'/\ell_z}{\sqrt{x^2 + y'^2 + (z - z')^2}} dy'dz' \ . \qquad (9.3)$$

Zur Berechnung dieser Integrale werden drei unterschiedliche Näherungen vorgenommen:

$$(A) \ \ \ell_y \gg \ell_z \gg \sqrt{x^2 + z^2} \ , \qquad (9.4)$$

$$(B) \ \ \ell \equiv \ell_y = \ell_z \gg \sqrt{x^2 + z^2} \ , \qquad (9.5)$$

$$(C) \ \ \ell_z \gg \ell_y \gg \sqrt{x^2 + z^2} \ . \qquad (9.6)$$

Die sich ergebenden Äquipotentiallinien für dieses Problem sind in Abbildung 9.2 dargestellt, mit der Näherung (A) mit $\ell_y/\ell_z = 3$, $\phi(0, 0, -\ell_z/2) = \phi_0/2$ und $\phi(0, 0, \ell_z/2) = -\phi_0/2$. Für diesen Fall gilt $\sigma_B = -2\pi\varepsilon_0\phi_0/\ell_z$ und $\sigma_A = 0$.

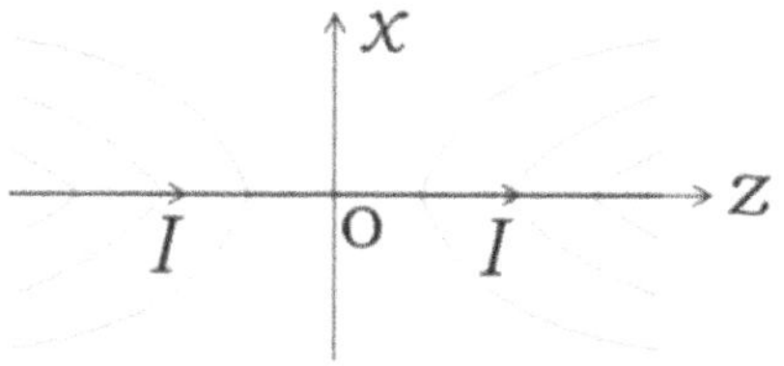

Abbildung 9.2: Äquipotentiallinien in einer orthogonal zur Platte ausgerichteten Ebene. Die Pfeile geben die Richtung des Stromes an.

Die elektrischen Feldlinien entsprechen einer Gruppe von zwei Hyperbeln oberhalb und unterhalb der Platte. Abbildung 9.3 zeigt ein Beispiel mit der Näherung (A) mit $\ell_y/\ell_z = 3$, $\phi(0, 0, -\ell_z/2) = \phi_0/2$ und $\phi(0, 0, \ell_z/2) = -\phi_0/2$.

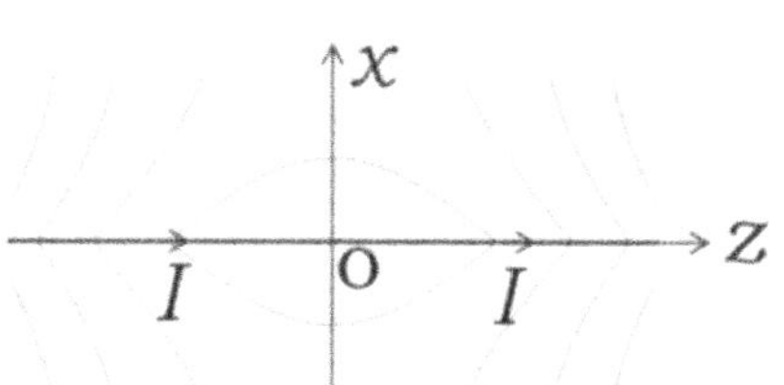

Abbildung 9.3: Elektrische Feldlinien in einer orthogonal zur Platte ausgerichteten Ebene. Die Pfeile geben die Richtung des Stromes an.

9.3 Zwei parallele Platten

Im folgenden werden die Experimente von Bergmann, Schaefer und Jefimenko betrachtet, allerdings mit einem anderen Modell. Als erstes wird ein einfacher geradliniger Leiter wie in Abbildungen 3.2 und 3.3 untersucht. Dabei wird ein konstanter Strom angenommen, der in z-Richtung durch den Leiter fließt. Die Leitfähigkeit des Leiters sei g und seine Form die eines Parallelepipeds der Länge ℓ_y, $2a$ und ℓ_z. Entsprechend diesen Vorgaben werden freie Ladungen nur auf den äußeren Oberflächen bei $x = \pm a$ auftreten (mit dem Zentrum des dicken Leiters bei $(x,\ y,\ z) = (0, 0, 0)$). Die Dichte der freien Ladungen auf beiden Seiten wird durch Gleichung (9.1) wiedergegeben.

Abbildung 9.4 zeigt das elektrische Potential in der Näherung (A) mit $\ell_y/\ell_z = \ell_z/2a = 6.5$. Mit der Randbedingung $\phi(\pm a,\ 0,\ -\ell_z/2) = \phi_0/2$ und $\phi(\pm a,\ 0,\ \ell_z/2) = -\phi_0/2$ ergibt sich $\sigma_B = -\phi_0\varepsilon_0/(4\lambda_1 - 2a)$ und $\sigma_A = 0$.

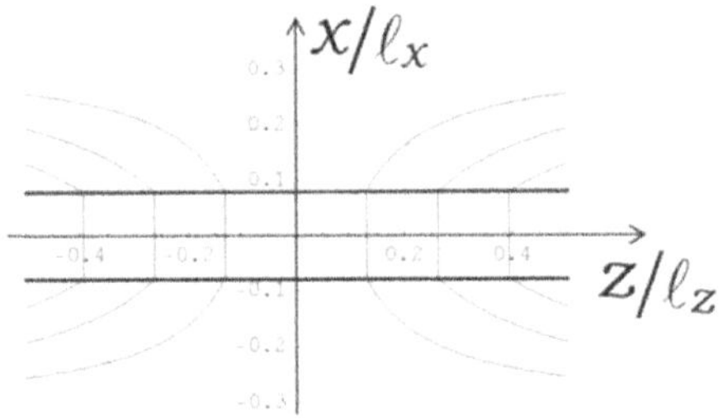

Abbildung 9.4: Äquipotentiallinien in einer orthogonal zu zwei parallelen stromführenden Platten ausgerichteten Ebene (Strömung in positiver z-Richtung).

Das elektrische Feld ergibt sich direkt als $\vec{E} = -\nabla\phi$.

Wie erwartet ergibt sich das elektrische Feld als konstant in dem Gebiet zwischen den beiden Platten. Dieses Ergebnis eröffnet die Möglichkeit, den Fall eines Parallelepipeds mit den Seiten ℓ_y und $2a$ zu modellieren, durch welches ein konstanter Strom in z-Richtung fließt. Die oben behandelten Platten entsprächen der obenen bzw. unteren Seite des Parallelepipedes bei $x = \pm a$.

Die elektrischen Feldlinien $\xi(x,\ 0,\ z)$ mit $\nabla\xi \cdot \nabla\phi = 0$ können nach der oben beschriebenen Methode bestimmt werden.

Abbildung 9.5 zeigt diese Funktion in der Näherung $\ell_y/\ell_z = \ell_z/2a = 6.5$, um ähnliche Abmessungen zu erreichen wie in dem von Jefimenko durchgeführten Experiment. Diese theoretischen Ergebnissse entsprechen den experimentellen Ergebnisse von Jefimenko weitgehend (siehe Abbildung 3.3).

9.4 Vier parallele Platten

Mit Hilfe des in diesem Abschnitt eingeführten Modells eines Parallelepipeds können entsprechende Ergebnisse wie in Abbildungen 3.5 und 3.2 erzielt werden. Es handelt sich im wesentlichen um eine Transportleitung, bei der ein konstanter

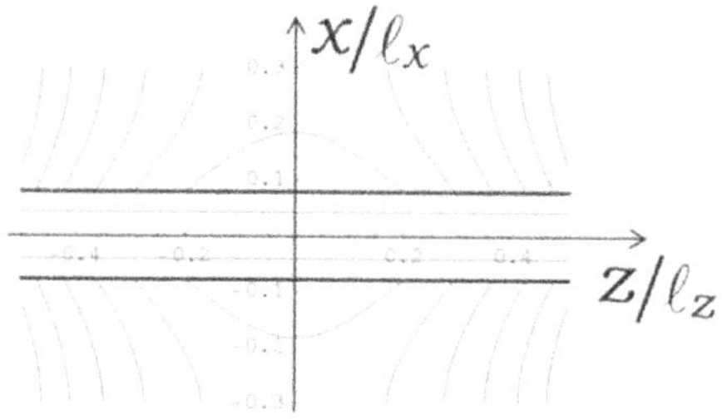

Abbildung 9.5: Elektrische Feldlinien in einer orthogonal zu zwei parallelen stromführenden Platten ausgerichteten Ebene (Strömung in positiver z-Richtung).

Strom in z-Richtung eines Parallelepipeds fließt (Leitfähiglkeit g_1 und Dicke $2a$) und zurück durch ein anderes Parallelepiped der gleichen Dicke, aber einer Leitfähigkeit von g_2. Der Abstand zwischen den Mittelpunkten der beiden Leiter beträgt b. In diesem Fall treten freie Ladungen in vier Ebenen auf und zwar bei $y = b/2 \pm a$ und $y = -b/2 \pm a$, mit $b/2 > a > 0$.

9.4.1 Entgegengesetzte Potentiale

Im vorliegenden Fall besitzen die beiden Leiter die gleiche endliche Leitfähigkeit $g_1 = g_2 = g$, und es kann angenommen werden, dass die Potentiale in den beiden dicken Platten für jedes z genau entgegengesetzt sind. Die Dichte der Oberflächenladungen für die Platten bei $x = \pm(b/2 + a)$ und $x = \pm(b/2 - a)$ ergibt sich zu:

$$\sigma(x = \pm(b/2 + a),\ y,\ z) = \pm\left(\sigma_{\text{Aext}} + \sigma_{B\text{ext}}\frac{z}{\ell_z}\right)\ , \tag{9.7}$$

$$\sigma(x = \pm(b/2 - a),\ y,\ z) = \pm\left(\sigma_{\text{Aint}} + \sigma_{B\text{int}}\frac{z}{\ell_z}\right)\ . \tag{9.8}$$

Um die vorgegebenen Experimente zu modellieren, sollte das Potential in dem Gebiet $b/2 - a < x < b/2 + a$ und $-b/2 - a < x < -b/2 + a$ nicht von x abhängen, da der Strom hier nur in x-Richtung fließt.

Abbildung 9.6 zeigt das elektrische Potential für diesen Fall in der Näherung (A) mit $\ell_y/\ell_z = \ell_z/2a = 6.8$.

Abbildung 9.7 zeigt die Linien des elektrischen Feldes in der Näherung (A) mit $\ell_y/\ell_z = \ell_z/2a = 6.8$. Das Potential der oberen Platte beträgt an ihren Rändern $\phi(b/2 - a < x < b/2 + a,\ 0,\ -\ell_z/2) = \phi_0/2$ und $\phi(b/2 - a < x < b/2 + a,\ 0,\ \ell_z/2) = 0$, während das Potential der unteren Platte an ihren Rändern gegeben ist als $\phi(-b/2 - a < x < -b/2 + a,\ 0,\ -\ell_z/2) = -\phi_0/2$ und $\phi(-b/2 - a < x < -b/2 + a,\ 0,\ \ell_z/2) = 0$.

Die Beziehung zwischen ϕ_0 und den Oberflächenladung ergibt sich für diesen Fall als $\sigma_A = \varepsilon_0\phi_0/2(b - 2a)$ und $\sigma_B = -\varepsilon_0\phi_0/(b - 2a)$.

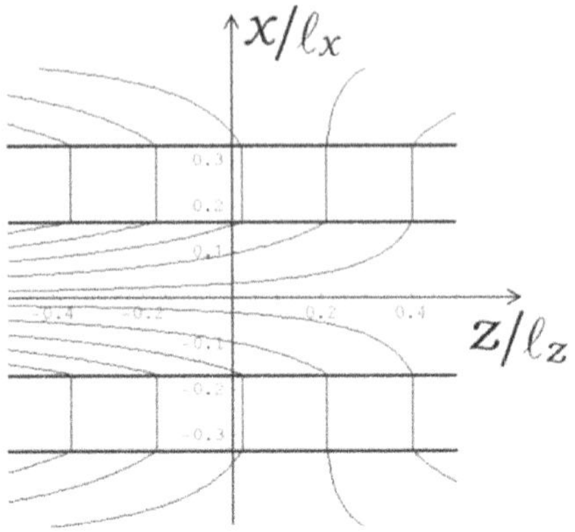

Abbildung 9.6: Äquipotentiallinien in einer Ebene orthogonal zu den vier Platten. In den beiden oberen bzw. unteren Platten fließt ein Strom in die positive bzw. negative z-Richtung.

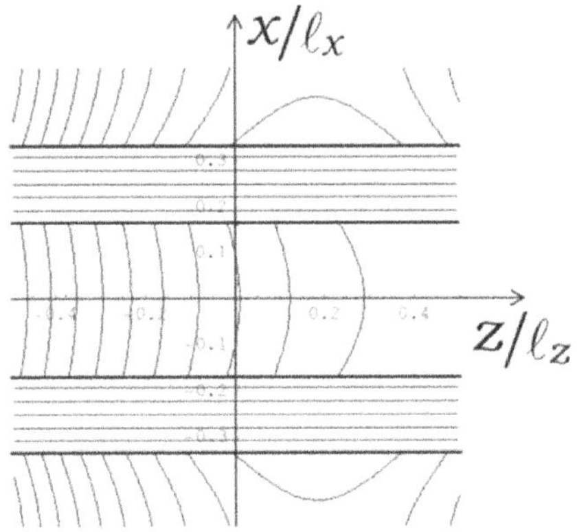

Abbildung 9.7: Elektrische Feldlinien in einer Ebene orthogonal zu den vier Platten. In den beiden oberen bzw. unteren Platten fließt ein Strom in die positive bzw. negative z-Richtung.

9.4.2 Perfekt leitende Platten

Betrachtet wird nun eine Situation, in der die beiden unteren Platten (oder das untere Parallelepiped) ideale Leiter sind ohne Widerstand. Dabei wird angenommen, dass diese Platten dem gleichen konstanten Potential $\phi(-b/2 - a < x < -b/2 + a,\ 0,\ z) = \Phi$ im gesamten Gebiet längs der x-Achse ausgesetzt sind, aber dennoch von einem konstanten Strom in z-Richtung durchflossen werden. Im rechten Teil von Abbildung 3.5 ist ein entsprechendes experimentelles Ergebnis dargestellt mit $g_1 \ll g_2$. Um diesen Fall zu modellieren, werden vier Platten bei $x = b/2 + a$, $x = b/2 - a$, $x = -b/2 + a$ und $x = -b/2 - a$ angenommen. Die entsprechenden Oberflächenladungen ergeben sich zu $\sigma(x = b/2 + a,\ y,\ z) = \sigma_{Ab} + \sigma_{Bb} z/\ell_z$, $\sigma(x = b/2 - a,\ y,\ z) = \sigma_{Aa} + \sigma_{Ba} z/\ell_z$, $\sigma(x = -b/2 + a,\ y,\ z) = \sigma_{-Aa} + \sigma_{-Ba} z/\ell_z$ und $\sigma(x = -b/2 - a,\ y,\ z) = \sigma_{-Ab} + \sigma_{-Bb} z/\ell_z$.

Das Potential darf in dem Gebiet $b/2 - a < x < b/2 + a$ nicht von x abhängen und muß in dem Gebiet $-b/2 - a < x < -b/2 + a$ konstant sein.

Abbildung 9.8 zeigt die Äquipotentiallinien für diesen Fall in der Näherung (A) mit $\ell_y/\ell_z = \ell_z/2a = 6.8$.

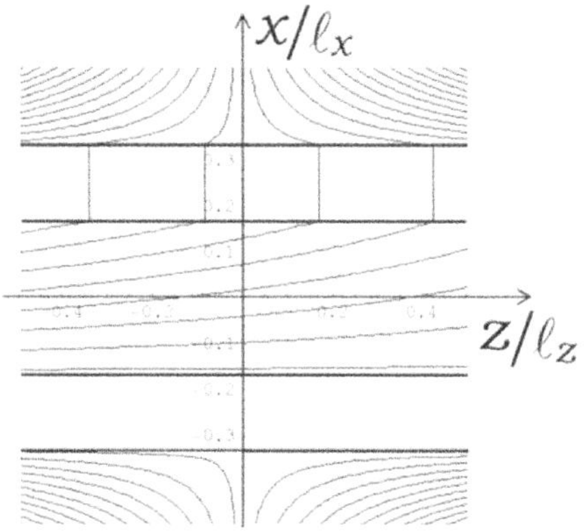

Abbildung 9.8: Äquipotentiallinien in einer Ebene orthogonal zu den vier Platten. Die beiden oberen Platten weisen eine gleichmäßige Leitfähigkeit auf und führen einen Strom in positiver z-Richtung. Die Leitfähigkeit der beiden unteren Platten ist gleich Null und der Strom fließt in negativer z-Richtung.

Abbildung 9.9 zeigt die elektrischen Feldlinien in der gleichen Näherung und mit den gleichen Abmessungen wie in Abbildung 9.7. Das konstante Potential der unteren Platte beträgt $\Phi = -\phi_0/2$. Wiederum zeigt sich eine akzeptable Übereinstimmung mit dem Experiment von Jefimenko (Abbildung 3.5 rechts), besonders in dem Gebiet zwischen den Parallelepipeds.

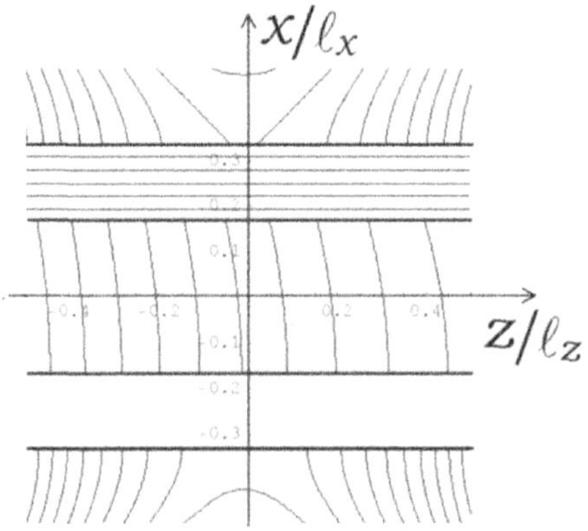

Abbildung 9.9: Elektrische Feldlinien in einer Ebene orthogonal zu den vier Platten. Die beiden oberen Platten weisen eine gleichmäßige Leitfähigkeit auf und führen einen Strom in positiver z-Richtung. Die Leitfähigkeit der beiden unteren Platten ist gleich Null und der Strom fließt in negativer z-Richtung.

Kapitel 10

Streifenförmige ohmsche Leiter

10.1 Das Problem

Betrachtet wird ein konstanter Strom, der gleichförmig durch die Oberfläche eines ruhenden gerade Widerstandsstreifens fließt. Angestrebt wird die Berechnung des Potentials ϕ und des elektrischen Feldes $\vec{E}$ im gesamten Raum sowie die Verteilung von Oberflächenladungen längs des Streifens als Ursache für das elektrische Feld. Die Berechnung folgt im wesentlichen dem in 2003 veröffentlichten Verfahren.[1] Im Kapitel 10 von Assis und Hernandes Buch,[2] sind alle mathematischen Ableitungen und Gleichungen zu finden, während im folgenden nur die Ergebnisse dieser Berechnungen vorgestellt werden.

Der zu untersuchende Streifen befinde sich in der $x = 0$ Ebene und zwar in dem Gebiet $-a < y < a$ und $-\ell/2 < z < \ell/2$, mit $\ell \gg a > 0$. Außerhalb des Streifens wird Luft oder Vakuum angenommen. Ein konstanter Strom fließe gleichförmig längs der positiven z-Richtung mit einer Oberflächenstromdichte $\vec{K} = I\hat{z}/2a$ (siehe Abbildung 10.1).

Diese gleichförmige Stromverteilung ist gemäß dem Ohmschen Gesetz verbunden mit einem räumlich konstanten elektrischen Feld längs der Oberfläche des Streifens. In Bezug auf das Potential gilt im stationären Zustand für dieses elektrische Feld die Beziehung $\vec{E} = -\nabla\phi$. Dieser Ausdruck besagt, dass das Potential längs des Streifens eine lineare Funktion von z und unabhängig von y ist. Das Problem kann gelöst werden durch das Auffinden der Lösung der Laplace-Gleichung $\nabla^2\phi = 0$ im leeren Raum und unter Anwendung von Randbedingungen.

[1] [HA03b].
[2] [AH07].

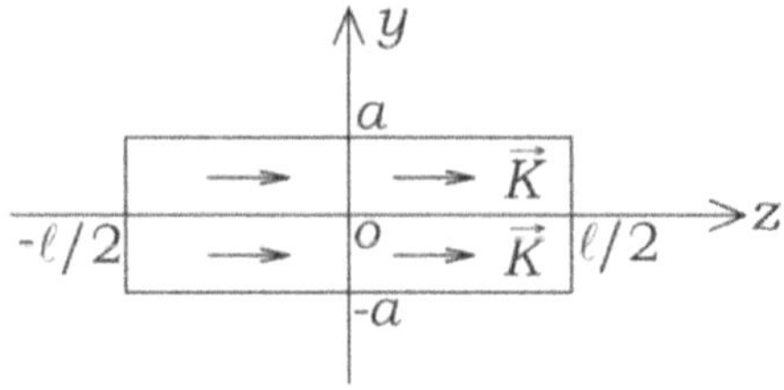

Abbildung 10.1: Ein ohmscher Widerstandsstreifen der Breite $2a$ und Länge ℓ mit einer konstanten und gleichförmigen Stromdichte $\vec{K}$ längs der positiven z-Richtung.

10.2 Die Lösung

Auf Grund der Symmetrie des Problems ist die Verwendung von elliptisch-zylindrischen Koordinaten angemessen. Damit wird eine vollständige analytische Lösung für das elektrische Potential ϕ, das elektrische Feld $\vec{E}$ und für die Dichte der Oberflächenladungen σ längs des Streifens möglich.

10.3 Diskussion

In der Ebene $x = 0$ erzeugt der Strom ein magnetisches Feld $\vec{B}$, das in die positive (negative) x zeigt für $y > 0$ ($y < 0$). Betrachtet wird nun ein einzelnes Elektron, das sich mit der Driftgeschwindigkeit $\vec{v}_d$ bewegt. Das Magnetfeld aller anderen driftenden Elektronen übt auf das ausgewählte Elektron eine Kraft gemäß $q\vec{v}_d \times \vec{B}$ aus (siehe Abbildung 10.2).

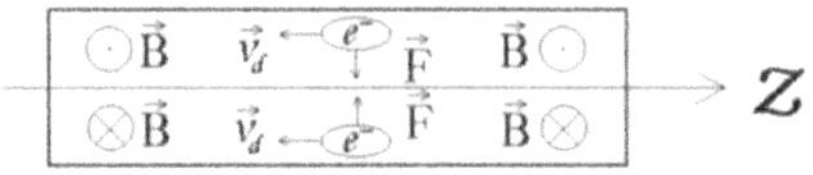

Abbildung 10.2: Magnetfeld $\vec{B}$ längs des Streifens in positiver z-Richtung. Es existiert eine magnetische Kraft in Richtung der Achse, die auf alle Leitungselektronen einwirkt.

Diese Kraft wird eine Umverteilung der Ladung längs der y Richtung bewirken mit einer Anhäufung von negativen Ladungen längs der Mittellinie des Streifens und einer Anhäufung von positiven Ladungen längs der Ränder $y = \pm a$. Im stationären Zustand wird durch diese Umverteilung ein elektrisches Feld E_y längs der y Richtung erzeugt, das die magnetische Wirkung ausgleicht: $|qE_y| = |qv_dB|$.

Wie in Abschnitt 6.4 gezeigt wurde, ist dieser Halleffekt in der Regel sehr viel kleiner als das den Strom antreibende elektrische Feld und wird daher im folgenden vernachlässigt.

Nun werden einige Spezialfälle betrachtet. Durch Vergleich von a mit der Entfernung zum Beoachtungspunkt $\rho = \sqrt{x^2 + y^2}$ ergeben sich zwei Grenzfälle. Gilt $a^2 \gg \rho^2$, so ergibt sich für diese Fall die gleiche Lösung wie für eine große Platte.

Gilt andererseits $a^2 \ll \rho^2$, so ergibt sich für diesen Fall eine Lösung für das Potential ϕ in Übereinstimmung mit Gleichung (6.11), mit $A_2/A_1 = \ln(\ell/a)$. Dabei ist ℓ die typische Länge eines zu untersuchenden Drahtes oder Streifens mit $\ell \gg a$. Diese Bedingung ist sinnvoll, da sich Gleichung (6.11) auf das Potential außerhalb eines langen geradlinigen zylindrischen Drahtes bezieht, durch den ein konstanter Strom fließt. Wie zu fordern ist, stimmen beide Lösungen für Punkte in großer Entfernung zu Achse des Streifens überein.

10.4 Vergleich mit den experimentellen Resultaten

Diese Ergebnisse zeigen, dass sich ein elektrisches Feld nicht nur längs des stromführenden Widerstandssteifens, sondern auch im Außenraum desselben befindet. Wie gezeigt wurde, hat Jefimenko in seinen Experimenten die Existenz eines solchen externen elektrischen Feldes nachgewiesen.[3] Die von Jefimenko verwendete Konfiguration entspricht der hier verwendeten: Ein auf einer Glasplatte aufgebrachter zweidimensionaler leitender Streifen, bestehend aus durchsichtiger leitender Tinte. Um die hier erzielten Ergebnisse mit diesen Experimenten zu vergleichen, wird der symmetrische Fall gewählt.

Die Linien des elektrischen Feldes senkrecht zu den Äquipotentiallinien ergeben sich aus dem in Abschnitt 6.5 dargestellten Verfahren. Diese Linien werden beschrieben durch die Funktion ξ mit $\nabla\xi \cdot \nabla\phi = 0$.

In Abbildung 10.3 werden diese Äquipotentiallinien senkrecht zur Ebene des Streifens graphisch wiedergegeben.

In Abbildung 10.4 werden diese Äquipotentiallinien in der Ebene des Streifens graphisch wiedergegeben.

Abbildung 10.5 zeigt die Ergebnisse von Jefimenko aus Abbildung 3.3 mit den theoretisch bestimmten elektrischen Feldlinien als Überlagerung.

Abbildung 10.6 zeigt die experimentellen Ergebnisse von Jefimenko, Barnett und Kelly aus Abbildung 3.10 mit den theoretisch bestimmten Äquipotentiallinien als Überlagerung. Die Übereinstimmung ist nicht so gut, wie bei dem vorherigen Fall und dies aus zwei Gründen. Zum einen bezieht sich die hier durchgeführte Rechnung auf eine zweidimensionale Konfiguration, während die Experimente von Jefimenko, Barnett und Kelly in einem dreidimensionalen Kasten durchgeführt wurden.[4] Zum anderen betrug in dem Experiment mit den Grassamen[5] das Länge/Breite-Verhältnis des Streifens 7, in dem zweiten Expe-

[3] [Jef62] und [Jef89, Platte 6].
[4] [JBK62].
[5] [Jef62].

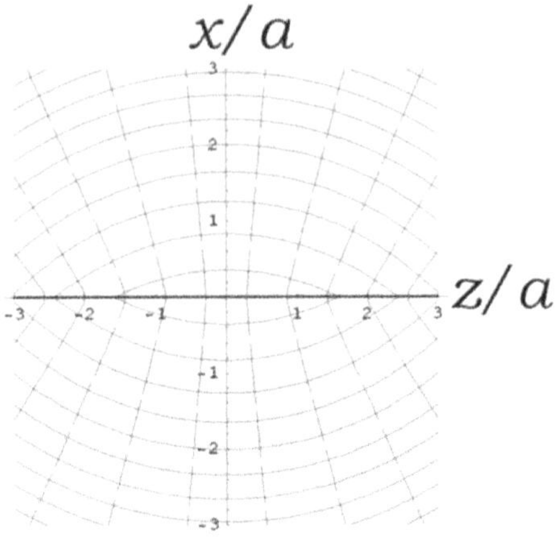

Abbildung 10.3: Äquipotentiallinien (gestrichelt) und elektrische Feldlinien (durchgezogen) in einer Ebene senkrecht zur Ebene des Streifens.

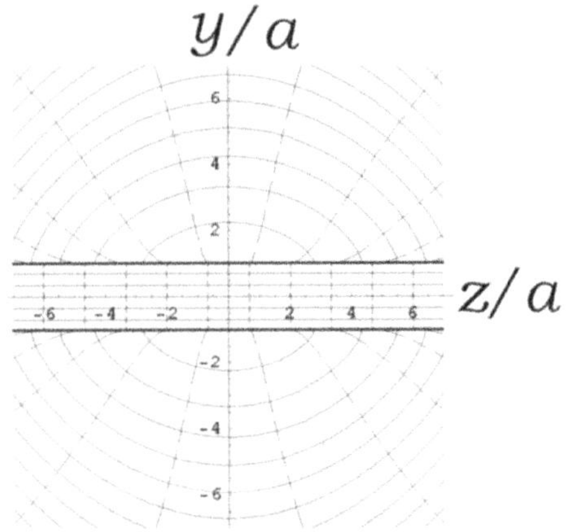

Abbildung 10.4: Äquipotentiallinien (gestrichelt) und elektrische Feldlinien (durchgezogen) in der Ebene des Streifens.

riment nur 2.[6] Dies bedeutet, dass die Effekte durch Randwerte in der Nähe von $z = \ell/2$ und $z = -\ell/2$ eine größere Bedeutung erlangen. Diese Randwerteffekte wurde hier nicht berücksichtigt.

[6] [JBK62].

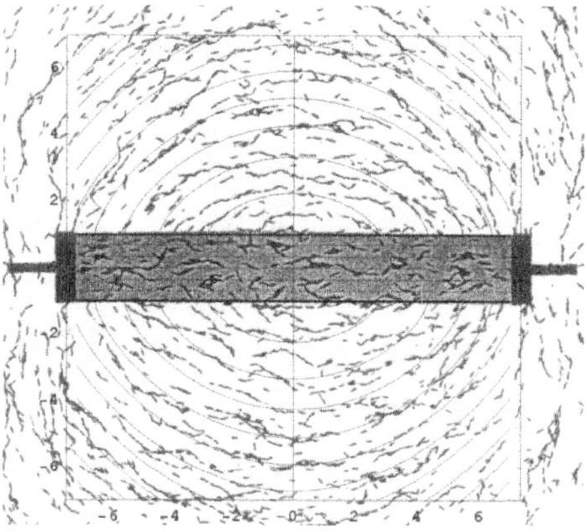

Abbildung 10.5: Experimentell durch Jefimenko erzielte Linien zusammen mit den theoretisch bestimmten Linien des elektrischen Feldes als Überlagerung.

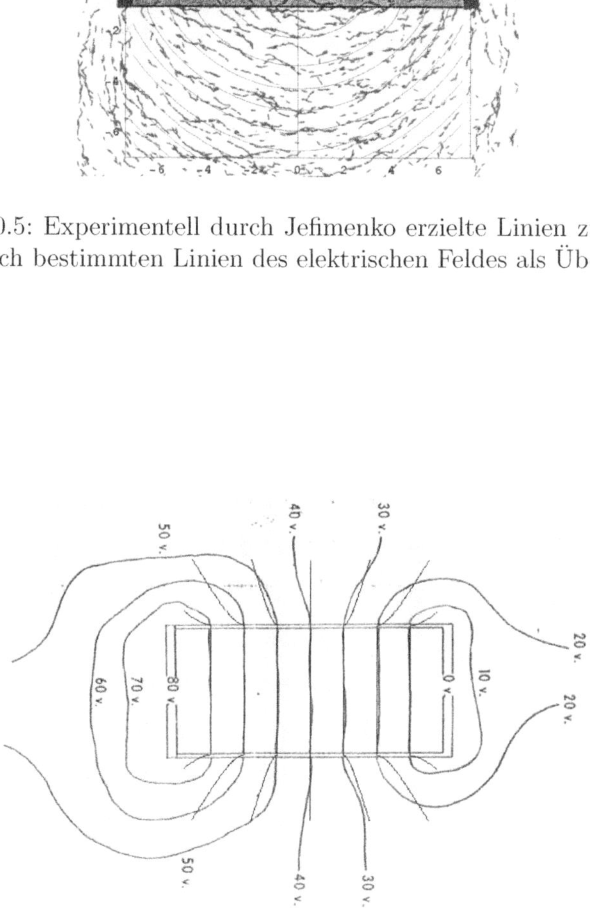

Abbildung 10.6: Experimentell durch Jefimenko, Barnett und Kelly erzielte Linien zusammen mit den theoretisch bestimmten Äquipotentiallinien als Überlagerung.

Teil III

Gekrümmte Leiter

Im folgenden Abschnitt werden stromfürende ohmsche Leiter betrachtet, die eine Krümmung aufweisen. Das in Abschnitt 5.4 diskutierte Russellsche Theorem kann wegen dieser Krümmung nicht mehr angewendet werden. Dennoch können die folgenden Fälle noch geschlossen gelöst werden und zwar ein azimutaler Strom in einem unendlichen Zylinder, ein azimutaler Strom längs einer Kugelschale und ein azimutaler Strom in einem toroidförmigen Leiter. Diese Lösungen helfen bei der Klärung einiger wichtiger Aspekte von Oberflächenladungen im Zusammenhang mit stromführenden Leitern.

Kapitel 11

Ohmsche zylinderförmige Schale mit azimutalem Strom

11.1 Konfiguration des Problems

Das Thema dieses Abschnittes wurde hauptsächlich von Jefimenko, Heald und Griffiths diskutiert.[1] Im Kapitel 11 von Assis und Hernandes Buch,[2] finden sich alle mathematischen Ableitungen und Gleichungen, während im folgenden nur die Ergebnisse dieser Berechnungen vorgestellt werden.

Gegeben sei eine unendlich lange homogene zylindrische Schale mit einem ohmschen Widerstand, einem Radius a und der Längsachse parallel zu z-Richtung. Verwendet werden Zylinderkoordinaten (ρ, φ, z) mit dem Ursprung im Mittelpunkt der Schale. Der Abstand zur z-Achse betrage $\rho = \sqrt{x^2 + y^2}$. Angenommen wird weiterhin die Existenz einer linienförmigen Batterie, die sich in einem schmalen Spalt der Schale am Ort (ρ, φ, z) = (a, π, z) befindet und die das konstanten Potential $\phi = \pm\phi_B/2$ auf die jeweiligen Schalenseiten aufbringt (siehe Abbildung 11.1).

Auf der Grundlage des Ohmschen Gesetzes ergibt sich das Potential längs der Oberflächen der zylindrischen Schale zu

$$\phi(a, \varphi, z) = \phi_B \frac{\varphi}{2\pi} \; . \tag{11.1}$$

[1] [Jef66, Aufgabe 9.33 und Abbildung 14.7], [Jef89, Seite 318], [Hea84] und [Gri89, Seite 279].

[2] [AH07].

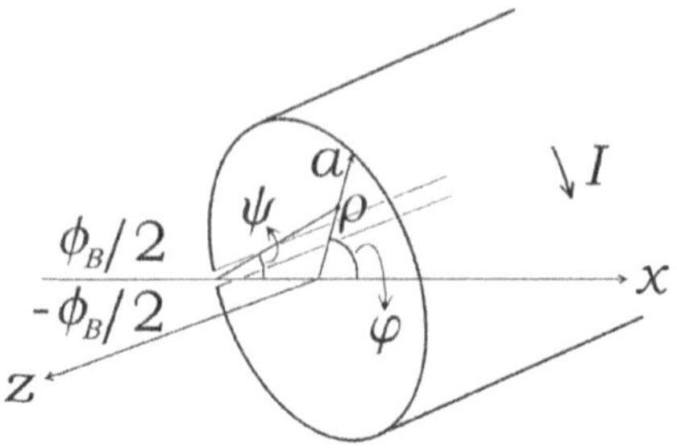

Abbildung 11.1: Konfiguration des Problems.

11.2 Potential und elektrisches Feld

Das Potential innerhalb und außerhalb der Schale erfüllt die Laplace-Gleichung $\nabla^2\phi = 0$.

Die Äquipotentiallinien für diesen Fall sind in Abbildung 11.2 wiedergegeben.

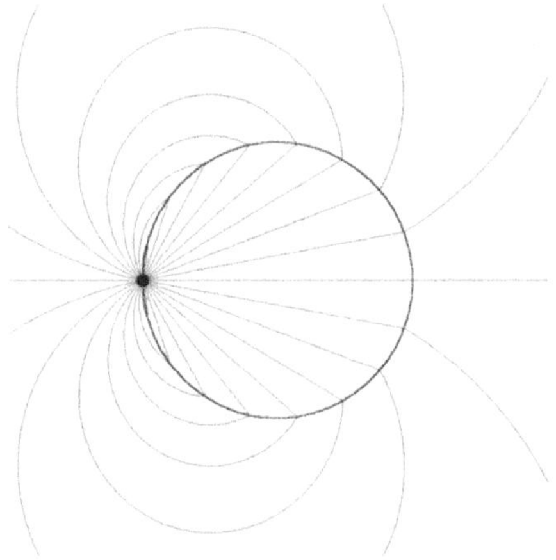

Abbildung 11.2: Äquipotentiallinien. Die Batterie wird durch einen schwarzen Punkt gekennzeichnet.

Die elektrischen Feldlinien als Funktion $\xi(x, y)$ mit $\nabla\xi \cdot \nabla\phi = 0$ ergeben sich mit Hilfe der in Abschnitt 6.5 angegebenen Methode.

Das elektrische Feld ergibt sich direkt aus der Beziehung $\vec{E} = -\nabla\phi$. Abbildung 11.3 zeigt die so bestimmten Linien des elektrischen Feldes.

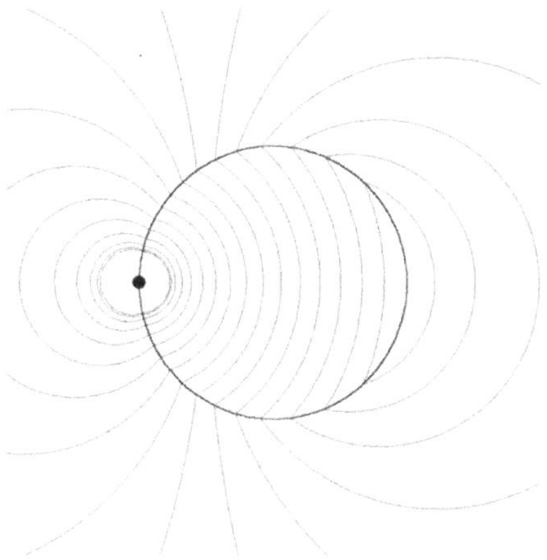

Abbildung 11.3: Linien des elektrischen Feldes. Die Batterie wird durch einen schwarzen Punkt gekennzeichnet.

11.3 Dichte der Oberflächenladungen

Die Dichte der Oberflächenladungen innerhalb und außerhalb der hohlen Schale (d.h. längs der inneren und äußeren Oberfläche) σ_i und σ_o erhält man mit Hilfe des Gaußschen Gesetzes. Beide Dichten haben die gleiche Größe und ergeben sich zu:

$$\sigma_i = \sigma_o = \frac{\varepsilon_0 \phi_B}{2\pi a} \tan\frac{\varphi}{2} = \frac{\varepsilon_0 \phi_B}{2\pi a} \tan\psi \; . \tag{11.2}$$

Die so bestimmte Dichte der Oberflächenladungen wird in graphischer Form in Abbildung 11.4 wiedergegeben.

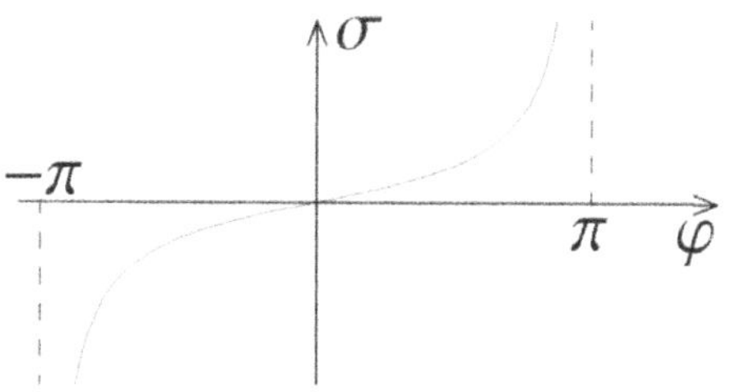

Abbildung 11.4: Dichte der Oberflächenladungen $\sigma \equiv \sigma_i = \sigma_o$ innerhalb und außerhalb der hohlen Schale als Funktion des azimutalen Winkels gemäß Gleichung (11.2), [Hea84].

Die gesamte Ladungsdichte σ_t ergibt sich zu

$$\sigma_t = \sigma_i + \sigma_o = \frac{\varepsilon_0 \phi_B}{\pi a} \tan \frac{\varphi}{2} = \frac{\varepsilon_0 \phi_B}{\pi a} \tan \psi \; . \tag{11.3}$$

Aus Gleichung (11.2) folgt, dass die Dichte der Oberflächenladung in der näheren Umgebung der Batterie nicht länger eine lineare Funktion der longitudinalen Koordinate (in diesem Fall der Bogen $a\varphi$) des ohmschen Leiters ist. Eine lineare Abhängigkeit besteht nur in der Nähe von $\varphi = 0$ rad. Bei Annäherung zur Batterie erfolg ein nichtlinearer Anstieg (d.h. die Dichte ist nicht proportional zu $a\varphi$) (siehe Abbildung 11.4). Diese Abweichung von der Linearität sollte auch für geradlinige Leiter in der Nähe der Batterie auftreten. Diese Aussage wurde 2004 und 2005 bestätigt.[3]

Die für diesen Fall bestimmten Lösungen für das Potential, das elektrische Feld und die Dichte der Oberflächenladungen zeigen, dass verschiedene Funktionen proportional zur EMK der Batterie sind, nämlich sowohl das innere und äußere Potential sowie das elektrische Feld, als auch die Dichte der Ladungen auf der inneren und äußeren Oberfläche. Das heißt, dass diese Größen proportional sind zur Spannung $\phi(\pi) - \phi(-\pi) = \phi_B$ zwischen den Anschlüssen der Batterie. Wenn man in einem Gedankenexperiment davon ausgeht, dass man nacheinander zwei zylindrischen Schalen mit gleichem Radius, aber unterschiedlicher Leitfähigkeit an die gleiche Batterie B anschließt, so wird wegen des verschiedenen Widerstandes ein unterschiedlicher stationärer Strom fließen. In beiden Fällen sind jedoch die externen Potentiale, die elektrischen Felder und die Dichten der Oberflächenladungen unverändert. Diese Überlegung verdeutlicht noch einmal, dass das elektrische Feld außerhalb eines ohmschen stromführenden Leiters proportional zur angelegten Spannung ist. Das Besondere des vorliegenden Falls besteht in der Tatsache, dass hier eine exakte analytische Lösung für alle beteiligten Größen gefunden wurde. Daraus folgt, dass das elektrischen Feld nicht direkt von Strom abhängt, der in dem betreffenden Stromkreis fließt. Wie gezeigt wurde ist das Feld gleich groß, auch wenn unterschiedliche Ströme in Stromkreisen fließen, die an eine Batterie mit gleicher EMK angeschlossen sind. Wegen dieser Proportionalität zur EMK ist es besonders wichtig, mit Hochspannungsquellen zu arbeiten, um die durch das externe Feld erzeugten Wirkungen zu beobachten.

11.4 Zusammengesetzte Widerstände

Heald untersuchte ebenfalls den Fall eines zusammengesetzten Widerstandes, d.h. eines zylindrischen Rohrs mit einem endlichen Widerstand in der Region $-\alpha < \varphi < \alpha$ und ohne Widerstand außerhalb dieser Region.[4]

Die Äquipotentiallinien für den Fall des zusammengesetzten Widerstandes sind in Abbildung 11.5 wiedergegeben.

Die elektrischen Feldlinien werden in Abbildung 11.6 wiedergegeben.

[3] [HCA04] und [HCA05].
[4] [Hea84].

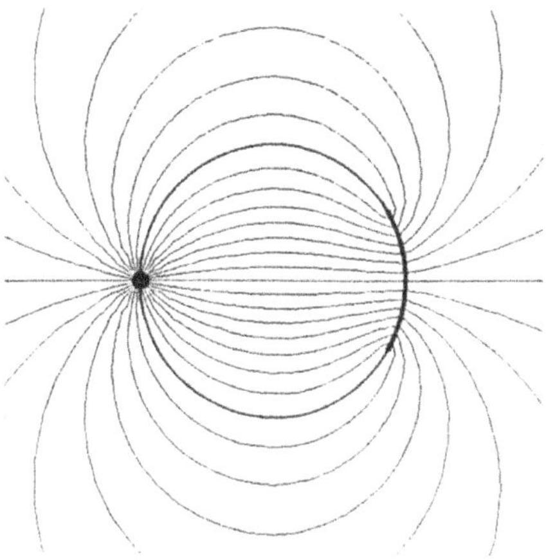

Abbildung 11.5: Äquipotentiallinien für einen zusammengesetzten Widerstand.

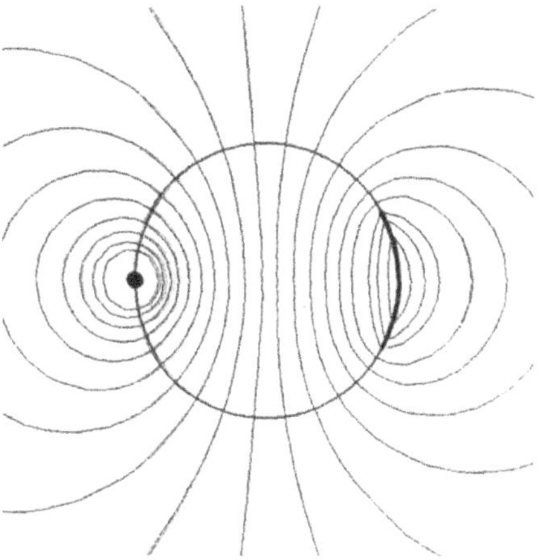

Abbildung 11.6: Elektrischen Feldlinien für einen zusammengesetzten Widerstand.

In diesem Fall divergieren die Dichten der Oberflächenladungen nicht nur in der Nähe der Batterie, sondern auch in der Nähe der Diskontinuität im Widerstandsverhalten des Rohrs (siehe Abbildung 11.7).

Eine weitere qualitative Diskussion von zusammengesetzten Widerständen findet sich in dem Buch von Chabay und Sherwood.[5] Die dort dargestellte Analyse ist äußerst lehr- und hilfreich.

[5][CS02, Sektion 18.6].

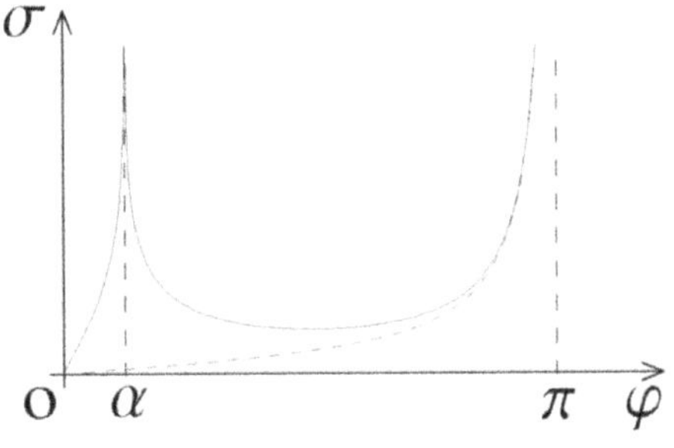

Abbildung 11.7: Dichten von Oberflächenladungen $\sigma \equiv \sigma_i = \sigma_o$ längs der inneren und äußeren Oberfläche eines hohlen zusammengesetzten Widerstandes (durchgezogene Linie) als Funktion des azimutalen Winkels. Die gestrichelte Linie gibt den vorherigen Fall eines uniformen ohmschen Leiters wieder.

Kapitel 12

Ohmsche Kugelschale mit einem azimutalen Strom

12.1 Einführung

Ziel dieses Kapitels ist die Untersuchung einer ohmschen Kugelschale, durch die ein azimutaler Strom fließt.[1] Der mathematische Schwierigkeitsgrad ist nicht all zu groß und liegt zwischen dem der Untersuchung der im vorangegangenen Kapitel behandelten unendlich ausgedehnten zylinderförmigen Schale und dem eines im nächsten Kapitel zu behandelnden Leiters in Form eines Toroids. Der vorliegende Fall ist bedeutsam, da es gelingt, exakte analytische Lösungen für die innere und äußere Verteilung von Oberflächenladungen, für das Potential und für das elektrische Feld anzugeben. Im Vergleich zu den Lösungen für toroidförmige Leiter sind diese Lösungen von einfacherer Form und zeigen eindeutig, dass ein elektrisches Feld im Außenraum eines stromführenden Leiters existiert, der in einem endlichen Raumgebiet eingeschlossen ist. Soweit bekannt ist über diesen Fall bisher nicht berichtet worden. Die mathematischen Ableitungen und Gleichungen finden sich in Kapitel 12 von Assis und Hernandes Buch,[2] während hier nur die Zusammenfassungen vorgestellt werden.

12.2 Beschreibung des Problems

Betrachtet wird eine ohmsche Kugelschale mit Radius a und dem Zentrum im Nullpunkt. Angenommen wird eine linienförmige Batterie längs eines Meridians (wie der Greenwich Meridian), die eine konstante Potentialdifferenz zwischen der rechten und linken Seite aufrechterhält (siehe Abbildung 12.1).

Somit stellt die Batterie einen Halbkreis in der Ebene $y = 0$ dar mit den Enden bei $(x, y, z) = (0, 0, \pm a)$ und dem Mittelpunkt längs des Halbkreises bei

[1] [HA05a].
[2] [AH07].

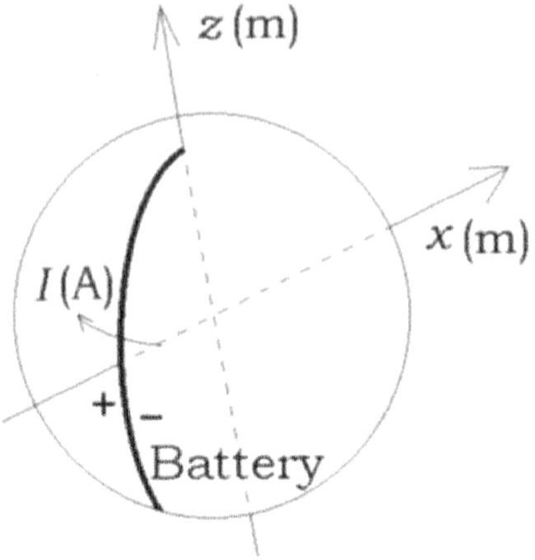

Abbildung 12.1: Eine ohmsche Kugelschale mit Radius a (m) und dem Zentrum im Nullpunkt. Eine lineare ideale Batterie bei $(r, \theta, \varphi) = (a, \theta, \pi)$ erzeugt einen konstanten Strom I (A), der längs der Oberfläche der Schale in azimutaler Richtung $-\hat{\varphi}$ fließt. Die als dickere Linie gekennzeichnete Batterie hat die Form eines Halbkreises.

$(x, y, z) = (-a, 0, 0)$. Unter Verwendung der Kugelkoordinaten (r, θ, φ) befindet sich die Batterie bei (a, θ, π). Es wird weiterhin angenommen, dass die durch die Batterie aufgebrachte Potentialdifferenz nicht von dem polaren Winkel θ abhängt. Die Batterie erzeugt in der Schale einen konstanten Strom in azimutaler Richtung $-\hat{\varphi}$ (siehe Abbildungen 12.1 und 12.2). Im Inneren der Schale sowie im Außenraum wird Luft oder Vakuum angenommen.

Gemäß dem Ohmschen Gesetz ergibt sich das Potential ϕ längs der Oberfläche zu:

$$\phi(a, \theta, \varphi) = \phi_A + \phi_B \frac{\varphi}{2\pi} \; . \tag{12.1}$$

In dieser Gleichung wurde aus Gründen der Allgemeinheit ein konstantes Potential ϕ_A hinzugefügt.

Ziel ist das Auffinden von Lösungen der Laplace-Gleichung $\nabla^2 \phi = 0$ außerhalb und innerhalb der Kugelschale unter Verwendung von Gleichung (12.1) als eine Randbedingung, zusammen mit endlichen Werten für das Potential im Mittelpunkt der Schale sowie im Unendlichen. Das elektrische Feld ergibt sich dann zu $\vec{E} = -\nabla \phi$. Die Bestimmung der radialen Komponente des äußeren und inneren elektrischen Feldes mit $r \to a$ bietet dann als Standardverfahren die Möglichkeit, die Dichte der Oberflächenladungen σ zu bestimmen.

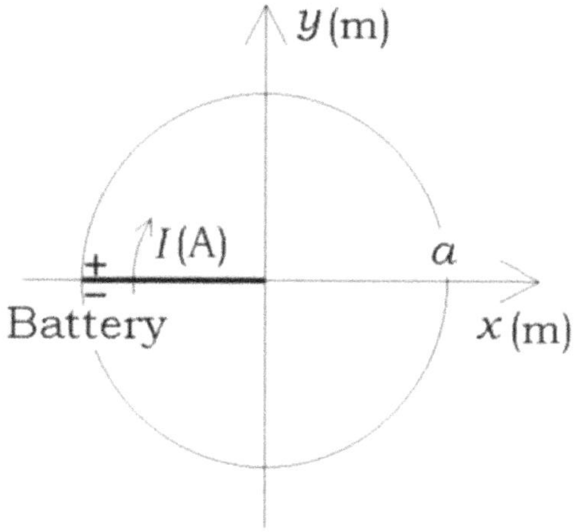

Abbildung 12.2: Projektion einer ohmschen Kugelschale mit Radius a in der Ebene $z = 0$. Die Batterie zeigt sich für $-a \leq x \leq 0$ als gerade Linie (dicke Linie). In dieser Ebene fließt der Strom im Uhrzeigersinn $-\hat{\varphi}$.

12.3 Allgemeine Lösung

Das elektrische Potential wird bestimmt unter Verwendung von Kugelkoordinaten.

Abbildung 12.3 zeigt die Äquipotentiallinien in der Ebene $z = 0$ der Kugelschale mit $\phi_A = 0$ (ohne Ladungen im Innern der Schale). Der Strom fließt im Uhrzeigersinn. Der Umfang (fett) repräsentiert die Schale. Die Linien des elektrischen Feldes, die senkrecht zu diesen Äquipotentiallinien verlaufen, befinden sich in der Ebene $z = 0$.

Abbildung 12.4 zeigt die Äquipotentiallinien in der Ebene $x = 0$. Der Strom fließt senkrecht zur Papierebene von der linken zur rechten Seiten des hervorgehobenen Umfangs. Es gilt $\phi_A = 0$. In diesem Fall befinden sich die elektrischen Feldlinien nicht in der Ebene (E_φ oder E_x sind in der gesamten Ebene nicht gleich Null).

Abbildung 12.5 zeigt die gesamte Dichte der Oberflächenladungen σ_t in der Äquatorialebene als Funktion des normierten Azimutwinkels φ, bezogen auf seinen Wert bei σ_t für $\varphi = \pi/4$ rad.

Die in der Abbildung 12.5 zu sehenden oszillierenden Werte von $\sigma_t(\varphi)$ sind wahrscheinlich dadurch bedingt, dass σ_t proportional ist zu der radialen Komponente des elektrischen Feldes, die durch Differenzieren einer Fourier-Reihe erhalten wurde. Wie bekannt treten solche Konvergenzprobleme manchmal auf, wenn Fourier-Reihen differenziert werden. Durch Erhöhung der Zahl der Glieder in der Fourier-Reihe von σ_t werden nur die Zahl der Oszillationen in der entsprechenden Kurve erhöht.

Es gelingt nicht, eine geschlossenen analytische Form für die Lösungen der

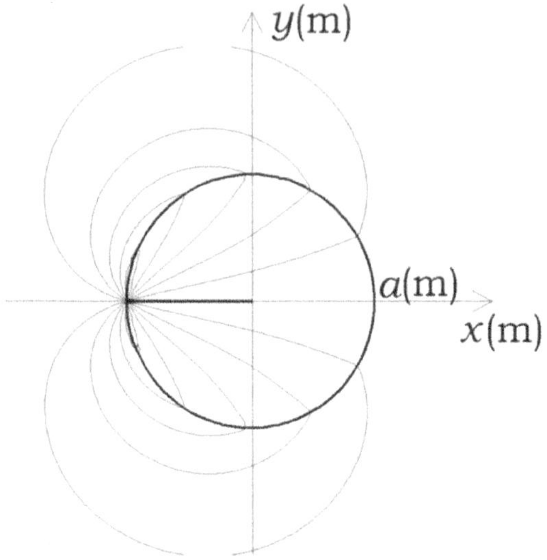

Abbildung 12.3: Äquipotentiallinien in der Ebene $z = 0$. Die ohmsche Kugelschale führt einen Strom im Uhrzeigersinn. Der hervorgehobene Umfang repräsentiert die Schale. Die Projektion der Batterie wird durch die gerade Linie (fett) von $x = -a$ bis $x = 0$ wiedergegeben. Das elektrische Feld weist keine z-Komponente auf, so dass die Linien des elektrischen Feldes in dieser Ebene senkrecht zu den Äquipotentiallinien verlaufen.

Dichte der Oberflächenladung als Reihe anzugeben. Jedoch erhält man das Ergebnis von Abbildung 12.6 durch Verwendung der Mittelwertbildung. Die Ausbuchtungen um $\varphi = \pm\pi/2$ rad herum sind wohl nur numerische Näherungen ohne physikalische Bedeutung, während die reale Kurve einen glatten Verlauf haben sollte. Abbildung 12.6 zeigt, dass $\sigma_t(\varphi)$ in größerer Entfernung von der Batterie (d.h. in der Umgebung von $\varphi = 0$ rad) linear mit φ verläuft und in der Nähe der Batterie divergiert (mit $\varphi \to \pm\pi$ rad). Dies ist das wichtige physikalische Resultat.

12.4 Zusammenfassung

Für eine ohmschen Kugelschale mit einem azimutalen Strom ergaben sich Lösungen für die Dichte der Oberflächenladungen σ, für das Potential ϕ und das innere und äußere elektrische Feld $\vec{E}$. Dargestellt wurde die gesamte Dichte der Oberflächenladung als Funktion des Azimut-Winkels φ. Dabei zeigt sich in größerer Entfernung der Batterie ein linearer Verlauf von σ_t in Abhängigkeit von φ, während es bei Annäherung an die Batterie unbegrenzt ansteigt. In großer Entfernung zur Schale entspricht das Potential dem einer Punktladung plus dem eines elektrischen Dipols. Die Gesamtladung q und das Dipolmoment $\vec{p}$ dieses Systems wurden ebenfalls berechnet. Alternativ hierzu können diese

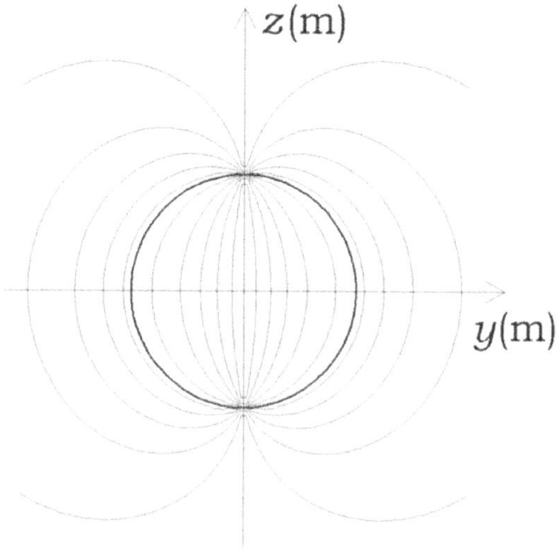

Abbildung 12.4: Äquipotentiallinien in der Ebene $x = 0$ der Kugelschale mit $\phi_A = 0$. Der hervorgehobene Umfang repräsentiert die Schale. Der Strom fließt senkrecht zur Papierebene von der linken zur rechten Seiten des dick gezeichneten Umfangs.

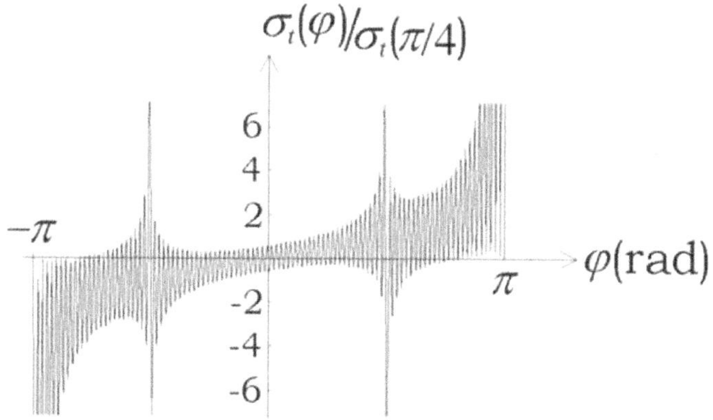

Abbildung 12.5: Gesamte Dichte der Oberflächenladung $\sigma_t(\varphi)$ als Funktion des Azimutwinkels φ in der Äquatorialebene $z = 0$ einer ohmschen Kugelschale, durch die in azimutaler Richtung ein konstanter Strom fließt, normalisiert durch seinen Wert bei $\varphi = \pi/4$ rad.

Größe auch bestimmt werden mit Hilfe von $q = \int\int \sigma \, da$ und $\vec{p} = \int\int \sigma \, \vec{r} \, da$, mit da als Flächenelement und mit der Integration über die Oberfläche des Systems. Wie zu erwarten stimmen diese beiden Verfahren im Ergebnis überein.

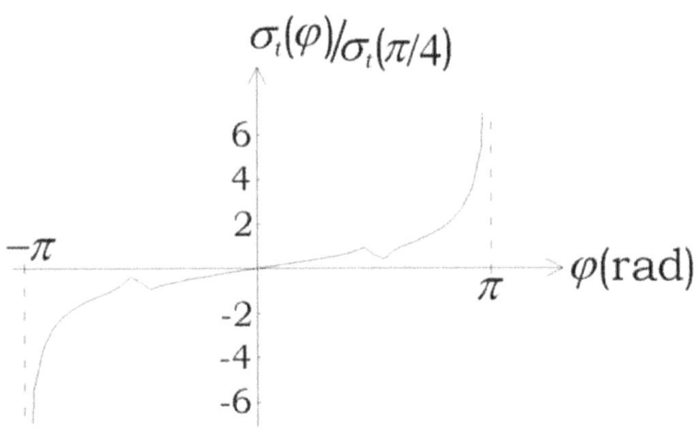

Abbildung 12.6: Geglättete Kurven von Abbildung 12.5.

Kapitel 13

Ohmscher ringförmiger Leiter mit azimutalem Strom

13.1 Einführung

Die in diesem Kapitel aufgeführten Rechnungen wurde 2003 und 2004 veröffentlicht.[1] Im folgenden werden nur die Ergebnisse aus Kapitel 13 von Assis und Hernandes Buch,[2] vorgestellt. Alle zugehörigen mathematischen Ableitungen und Gleichung sind dort zu finden.

So weit bekannt hat bisher nur Weber 1852 versucht, das elektrische Feld innerhalb eines ringförmigen stromführenden Leiter zu berechnen, das durch Oberflächenladungen erzeugt wird (siehe Anhang A).[3]

Gesucht wird eine Lösung für das Potential in Bezug auf einen auf ein bestimmtes Raumgebiet begrenzten Strom, der seinerseits ein elektrisches Feld im Außenraum des ohmschen Leiters erzeugt. Der einzige Autor, der eine vollständige Lösung dieses Problems für einen auf ein endliches Volumen begrenzten Strom vorgestellt hat (außer dem im vorherigen Kapitel vorgestellten Fall) ist Jackson,[4] der ein Koaxialkabel endlicher Länge berechnete. Allerdings verwendete Jackson als Rücklauf ein Kabel mit Widerstand Null und erhielt deshalb nur ein elektrisches Feld innerhalb des Kabels und kein elektrisches Feld im Außenraum.

[1] [HA03a] und [HA04].
[2] [AH07].
[3] [Web52].
[4] [Jac96].

13.2 Beschreibung des Problems

Gegeben sei ein ringförmiger ruhender ohmscher Leiter (größerer Radius R_0 und kleiner Radius r_0) mit einem konstanten Strom I, der gleichmäßig über der Länge $2\pi R_0$ des Leiters verteilt ist. Angenommen wird ein Leiter mit homogener Leitfähigkeit und einem Strom in azimutaler Richtung. Der Ring sei zentriert in der $z = 0$ Ebene mit z als Symmetrieachse. Eine Batterie wird postuliert bei $\varphi = \pi$ rad, die an ihren Enden eine konstante Potentialdifferenz aufrechterhält (siehe Abbildung 13.1). Zu Beginn wird die Batterie als ideal mit vernachlässigbarer Dichte angenommen. In einer späteren Rechnung wird ein endliches Volumen der Batterie einbezogen. Im Außenraum des Leiters sei Luft oder Vakuum.

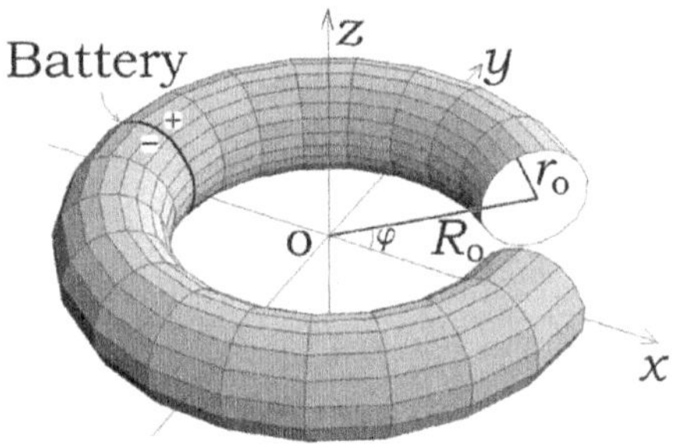

Abbildung 13.1: Ein ringförmiger ohmscher Leiter mit z als Symmetrieachse, mit kleinerem Radius r_0 und größerem Radius R_0. Eine dünne Batterie befindet sich bei $\varphi = \pi$ rad und hält eine konstante Potentialdifferenz an ihren beiden Enden aufrecht (angedeutet durch die + und - Zeichen). Ein konstanter azimutaler Strom fließt im Uhrzeigersinn in dem Ringkreis von $\varphi = \pi$ rad nach $\varphi = -\pi$ rad.

Das Ziel besteht darin, das Potential ϕ im gesamten Raum zu bestimmen, mit dem Potential auf der Oberfläche des Leiters als Randbedingung. Das hier zu behandelnde Problem kann auf zwei Fälle angewendet werden: (a) der Ring ist ein homogener Vollkörper und die Batterie ist eine Scheibe (siehe Abbildung 13.2 (a)); und (b) der Ring ist hohl und die Batterie ist ringförmig (siehe Abbildung 13.2 (b)). Die Symmetrie des Problems legt die Verwendung von toroidalen Koordinaten (η, χ, φ) nahe. Diese Koordinaten wurde von Neumann eingeführt,[5] der die Verteilung von Oberflächenladungen auf einem metallischen Ring untersuchte, der sich auf einem konstanten Potential befand.[6]

[5] [Neu64].
[6] [Web65, Seite 516].

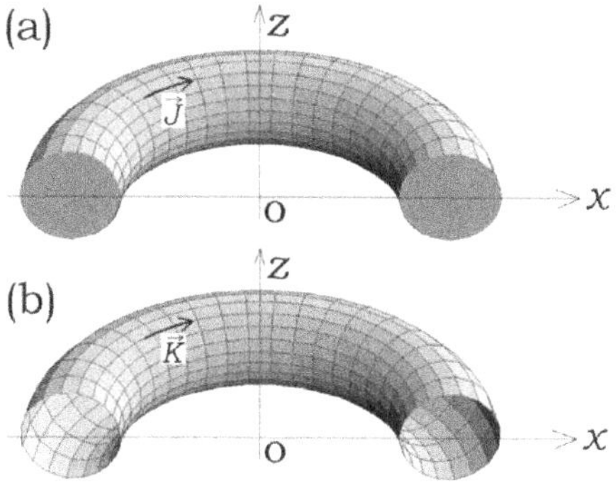

Abbildung 13.2: Zwei Fälle werden betrachtet: (a) ein ringförmiger Leiter als Vollkörper mit einem azimutalen Strom der Volumendichte $\vec{J}$ über den gesamten Querschnitt; (b) ein hohler ringförmiger ohmscher Leiter mit einem azimutalem Strom der Flächendichte $\vec{K}$ über den gesamten Umfang $2\pi r_0$ des hohlen ringförmigen Körpers.

13.3 Lösung für einen konstanten azimutal ausgerichteten Strom

Die Oberfläche des Rings als Toroid wird in toroidalen Koordinaten mit konstantem η_0 beschrieben. Zu untersuchen ist der Fall eines konstanten Stromes, der in azimutaler Richtung φ längs des ohmschen Toroids fließt. Daher kann angenommern werden, dass das Potential längs der Oberfläche des Toroids linear in φ ist, mit $\phi(\eta_0, \chi, \varphi) = \phi_A + \phi_B \varphi / 2\pi$. Dieses Potential kann in eine Fourier Reihe nach φ entwickelt werden:

$$\phi(\eta_0, \chi, \varphi) = \phi_A + \phi_B \frac{\varphi}{2\pi} = \phi_A + \frac{\phi_B}{\pi} \left[\sum_{q=1}^{\infty} \frac{(-1)^{q-1}}{q} \sin(q\varphi) \right] . \qquad (13.1)$$

Abbildung 13.3 zeigt die Fourier-Entwicklung für das Potential längs der Leiteroberfläche als Funktion von φ. Die Oszillationen in der Nähe von $\varphi = \pm\pi$ rad sind bedingt durch die Fourier-Reihe mit einer endlichen Anzahl von Gliedern. Das Überschießen ist als Gibbs Phänomen bekannt, eine Besonderheit der Fourier-Reihe bei einer einfachen Diskontinuität.[7]

Es wird angenommen, dass das Potential innerhalb des vollen ringförmigen ohmschen Leiters (das heißt, für $\eta > \eta_0$, Abbildung 13.2a), ebenfalls gegeben ist durch Gleichung (13.1):

$$\phi(\eta > \eta_0, \chi, \varphi) = \phi_A + \phi_B \frac{\varphi}{2\pi} . \qquad (13.2)$$

[7] [AW95, Seiten 783–787].

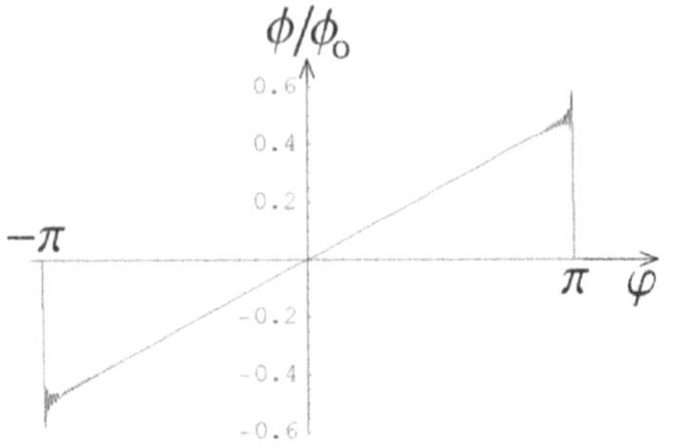

Abbildung 13.3: Fourier-Entwicklung des Potentials entlang des Leiteroberfläche als Funktion des Azimutwinkels φ (Gleichung (13.1)), mit $\phi_A = 0$ und $\phi_B = \phi_0$.

Das elektrische Feld innerhalb des Toroids als Vollkörper kann sehr einfach in Zylinderkoordinaten (ρ, φ, z) ausgedrückt werden als:

$$\vec{E} = -\nabla\phi = -\frac{\phi_B}{2\pi\rho}\hat{\varphi} \ . \tag{13.3}$$

Dieses elektrische Feld führt wegen $\nabla \cdot \vec{E} = 0$ zu keiner Anhäufung von Ladungen innerhalb eines Leiters als Vollkörper.

Dies sind sinnvolle Ergebnisse. Das Potential erfüllt, wie erwartet, die Laplace-Gleichung $\nabla^2\phi = 0$. Das elektrische Feld ist umgekehrt proportional zum Abstand $\rho = \sqrt{x^2 + y^2}$ von der z-Achse. Dies war zu erwarten, da ein Leiter mit konstanter Leitfähigkeit angenommen wurde. Die Potentialdifferenz $\Delta\phi$, die von der Batterie bei $\varphi = \pi$ rad aufgebracht wird, kann in Beziehung gesetzt werden zu dem azimutalen elektrischen Feld durch ein lineares Integral:

$$\Delta\phi = -\int_{\varphi=\pi}^{-\pi} \vec{E} \cdot d\vec{\ell} = -E_\varphi 2\pi\rho \ . \tag{13.4}$$

Hier ist ρ der Radius des kreisförmigen Integrationsweges mit dem Zentrum auf der z-Achse und lokalisiert entweder innerhalb oder längs der Oberfläche des Torroids. Dies zeigt, dass E_φ umgekehrt proportional zu ρ ist, wie Gleichung (13.3) zeigt. Der Vergleich von Gleichungen (13.3) und (13.4) ergibt:

$$\Delta\phi = \phi_B \ . \tag{13.5}$$

Aus dem Ohmschen Gesetz $\vec{J} = g\vec{E}$ (mit g als homogene Leitfähigkeit des Drahtes) folgt, dass $\vec{J}$ ebenfall umgekehrt proportional ist zum Abstand ρ von der z-Achse und zwar innerhalb eines vollen homogenen ringförmigen Leiters.

Es folgt die Lösung für den Außenraum des Leiters, die sowohl für den vollen als auch für den hohlen Toroid gilt.

Abbildung 13.4 zeigt die Äquipotentiallinien eines vollen Toroids auf der Ebene $z = 0$, mit $\phi_A = 0$ und $\phi_B = \phi_0$. Verwendet wurde für die toroidale Oberfläche der Wert $\eta_0 = 2.187$.

Abbildung 13.5 zeigt die Äquipotentiallinien eines vollen Toroids in der Ebene $x = 0$ (senkrecht zum Strom), ebenfalls mit $\phi_A = 0$, $\phi_B = \phi_0$, $R_0 = 1$ und $\eta_0 = 2.187$.

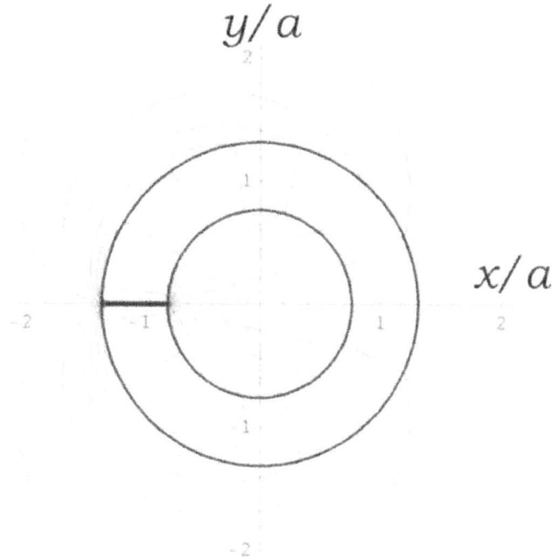

Abbildung 13.4: Äquipotentiallinien für einen vollen ohmschen toroidförmigen Leiter in der Ebene $z = 0$. Die hervorgehobenen Kreisumfänge repräsentieren die Ränder des Toroids. Der Strom fließt in azimutaler Richtung von $\varphi = \pi$ rad nach $\varphi = -\pi$ rad. Die dünne Batterie befindet sich auf der linken Seite ($\varphi = \pi$ rad). Verwendet wurde $R_0 = 1$ und $\eta_0 = 2.187$.

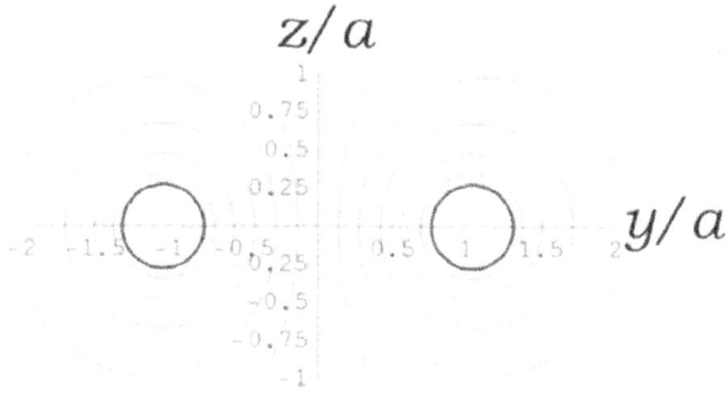

Abbildung 13.5: Äquipotentiallinien in der Ebene $x = 0$ für einen vollen ohmschen toroidförmigen Leiter mit einem azimutal ausgerichteten Strom, mit $\phi_A = 0$ und $\phi_B = \phi_0$. Der hervorgehobene Kreisumfang repräsentiert die Leiteroberfläche. Verwendet wurde $R_0 = 1$ und $\eta_0 = 2.187$.

13.4 Näherung für einen dünnen Toroid

Gegeben sei ein sehr dünner Toroid mit dem größeren Radius

$$R_0 = a\frac{\cosh \eta_0}{\sinh \eta_0} \approx a \ , \tag{13.6}$$

und dem kleineren Radius $r_0 = a/\sinh \eta_0$, mit $r_0 \ll R_0$ (siehe Abbildung 13.1). Die Oberfläche des Toroids stellt sich dar als $\eta_0 \gg 1$ und entsprechend $\cosh \eta_0 \gg 1$.

Abbildung 13.6 zeigt die Dichte der Oberflächenladungen σ als Funktion des Azimutwinkels φ. Es zeigt sich ein linearer Zusammenhang zwischen σ und φ in der Nähe von $\varphi = 0$ rad. Bei Annäherung an die Batterie geht σ gegen unendlich (das heißt, $\sigma \to \infty$ für $\varphi \to \pm\pi$ rad). Soweit bekannt war Weber im Jahr 1852 der Erste, der korrekterweise feststellte, dass die Dichte von Oberflächenladungen in einem stromführenden ohmschen Ring bei Annäherung an die Batterie mit dem Azimuwinkel ansteigt und zwar stärker als linear (siehe Anhang A).

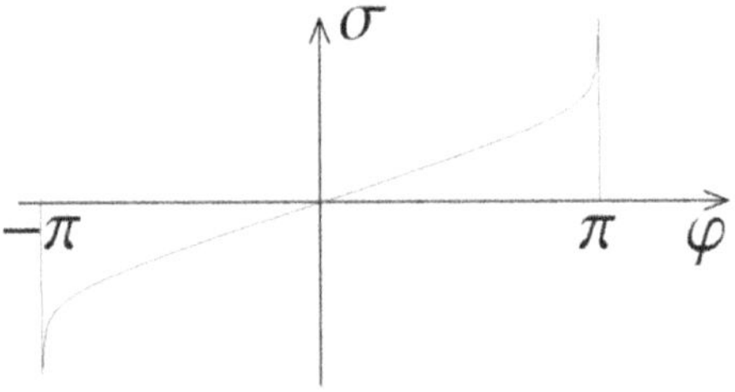

Abbildung 13.6: Die Dichte der Oberflächenladungen als Funktion des Azimutwinkels φ mit $\phi_A = 0$ und $\eta_0 = 10$ ($R_0/r_0 = 1.1 \times 10^4$). Der Zusammenhang mit φ ist linear für $\varphi \approx 0$ rad, aber strebt bei Annäherung an die Batterie gegen Unendlich.

Für die tangentiale Komponente des elektrischen Feldes E_φ auf der Oberfläche eines dünnen Toroids ergibt sich:

$$E_\varphi(\eta_0 \gg 1) = -\frac{\phi_B}{2\pi a} = -\frac{\sigma_B}{2\pi\varepsilon_0 \sinh \eta_0 g(\eta_0)} \ . \tag{13.7}$$

Wie im Anhang gezeigt wird, hat Weber als erster ein analoges Ergebnis festgestellt. Sein Ansatz zur Behandlung dieses Problems führte zu Gleichung (A.26) als Ausdruck für die tangentiale Komponente des elektrischen Feldes für einen sehr dünnen Toroid, nämlich:

$$E_\varphi(\eta_0 \gg 1) \approx -\frac{r_0\sigma_B}{2\pi\varepsilon_0 R_0}\left(\ln\frac{8R_0}{r_0} - \frac{\pi}{2}\right) \ . \tag{13.8}$$

Durch Vergleich von Gleichungen (13.7) und (13.8) für einen sehr dünnen Toroid ($\eta_0 \gg 1$, $a \approx R_0$, $\sinh \eta_0 = a/r_0 \approx R_0/r_0$) kann nun versucht werden, $g(\eta_0)$ wie folgt anzupassen:

$$g(\eta_0) \equiv \frac{1}{\ln(R_0/r_0) + K_0} \ . \tag{13.9}$$

Die durch diese Gleichung definierte Konstante K_0 sollte eine Funktion von η_0 sein. Gemäß der Gleichungen (13.7) und (13.8) für $\eta_0 \to \infty$, sollte K_0 sich dem Wert $\ln 8 - \pi/2 = 0.509$ annähern.

Gleichung (13.10) gibt die Anpassung für $g(\eta_0)$ nach der Methode der kleinsten Quadrate wieder mit 10000 Summengliedern und einer Variation von φ von $-\pi/100$ rad bis $\pi/100$ rad sowie einer Schrittgröße von $\pi/10000$ rad. In der letzten Spalte wird für jeden Wert von $g(\eta_0)$ der entsprechende Wert für K_0 aus Gleichung (13.9) angegeben.

$$\begin{bmatrix} \eta_0 & R_0/r_0 & g(\eta_0) & K_0 \\ 12.206 & 10^5 & 0.0830051 & 0.534 \\ 23.719 & 10^{10} & 0.0424678 & 0.521 \\ 35.232 & 10^{15} & 0.0285259 & 0.517 \\ 46.745 & 10^{20} & 0.0214746 & 0.515 \\ 69.771 & 10^{30} & 0.0143698 & 0.513 \\ 92.797 & 10^{40} & 0.0107974 & 0.511 \\ 115.822 & 10^{50} & 0.00864749 & 0.511 \\ 230.952 & 10^{100} & 0.00433335 & 0.510 \\ 461.21 & 10^{200} & 0.00216907 & 0.510 \end{bmatrix} \tag{13.10}$$

Tabelle (13.10) zeigt, wie zu erwarten, $K_0 \to \ln 8 - \pi/2$, wenn der Ansatz von Weber zur Behandlung dieses Problems angewendet wird (siehe Anhang A). Unter dieser Annahme kann die Dichte von Oberflächenladungen für einen dünnwandigen Toroid angenähert geschrieben werden als:

$$\sigma(\eta_0 \gg 1, \chi, \varphi \ll \pi) \approx \sigma_A + \sigma_B \frac{\varphi}{2\pi}$$

$$\approx \frac{\varepsilon_0}{r_0} \frac{\phi_A}{\ln(8R_0/r_0)} + \frac{\varepsilon_0}{r_0} \frac{\phi_B}{\ln(R_0/r_0) + \ln 8 - \pi/2} \frac{\varphi}{2\pi} \ . \tag{13.11}$$

13.5 Vergleich mit experimentellen Ergebnissen

Die Abbildung 13.4 kann mit den experimentellen Ergebnissen von [Jef62, Abbildung 3] verglichen werden, die hier in Abbildung 13.7 wiedergegeben werden, zusammen mit Abbildung 13.4 als Überlagerung. Die hier bestimmten Äquipotentiallinien verlaufen senkrecht zu den elektrischen Feldlinien. Es zeigt sich eine zufriedenstellende Übereinstimmung zwischen Theorie und Experiment

Um eine bessere Passung zwischen den Daten zu erreichen, kann eine ausgedehnte Batterie eingeführt werden. Wie aus der Veröffentlichung zu erkennen ist, hat Jefimenko für zwei Abschnitte seines leitenden Streifens eine Flüssigkeit mit deutlich höherer Leitfähigkeit verwendet als für den Rest des Streifens. Diese Abschnitte, die sich bei $-\varphi_j < \varphi < -\varphi_i$ und $\varphi_i < \varphi < \varphi_j$ befinden, erhalten ein gegensätzliches Potential. Unter der Annahme, dass diese Abschnitte keinen

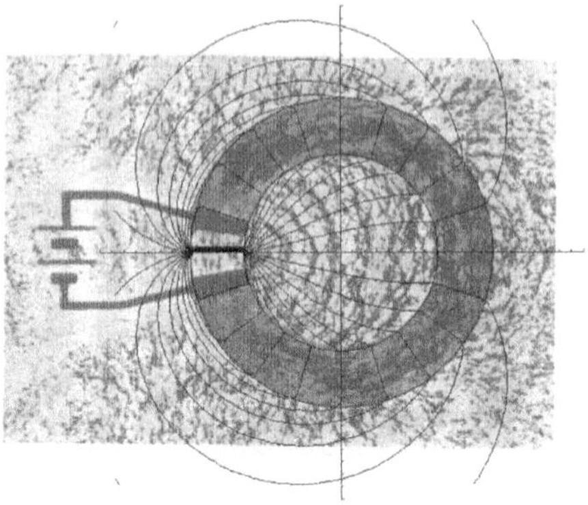

Abbildung 13.7: Theoretische Äquipotentiallinien von Abbildung 13.4, überlagert mit den von Jefimenko experimentell gefundenen Linien des elektrischen Feldes. Die Äquipotentiallinien verlaufen senkrecht zu den elektrischen Feldlinien.

Widerstand besitzen, kann das Potential innerhalb und längs der Oberfläche des Toroids in analytischer Weise modelliert werden als:

$$\phi(\eta \geq \eta_0, \chi, \varphi) = \begin{cases} -\phi_B \frac{\varphi_i}{2\pi} \frac{\pi+\varphi}{\pi-\varphi_j}, & -\pi < \varphi < -\varphi_j \ , \\ -\phi_B \varphi_i / 2\pi, & -\varphi_j < \varphi < -\varphi_i \ , \\ \phi_B \varphi / 2\pi, & -\varphi_i < \varphi < \varphi_i \ , \\ \phi_B \varphi_i / 2\pi, & \varphi_i < \varphi < \varphi_j \ , \\ \phi_B \frac{\varphi_i}{2\pi} \frac{\pi-\varphi}{\pi-\varphi_j}, & \varphi_j < \varphi < \pi \ . \end{cases} \tag{13.12}$$

Zu bemerken ist, dass das durch Gleichung (13.12) wiedergegebene Potential nicht mehr wie bisher eine Diskontinuität bei $\varphi = \pi$ rad aufweist. Das Potential hat einen linearen Verlauf zwischen $\varphi = -\varphi_i$ und $\varphi = \varphi_i$, ist konstant für $-\varphi_j < \varphi < -\varphi_i$ und $\varphi_i < \varphi < \varphi_j$, und ist wiederum linear für $-\pi$ rad $< \varphi < -\varphi_j$ und für $\varphi_j < \varphi < \pi$ rad. Die Randbedingung Gleichung (13.1) wurde ersetzt durch:

$$\phi(\eta_0, \chi, \varphi) = \frac{\phi_B}{\pi} \left\{ \sum_{q=1}^{\infty} \frac{\sin(q\varphi)}{q^2} \left[\frac{\sin(q\varphi_j)}{\pi - \varphi_j} + \frac{\sin(q\varphi_i)}{\varphi_i} \right] \right\} . \tag{13.13}$$

Abbildung 13.8 gibt das Potential von Gleichung (13.13) wieder mit den Werten $\varphi_i = 9\pi/10$ rad $= 2.83$ rad und $\varphi_j = 17\pi/18$ rad $= 2.97$ rad. Abbildung 13.9 zeigt die Äquipotentiallinien in der Ebene $z = 0$. Abbildung 13.10 zeigt die Ergebnisse von Jefimenkos Experiment mit Abbildung 13.9 als Überlagerung. Es zeigt sich eine bessere Übereinstimmung als in Abbildung 13.7.

Trotz dieser Übereinstimmung sollte erwähnt werden, dass Jefimenko in seinem Experiment einen auf eine Glasplatte aufgebrachten leitenden Streifen verwendet hat. Auf der anderen Seite beziehen sich die experimentellen Ergebnisse

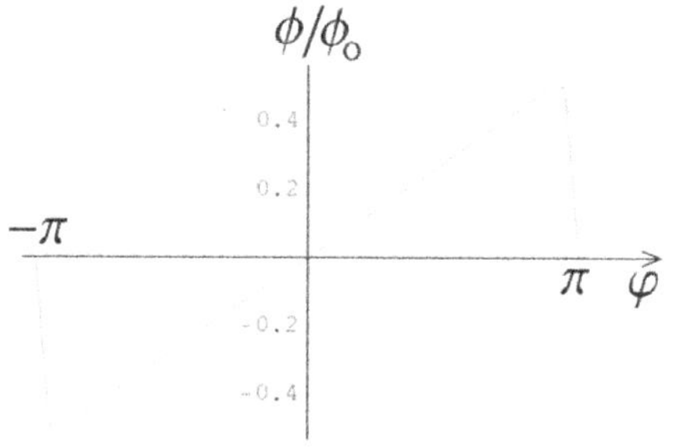

Abbildung 13.8: Fourier-Entwicklung des Potential längs der Leiteroberfläche als Funktion des Azimutwinkels φ, Gleichung (13.13), mit $\phi_B = \pi\phi_0/\varphi_i$. Im Vergleich dieser Abbildung mit Abbildung 13.3 erkennt man, dass das Potential nun stetig ist für 0 rad $\leq \varphi \leq 2\pi$ rad und Oszillationen und Überschießen nicht mehr auftreten. Benutzt wurde $\varphi_i = 9\pi/10$ rad $= 2.83$ rad und $\varphi_j = 17\pi/18$ rad $= 2.97$ rad.

von Abbildungen 13.4 und 13.9 auf eine äquatoriale Ebene durch einen dreidimensionalen Toroid. In Kapitel 3 dieses Buches wurde gezeigt, wie Jefimenko, Barnett und Kelly, die Äquipotentiallinien im Innern und im Außenraum eines hohlen quaderförmigen Leiters bestimmt haben, durch den ein konstanter Strom fließt. Sofern in Zukunft ein entsprechendes Experiment mit einem ringförmigen Leiter durch geführt wird, wird möglicherweise im Vergleich mit den obigen Daten eine noch bessere Übereinstimmung zwischen Theorie und Experiment zu erreichen sein.

Die Lösung innerhalb und entlang der Oberfläche des vollen festen Toroids ergibt nur ein azimutales elektrisches Feld, nämlich $|E_\varphi| = \Delta\phi/2\pi\rho$. Wegen der Krümmung des Leiters muß aber auch eine von der z-Achse abweichende Komponente von $\vec{E}$, E_ρ, angenommen werden. Diese Komponente wird aufgrund ihrer extrem kleinen Größenordnung im Vergleich mit der azimutale Komponente E_φ im folgenden vernachlässigt. Zur Begründung wird ein einzelnes Leitungselektron der Ladung $-e$ und der Masse m betrachtet, das mit der Geschwindigkeit v_d auf einer Kreisbahn mit Radius ρ und z-Achse als Zentrum entlang driftet. Im stationären Zustand ergibt sich eine Umverteilung der Ladung längs des Ringquerschnitts, wodurch ein elektrisches Feld E_ρ erzeugt wird, das seinerseits eine Zentripetalkraft auf die Leitungselektronen ausübt. Mit Hilfe des zweiten Newtonschen Gesetzes kann die Kraft eE_ρ berechnet werden durch Multiplikation der Masse des Elektrons mit der Radialbeschleunigung. Damit ergibt sich $eE_\rho = mv_d^2/\rho$. Mit den Werten für einen typischen Kupferdraht ($r_0 = 8.14 \times 10^{-4}$ m) von 1 m Länge, der zu einem Kreis mit Radius $R_0 = \rho = (1/2\pi)$ m $= 1.59 \times 10^{-1}$ m gebogen ist und einem Strom von 1 A erhält man eine Driftgeschwindigkeit von $v_d = 3.55 \times 10^{-5}$ m/s. Der Widerstand des Drahtes beträgt 8.13×10^{-3} Ω und die durch die Batterie aufgebrachte Potentialdifferenz beträgt $\Delta\phi = 8.13 \times 10^{-3}$ V. Hieraus folgt $E_\varphi = 8.13 \times 10^{-3}$ V/m und $E_\rho = 4.5 \times 10^{-20}$ V/m. Somit gilt $E_\rho \ll E_\varphi$, und

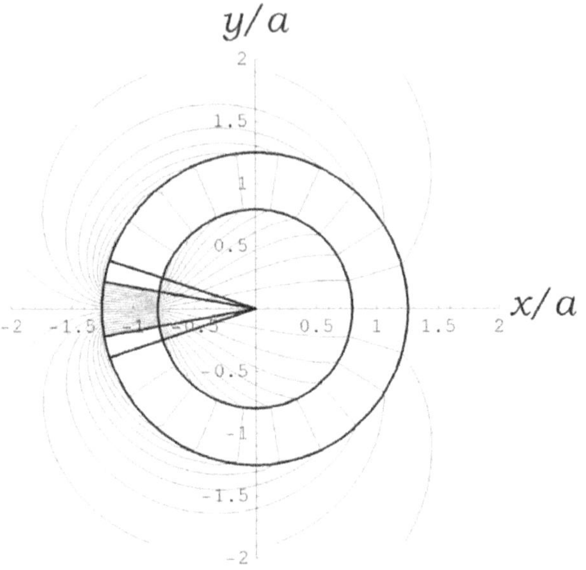

Abbildung 13.9: Äquipotentiallinien in der Ebene $z = 0$ für einen ohmschen ringförmigen Leiter, durch den ein konstanter azimutal gerichteter Strom fließt, mit Gleichung (13.13) als Randbedingung und $\phi_B = \pi\phi_0/\varphi_i$. Die hervorgehobenen Umfänge stellen die Leiteroberflächen dar und die hervorgehobenen geraden Linien repräsentieren die Winkel $\varphi = \pm\varphi_i = \pm 9\pi/10$ rad $= 2.83$ rad und $\varphi = \pm\varphi_j = \pm 17\pi/18$ rad $= 2.97$ rad. Eingesetzt wurde $\eta_0 = 2.187$.

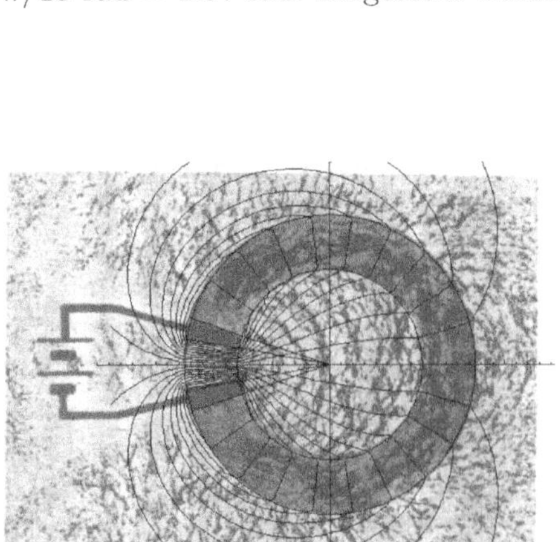

Abbildung 13.10: Jefimenkos Experimente mit Abbildung 13.9 als Überlagerung - die Äquipotentiallinien verlaufen senkrecht zu den elektrischen Feldlinien.

es zeigt sich, dass die E_ρ-Komponente des elektrischen Feldes gegenüber der E_φ-Komponente zu vernachlässigen ist.

Wie in Abschnitt 6.4 gezeigt wurde, erzeugt ein ruhender homogener stromführender Leiter in seinem Innern eine Umverteilung der Ladung. Diese Ladungsverteilung erzeugt ein radial gerichtetes elektrisches Feld innerhalb des Leiters. Im stationären Zustand ergibt sich somit eine elektrische Kraft, die auf jedes einzelne Leitungselektron einwirkt und neutralisiert wird durch eine magnetische Kraft, hervorgerufen durch die Bewegung aller anderen Leitungselektronen, dem radialen Halleffekt. Jedoch ist dieses elektrische Feld sehr klein (10^{-5} kleiner als das elektrische Feld, das den Stromfluß aufrecherhält, wobei ein typischer Kupferdraht von 1 mm Durchmesser und eine Driftgeschwindigkeit von 4×10^{-3} m/s angenommen wird). Aus diesem Grund wurde dieses elektrische Feld und die daraus folgende Ladungsumverteilungen in der durchgeführten Rechnung vernachlässigt.

13.6 Zusammenfassung

In diesem Kapitel wurde eine Lösung für das Potential innerhalb und außerhalb eines ohmschen ringförmigen Leiter vorgestellt, in dem ein konstanter Strom in azimutaler Richtung fließt. Der Strom fließt in einem endlichen Raumgebiet und die hier erhaltene Lösung zeigt, dass ein elektrisches Feld außerhalb des Leiters existiert. Die theoretischen Berechnungen wurden mit den experimentellen Ergebnissen verglichen und zeigen eine sehr gute Übereinstimmung. Weiterhin wurde die Verteilung von Ladungen längs der Oberfläche stromführender Leiter bestimmt, ein Thema, das zuerst von Wilhelm Weber vor 150 Jahren untersucht wurde (siehe Anhang). Weber führte die ersten quantitativen Rechnungen zu diesem Problem durch, ein Faktum, dass in all den vielen Jahren vergessen wurde. Dieses Kapitel kann als Erfüllung eines Weberschen Ziels angesehen werden, nämlich die Ableitung der Verteilung von Oberflächenladungen auf einem Ring, die zusammen mit einer Batterie ein konstantes tangentiales elektrisches Feld erzeugen und dies für alle Azimutwinkel innerhalb des Rings. Es ist ebenfalls gelungen, die Kraft zu bestimmen, die durch diesen ruhenden stromführenden Ring auf eine ruhende externe Punktladung ausgeübt wird.

Teil IV

Offene Fragen

Kapitel 14

Zukünftige Entwicklungen

In diesem Buch werden die einfachsten analytisch zu behandelnden Konfigurationen untersucht. Ein weitergehendes Ziel kann sein, andere Situationen theoretisch aufzuarbeiten, die schon experimentell analysiert wurden. Beispiele beziehen sich auf Ströme in einer Scheibe - Abbildung 3.7; Ströme in keilförmig angeordneten Leiterteilen mit parallel oder in seriell verbundenen Hälften - Abbildung 3.6; *usw.* Die letztere Konfiguration ist von Interesse, um diejenige korrekte Verteilung von Ladungen quantitativ zu bestimmen, die erforderlich ist, um einen Stromfluß an einer Biegung entsprechend umzulenken. Überlegungen zu dieser Frage finden sich bei Rosser,[1] Jefimenko[2] und in dem Buch von Chabay und Sherwood.[3]

Andere interessante Aspekte beziehen sich auf die Verteilung von Oberflächenladungen in der Nähe der Batterie und innerhalb derselben. In den Kapiteln 11 bis 13 wurde dieses Thema anhand der Beispiele einer zylinderförmigen Schale, einer Kugelschale und eines Rings mit azimutalem Strom diskutiert. Eine weitere interessante Studie bezüglich eines Koaxialkabel endlicher Länge wurde von Jackson vorgestellt.[4] Saslow hat den Fall einer Batterie, umgeben von einem leitenden Medium, untersucht und die Verteilung von Ladungen auf der Oberfläche der Batterie analysiert.[5] Die Verteilung von Oberflächenladungen in der Nähe der Batterie und für den Fall eines geradlinigen stromführenden Leiters für zwei unterschiedliche Konfigurationen wurde in 2004 und 2005 veröffentlicht.[6] Wünschenswert wären weitere quantitative Studien für unterschiedlichen Konfigurationen, obwohl es z.B. nicht einfach sein mag, mit analytischen Verfahren zu detaillierte Aussagen über die Verteilung von Oberflächenladung in einer Batterie endlichen Größe zu gelangen. Dies mag jedoch gelingen mit Hilfe spezifischer numerischer Methoden und Computerunterstützung.

[1] [Ros70].
[2] [Jef77] und [Jef89, Seiten 302-303].
[3] [CS95, Kapitel 6].
[4] [Jac96].
[5] [Sas94].
[6] [HCA04] und [HCA05].

Es wäre weiterhin wichtig, solche Fälle zu untersuchen, in denen der Stromfluß nicht durch eine chemische Batterie erzeugt wird, sondern durch die Relativbewegung zwischen einem geschlossenen Leiterkreis und einem Magnet. Dieser Fall wurde, wie im Anhang dargestellt, von Weber als erster quantitativ untersucht. In der Literatur finden sich Berechnungen zu Oberflächenladungen für den Fall eines quadratischen Stromkreises und der Existenz eines veränderlichen magnetischen Flusses[7] und ebenso für den Fall eines in einem Magnetfeld rotierenden Ringes.[8] Die Einbeziehung weitere Konfigurationen in solche Berechnungen erscheint als wichtige zukünftige Aufgabe.

Eine weitere Situation, die bisher wenig Aufmerksamkeit auf sich gezogen hat, ist die Verteilung von Ladungen in stromführenden ohmschen Leitern, die aus zwei oder mehreren unterschiedlichen Materialien zusammen gesetzt sind. In diesem Fall sammeln sich Ladungen in der Übergangszone zwischen einem Leiter und einem Widerstand oder Leiter unterschiedlicher Leitfähigkeit an. Von einigen Autoren wurde dies Problem betrachtet, darunter Jefimenko,[9] Heald,[10] Härtel,[11] Chabay und Sherwood[12] und Jackson.[13] Die Arbeit von Jackson enthält einen interessanten Vergleich zwischen der Verteilung von Oberflächenladungen in einem Stromkreis mit einem großen Widerstand und einer äquivalenten offenen Schaltung, in der der Widerstand entfernt wurde.

Die detaillierte Untersuchung des Verhaltens von Oberflächenladungen und den zugehörigen elektrischen Feldern beim Übergang von stationären zu niedrig- und hochfrequenten Schaltungen stellt ein weiteres interessantes Aufgabengebiet dar. Wichtige Beiträge zu diesem Thema wurden von Jackson und Preyer geliefert.[14] Die im Anhang vorgestellten Arbeiten von Weber und Kirchhoff, die sich mit der Telegraphengleichungen beschäftigen, sollten ebenfall erneut einer Betrachtung unterzogen und auf unterschiedliche Fälle und Konfigurationen angewendet werden.[15]

Jenseits dieser zukünftigen Erweiterungen sind eine Anzahl von Themen zu nennen, die noch der Klärung bedürfen. Betrachtet man eine stationäre Punktladung in der Nähe eines stationären Magneten, so stellt sich die Frage: Existiert in diesem Fall eine Wechselwirkung zwischen diesen Objekten jenseits derjenigen elektrostatischen Ursprungs? Das heißt, existiert eine Kraft, die von der Magnetisierung des Magneten abhängt bzw. von dem dadurch erzeugten magnetischen Feld? Wie in dem vorliegenden Buch gezeigt wurde, existiert eine Kraft zwischen einer stationären Punktladung und einem stationären ohmschen Leiter, durch den ein konstanter Strom fließt

In diesem Buch wurde gezeigt, dass zwischen einer stationären Punktladung und einem stationären ohmschen gleichstromführenden Stromkreis eine Kraft

---

[7] [AHR92].
[8] [AHR96].
[9] [Jef77].
[10] [Hea84].
[11] [Hae85] und [Hae87].
[12] [CS95] und [CS02].
[13] [Jac96].
[14] [Jac96] und [Pre02].
[15] [Ass00] und [AH05].

wirkt. Diese Kraft ist proportional zur eletromotorischen Kraft der Batterie. Nun stellt sich die Frage: Existiert eine Kraft zwischen einem stationären Magneten und einer stationären äußeren Ladung? Dabei geht es nicht um die Kraft elektrostatischen Ursprungs, die stets wegen der Spiegelladung zwischen einem leitenden Magneten und einer externen Ladung auftritt. Der hier betrachtete Magnet besitzt eine permanente Magnetisierung, d.h. sein Magnetfeld wird erzeugt durch mikroskopische oder molekulare Ströme in seinem Innern. Da der Magnet nicht mit einer chemischen Batterie verbunden ist, sollte er keine Verteilung von Oberflächenladungen aufweisen wie bei einem stromführenden ohmschen Leiter. In jedem Fall sollte diese Frage genauer analysiert und eine Antwort mit sorgfältigen Experimenten abgesichert werden.

In analogerweise Weise sollte im Außenraum eines geradlinigen stromführenden Leiters kein elektrisches Feld vorhanden sein, sofern dieser Leiter aus supraleitendem Material besteht und nicht an eine Batterie angeschlossen ist. Ob diese Aussage zutrifft, abgesehen von dem elektrisches Feld auf Grund von elektrostatischer Induktion, wenn sich eine Testladung dem Leiter nähert, kann nur experimentell entschieden werden.

In einer Veröffentlichung von 2001 wurde eine mögliche Verbindung zwischen dem elektrischen Feld im Außenraum eines zylinderförmigen stromführenden ohmschen Leiters und dem Aharonov-Bohm-Effekt diskutiert.[16] Obwohl ein idealer unendlich langer Leiter kein Magnetfeld im Außenraum erzeugt, wird bei Anschluß des Solenoid an eine chemische Batterie ein elektrisches Feld auftreten. Die Existenz eines solchen Feldes ist vielen Autoren nicht bewußt und daher nicht in die Diskussion einbezogen. Aus diesem Grund wird von keinem der Autoren der Einfluß dieses elektrischen Feldes auf den Aharonov-Bohm-Effekt in Betrach gezogen, sondern nur auf das magnetische Vektorpotenzial verwiesen. Das Ziel der oben genannten Veröffentlichung war es, auf die Bedeutung dieses elektrischen Feldes bei der Analyse des Aharonov-Bohm-Effektes hinzuweisen.

In diesem Buch wurde gezeigt, dass zwischen einer Punktladung und einem gleichstromführenden Leiter einen Kraft existiert, auch wenn sie relativ zu einander ruhen. Es wurde theoretisch abgeleitet, dass diese Kraft proportional ist zur Spannung (elektromotorische Kraft) der Batterie (oder zum elektrischen Feld im Außenraum des Leiters). Es fehlt bis jetzt eine experimentelle Bestätigung dieser Proportionalität zwischen dieser Kraft und der Spannung der Batterie, die auf Grund der Theorie auftreten sollte. Eine qualitative Übereinstimmung zeigt sich mit den Ergebnissen der Experimente von Bergmann, Schaefer, Jefimenko, Barnett und Kelly in Bezug auf Äquipotentiallinien und elektrische Feldlinien. Soviel bekannt gibt es jedoch keinen direkten experimentellen Nachweis dieser Proportionalität.

Eine weitere wichtige Fragen, die noch nicht empirisch beantwortet ist, bezieht sich auf das elektrische Feld zweiter Ordnung (porportional zum Quadrat der Stromstärke bzw. dem Quadrat der Driftgeschwindigkeit der Leitungselektronen). Alternativ kann die Frage gestellt werden, ob eine Kraft zweiter Ordnung existiert zwischen einer stationären Ladung und einem stationären

[16][TA01].

gleichstromführenden Leiter. Eine solche Kraft bzw. das korrespondierende elektrische Feld ist in der Regel sehr viel kleiner, als das in diesem Buch diskutierte Feld (proportional zur Spannung der Batterie). Aus diesem Grund ist es nicht einfach, die Existenz eines solchen Feldes eindeutig nachzuweisen. Experimente zur Prüfung dieser Frage sollten drei Fälle getrennt verfolgen: (1) stromführender ohmscher Leiter, der an eine Batterie angeschlossen ist, (2) stromführender Supraleiter ohne Anschluß an eine Spannungsquelle, und (3) Dauermagnet. Es ist möglich, dass dieses elektrische Feld zweiter Ordnung für alle drei Fälle existiert (oder nicht existiert). Es kann auch sein, dass es bei einem oder bei zwei, aber nicht bei allen drei Fällen auftritt. Daher müssen diese drei Fälle getrennt behandelt werden. Bei der theoretischen Analyse eines solchen Experiments sind die Kraft auf Grund elektrostatischer Induktion sowie die Komponente der in diesem Buch diskutierten Kraft proportional zur Spannung der Batterie zu berücksichtigen. Dies ist besonders bei komplizierten Konfigurationen keine einfache Aufgabe.

Ein weiteres, in diesem Buch nicht angesprochene Thema bezieht sich auf die Vermittlung makroskopischer Aspekte des elektrischen Stromkreises, bei der sich Oberflächenladungen als wichtig in didaktischer und konzeptueller Hinsicht erwiesen haben. Verschiedene Lehrmaterialien zum Thema Elektrizitätslehre wurden für die Schule und Hochschule entwickelt, in denen dieser Aspekt zum Tragen kommt.[17]

14.1 Zusammenfassung

In diesem Buch wurde aufgezeigt, wie eine sehr einfache Frage zur Grundlage des Elektromagnetismus von zahlreichen Autoren und über Jahrzehnte hinweg inkorrekt beantwortet wurde. Dies hatte einen negativen Einfluß auf die Entwicklung des hier behandelten Themas für mehr als ein Jahrhundert und hat zu vielen Vorurteilen geführt, die nur schwer zu überwinden sind. Es ist das Ziel dieses Buches zu erreichen, dass dieser Fehler in Zukunft vermieden wird.

Ein weiteres Ziel bestand darin, die Dichteverteilung von Ladungen auf stromführenden ohmschen Leitern für unterschiedliche Konfigurationen zu bestimmen. Für lange geradlinige Leiter ist die Dichte der Oberflächenladung eine lineare Funkton der longitudinalen Koordinate. Für gekrümmte Leiter dagegen steigen sie längs des Leiters stärker als linear an mit einem Maximum in der Nähe der beiden Anschlüsse der Batterie. All dies kann in der Tat auf der Grundlage des Elektromagnetismus verstanden werden und war schon 1852 bekannt.[18]

French schließt sein Lehrbuch über "Newtonsche Mechanik" mit der einfachen und fairen Aussage "But Newton got there first!" Dieses Buch hat die Existenz von Oberflächenladungen in Verbindung mit stromführenden Leitern zum Thema und findet einen angemessenen Abschluß mit einer entsprechend einfachen und fairen Aussage, nämlich:

[17] [Par70, Hae85, Hae87, PKT88, EG90, CS95, CSa, BC96, TGB99, CS02, Hae12a, Hae12b].
[18] [Web52], siehe Anhang A dieses Buch.

Aber Weber erreichte dieses Ziel als Erster!

Anhang A

Wilhelm Weber und Oberflächenladungen

Wilhelm Eduard Weber (1804-1891) hat als einer der ersten die Existenz von Oberflächenladungen auf stromführenden ohmschen Leitern erwähnt und quantitativ analysiert. Im folgenden werden einige Teile seiner Veröffentlichung zu diesem Thema diskutiert. Im Abschnitt 1.4 werden einige wichtige Aspekte seines Lebens und Arbeitens vorgestellt mit Hinweisen auf seine gesammelten Arbeiten.

Weber verfaßte in den Jahren zwischen 1846 und 1878 acht umfassende Denkschriften unter dem Generaltitel *Elektrodynamische Maassbestimmungen* (die 8. Denkschrift wurde erst posthume in einer Gesamtausgabe veröffentlicht).

Die hier vorzustellende Arbeit erschien im Jahr 1852 als zweite Denkschrift seiner Serie mit dem Titel: *Elektrodynamische Maassbestimmungen insbesondere Widerstandsmessungen.*[1] So weit bekannt wurde diese Arbeit nie ins Englische oder in irgend eine andere Sprache übersetzt. Der Webersche Text ist sechsfach unterteilt mit fünf Anhängen. Von Interesse für das hier zu diskutierende Thema ist der fünfte Teil, der sich von Abschnitt 28 bis Abschnitt 36 erstreckt (Seiten 368 bis 405, Band 3, von Webers *Werke*):[2] *Ueber den Zusammenhang der Theorie der galvanischen Kette mit den elektrischen Grundgesetzen.* Zwischen eckigen Klammern stehen Interpretationen der Weberschen Ausdrücke oder Sätze. Abbildungen in diesem Anhang und Fußnoten sind ebenfall hinzugefügt, um die Argumentation Webers zu erläutern bzw. zu veranschaulichen.

Abschnitt 28 beginnt mit der Aussage, dass es keine Fortschritte bezüglich der Beziehung zwischen zwei wichtigen Theorien gibt, der Theorie des galvanischen Stroms (Ohmsches Gesetz) und dem davon völlig unabhängigen elektrischen Fundamentalgesetz (Coulombsches Gesetz). Weber stellt fest, dass diese getrennte Behandlung begründet ist durch die mathematische Schwierig-

[1] [Web52].

[2] [Web93].

keit, diese unterschiedlichen physikalischen Bereiche umfassend zu verknüpfen.[3] Sein Ziel ist es, eine Verbindung zwischen diesen beiden Realitätsbereichen herzustellen. Er erwähnt das Ohmsche Gesetzt als anzuwenden auf Gleichstromphänomene und Ausdruck einer Beziehung zwischen Stromstärke, Widerstand und elektromotorischer Kraft (z.B. hervorgerufen durch eine chemische Batterie).[4] Weber bemerkt, dass Ohm versucht, sein Gesetzt aus der veränderbaren räumlichen Dichte von Ladungen innerhalb des Leiters abzuleiten und zwar in Analogie zum Vorgehen von Fourier, der bei der Herleitung der Wärmeleitung von einer veränderbaren Temperaturverteilung innerhalb eines Körpers ausging. Das bedeutet, dass die den Stromfluß bewirkende Kraft bei fehlender elektromotorischer Kraft (z.B. ohne eine Kontaktflächen zwischen unterschiedlichen Metallen) hervorgerufen wird durch einen Gradienten der räumlichen Ladungsdichte.[5] Weber stellt fest, dass Ohm das Gesetz über galvanische Stromkreise zurückführt auf eine Verteilung von Ladungen innerhalb eines Leiters. Andererseits erklärt er, dass Ohms Ansatz dem fundamentalen Gesetz der Elektrostatik widerspricht, nach dem freie Elektrizität nur längs der *Oberfläche* eines Leiters existieren kann. Weber kommt zu dem Schluß, dass diese Forderung auch für einen stromführenden galvanischen Stromkreis gelten muß, ungeachtet der Relativbewegung zwischen den wechselwirkenden Ladungen. Während der lokale Temperaturgradient eine notwendige Voraussetzung für die Wärmeleitung ist, muß dies nicht notwendiger Weise für Ladungstransport gültig sein, denn diese unterliegen einer Fernwirkung.

Weber betrachtet dann das interessante Beispiel eines stationären geschlossenen Kupferringes aus homogenem Material und mit konstantem Querschnitt, durch den in einem Gedankenexperiment ein Magnet in Richtung der Achsen des Ringes und senkrecht zu seiner Ebene bewegt wird (siehe Abbildung A.1). Weber hatte diese Situation schon kurz in seiner ersten Denkschrift von 1846 erwähnt.[6] Nach Weber wird der Magnet die gleiche elektromotorische Kraft auf alle Elemente des Ringes aufbringen. Da diese Elemente den gleichen Widerstand aufweisen, wird diese elektromotorische Kraft überall den gleichen Stromfluß bewirken. Für diesen Fall wird es an keiner Stelle des Ringes zu einer Ansammlung von Ladungen kommen.[7] Nach Weber ergibt sich eine Ansammlung von Ladungen nur dann, wenn die elektromotorische Kraft in unterschiedlicher

[3]Diese mathematische Problematik wird im Kapitel 13 dieses Buches verdeutlicht, das Weber, wie noch zu zeigen ist - ebenfalls quantitativ in seiner Denkschrift behandelt hat.

[4]In einigen Beispielen kann man Webers *elektromotorische Kraft* deuten als Potentialdifferenz oder als elektromotorische Kraft über den gesamten stromführenden Leiterkreis. In anderen Beispiele scheint Weber mit diesem Begriff auf das longitudinale Feld zu verweisen, das den Stromfluß in einem stromführenden Leiter bewirkt. Die mit diesem elektrischen Feld assoziierte Kraft wirkt den Reibungskräften entgegen, die durch das kristalline Gitter auf die Leitungselektronen aufgebracht wird.

[5]Dies ist nachzulesen auf den Seiten 402 und 418 der Ohmschen Arbeit, [Ohm66].

[6][Web46, Seite 203, *Werke*].

[7]Ein experimenteller Beweis für diese Tatsache findet sich in dem Papier von Moreau und Mitarbeiter, [Mor85]. Die Relativbewegung zwischen Magnet und Leiterkreis treibt den Strom auf Grund einer Nicht-Coulombkraft im Kreis durch den Ring. Somit ergibt sich keine Potentialdifferenz zwischen irgendwelchen zwei Punkten des Ringes, [VF80].

Weise auf verschiedene Teile des Leiterkreises einwirkt.[8] Der Effekt der Verteilung von Ladungen längs der Oberfläche des Leiters muß [in allen seinen Teilen] die Wirkung der elektromotorischen Kraft ersetzen. Weber stellt dann fest, dass noch zwei Dinge gezeigt werden müssen: (1) wie diese Verteilung von Ladungen in Einklang zu bringen ist mit dem Grundgesetz der Elektrizität und welcher Art diese Verteilung ist,[9] und (2) wie diese Oberflächenladungen entstehen und aufrecht erhalten werden.

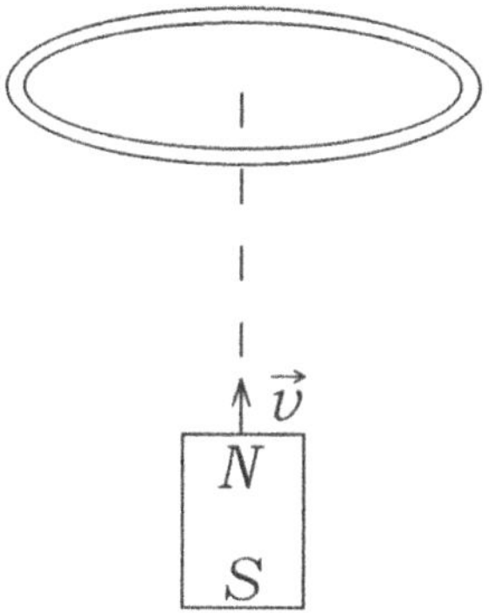

Abbildung A.1: Bewegung eines Magneten längs der Achse eines Kupferringes. Nach Weber wirkt durch den Magneten die gleiche elektromotorische Kraft auf alle Elemente des Ringes.

Abschnitt 29 trägt die Überschrift "Nachweisung der Möglichkeit einer Vertheilung der freien Elektricität im Leiter, wodurch die Ungleichheiten der Wirksamkeit gegebener elektromotorischer Kräfte in den verschiedenen Theilen der Kette nach Proportion ihrer Wiederstände ausgeglichen werden." Weber betrachtet zunächst Teilchen freier Elektrizität in ihrer elektromotorischen Wirkung [in diesem Fall elektrostatischer Wechselwirkung] auf alle elektrischen Teilchen des Leiters. Diese von den Oberflächen ausgeübten Kräfte werden die elektromotorische Kraft in dem Leiter [z.B. hervorgerufen durch eine chemische Batterie] entweder vergrößern oder verringern. Weber stellt dann die Frage, ob eine Verteilung von Oberflächenladungen möglich ist, so dass die [gesamte] elektromotorische Kraft [das heißt, die Resultierende des elektrischen Feldes, das durch eine Batterie und durch Oberflächenladungen hervorgerufen wird] in allen Teilen des Leiterkreises durch die dort vorhandenen Widerstandskräfte ausgeglichen wird. Ohne auf die Relativbewegung zwischen den Ladungen einzu-

[8]Dies ist z.B. der Fall eines stromführenden ohmschen Leiters, der an eine chemische Batterie angeschlossen ist. Die elektromotorische Kraft der Batterie wirkt hauptsächlich in ihrem Inneren und in dem näheren Außenbereich, während längs der anderen Teile des Leiterkreises Kräfte anderen Ursprungs wirksam sein müssen, um einen Strom entgegen den Widerstandskräften zu erzeugen.

[9]Das heißt, wie es ausgehend vom Coulombschen Gesetz möglich ist, eine Verteilung von Oberflächenladungen abzuleiten, die ein homogenes Feld an allen Punkten des ohmschen Leiters bewirkt

gehen [Relativbewegung zwischen den Leitungselektronen und den festen Ionen des Gitters] stellt Weber fest, dass diese Frage auf der Basis des elektrischen Grundgesetzes beantwortet werden muß und verweist auf das von Poisson bewiesene Theorem, dass es eine und nur eine mögliche Verteilung von Ladungen auf der Oberfläche von Leitern gibt, welche die durch äußere Ladungen hervorgerufenen elektrischen Kräfte ausgleicht.

Weber wendet dann dieses Theorem qualitativ auf einen zylinderförmigen Leiter an, auf den eine auf der Achse des Zylinder befindliche Punktladung aus großer Entfernung einwirkt (siehe Abbildung A.2). Diese externe Ladung übt im wesentlichen die gleich große axial gerichtete elektrostatische Kraft auf alle Ladungen des Zylinders aus. Als Resultat wird sich auf der Oberfläche des Zylinders eine Umverteilung von Ladungen ergeben und zwar der Art, dass das so erzeugte elektrische Feld die durch die externe Ladung erzeugte Kraft in allen Punkten des Zylinders aufhebt. Betrachtet man nun die Anwesenheit dieser Verteilung von Oberflächenladungen ohne die Anwesenheit der äußeren Punktladung [das heißt, die Oberflächenladungen werden vor der Entfernung der Punktladung fixiert], so erhält man eine axial gerichtete elektromotorische Kraft, die auf alle Punkte des Zylinders einwirkt.[10]

Als nächstes betrachtete Weber einen gekrümmten Zylinder [ein Stück eines Ringes in der Form eines Bogens oder Kreises] sowie eine weit entfernte Punktladung, gelegen auf der Tangente bezüglich eines Ringelements. Diese Punktladung übt eine gleichförmige Kraft in Richtung der Tangente aus, die durch die Verteilung von Ladungen auf der Oberfläche des gekrümmten Zylinders und der dadurch erzeugten Kraft ausgeglichen wird. Wird die Verteilung von Oberflächenladungen fixiert [durch Hinzufügung anderer externer Kräfte] und wird die externe Punktladung entfernt, so verbleiben nur noch longitudinale elektromotorische Kräfte auf Grund der Oberflächenladungen [die auf alle Ladungen des Zylindes einwirken]. Schließlich überträgt Weber dieses Verfahren auf alle Elemente des gekrümmten Zylinders, so dass die Oberflächenladungen eines jeden einzelnen Elementes eine Funktion der Oberflächenladungen aller anderen Elemente werden.

In Form eines Gedankenexperiments erweiter Weber dann den gekrümmten Zylinder zu einem Ring mit einem schmalen Zwischenraum zwischen dem ersten und letzten Querschnitt. Diese beiden Querschnitte dürfen sich nicht berühren, da sie sonst eine unendlich große Ladung entgegengesetzter Polarität aufweisen würden (unter der Annahme einer auf alle Punkte des Ringes wirkenden uniformen und tangential gerichteten Kraft). Die Entfernung zwischen den Endflächen dieses offenen Ringes wird mit δ bezeichnet und mit $\pm e$ die Ladung auf zwei Elemente dieser gegenüber liegenden Flächen. Mit Hilfe des Coulombschen Gesetzes wird dann gezeigt, dass die Kraft auf eine Testladung im Innern des Ringes, hervorgerufen durch die beiden entgegengesetzt geladenen Flächen, proportional ist zu δe. Damit diese elektromotorische Kraft [wir würden heute

[10]Weber hat an diesem einfachen Beispiel gezeigt, dass es eine bestimmte Verteilung von Oberflächenladungen gibt, die eine gleichgroße, longitudinal gerichtete Kraft auf alle Punkte des Zylinders ausübt, obwohl er nicht explizit versucht hat, diese Verteilung von Oberflächenladungen bei diesem einfachen Beispiel zu berechnen.

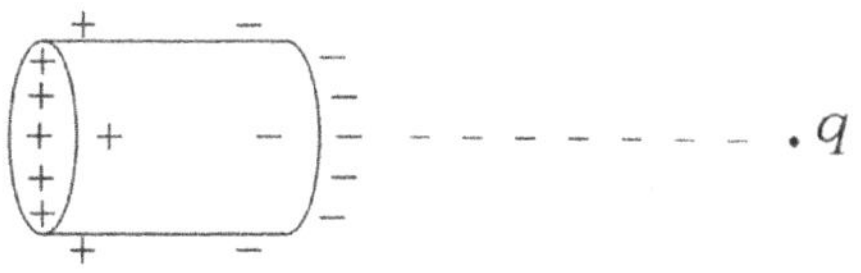

Abbildung A.2: Punktladung q entlang der Achse eines endlichen zylindrischen Leiters in großer Entfernung. Diese externe Ladung übt im wesentlichen die gleich große elektrostatische und axial gerichte Kraft auf alle Ladungen des Zylinders aus. Im Gleichgewichtszustand ergibt sich eine elektrische Polarisation des Zylinders mit Ladungen längs seiner Oberfläche, die an jedem Punkt im Innern des Leiters das elektrische Feld der externen Ladung neutralisieren.

sagen: das elektrische Feld] konstant bleibt für $\delta \to 0$, muß notwendigerweise gleichzeitig $e \to \infty$ gelten, was zu zeigen war. Die elektromotorische Kraft längs des Ringes ist dann ebenfalls proportional zu δe. Vergleicht man die elektromotorische Kraft innerhalb des Raums zwischen den beiden Endflächen, die durch die Ladungen auf diesen Flächen erzeugt wird, mit der Kraft auf eine Testladung im Innern des Ringes in der Nähe dieser Endflächen, so zeigt sich, dass sie entgegengesetzt gerichtet sind. Daraufhin kommt Weber zu dem Schluß, dass eine gleichgroße elektromotorische Kraft [die Resultierende des elektrischen Feldes] für alle Punkte eines geschlossenen Ringes nur möglich ist, wenn in dem Raum zwischen den Endflächen eine elektromotorische Kraft wirksam ist, die von der Verteilung von Oberflächenladungen unabhängig ist [das heißt keine Kraft elektrostatischen Ursprungs]. Als Beispiel einer solchen Kraft nennt Weber die Kontaktfläche zwischen Kupfer und Zink [und würde heute sicherlich eine chemische Batterie erwähnen].

Weber zieht aus diesen Betrachtungen drei Schlüsse:

1. Es ist nicht möglich, allein durch eine Verteilung von Oberflächenladungen einen [konstanten] Strom in einem geschlossenen Ring aufrecht zu erhalten. Vielmehr ist eine elektromotorische Kraft anderen Ursprungs zumindest innerhalb eines Querschnitts des Ringes erforderlich (wie z.B. eine Kontaktfläche zwischen Kupfer und Zink).[11]

2. Der Strom in einem Leiterkreis ist proportional zur Dichte der Oberflächenladungen längs des Leiters.[12] Die elektromotorische Kraft ist proportional zu δe und zum Strom im Leiterkreis.

3. Wenn alle Dimensionen eines Leiterkreises verdoppelt werden unter Bei-

[11]Dies entspricht dem Theorem, $\oint \vec{E} \cdot d\vec{\ell} = 0$, mit $\vec{E}$ als dem durch das Coulombsche Gesetz gegebenen elektrostatischen Feld, mit $d\vec{\ell}$ als einem Längenelement und dem Integral über einen geschlossenen Weg beliebiger Form. Mit anderen Worten: Um einen Stromfluss durch einen ohmschen Leiterkreis zu erhalten, benötigt man eine Quelle nicht-elektrostatischen Ursprungs (siehe Abschnitt 5.1).

[12]Ein Beispiel dieser allgemeinen Schlussfolgerung ergibt sich aus Gleichung (6.17) für den Fall eines geradlinigen Leiters. In Kombination mit Gleichung (6.2), $\sigma(z) = \sigma_A + \sigma_B z/\ell$, ergibt sich: $I = -(a\sigma_B/R\varepsilon_0)\ln(\ell/a)$. Das heißt, dass I entsprechend der Schlussfolgerung Webers direkt proportional ist zu σ_B.

behaltung der elektromotorischen Kraft, so sollte die Dichte der Oberflächenladungen konstant bleiben, auch wenn sich die Oberfläche vervierfacht hat.[13] Gleichzeitig folgt, dass bei einer Verdopplung aller Dimensionen die Strecke δ ebenfall verdoppelt wird. Bleibt dabei die Ladung e unverändert, so sollte sich die elektromotorische Kraft proportional zu δe ebenfalls verdoppeln. Diese doppelt so große elektromotorische Kraft bewirkt die gleiche Bewegung [Geschwindigkeit] von Ladungen in einem Leiterkreis vergrößerter oder einfacher Dimension. Aber diese gleiche Bewegung erzeugt den vierfachen Strom in einem Leiterkreis von doppelter Dimension (und vierfachem Querschnitt). Das heißt, dass eine doppelt so große elektromotorische Kraft in einem Leiterkreis doppelter Länge und vierfachem Querschnitt in Übereinstimmung mit dem Gesetz des galvanischen Leiterkreise den vierfachen Strom liefert [im Vergleich zu dem ursprünglichen einfachen Leiterkreis].

Abschnitt 30 trägt den Titel "Ueber das Gesetz der Vertheilung der freien Elektricität an der Oberfläche des Leiters eines gleichförmigen und beharrlichen Stroms." Weber stellt fest, dass bei einem geradlinigen Leiter angenommen werden kann, dass sich die Oberflächenladungen längs seiner Achse verteilen.[14] Dies wird anhand eines zylinderförmigen Leiters der Länge 2λ mit einem kreisförmigen Querschnitt und einem Radius $\alpha \ll \lambda$ gezeigt (siehe Abbildung A.3).

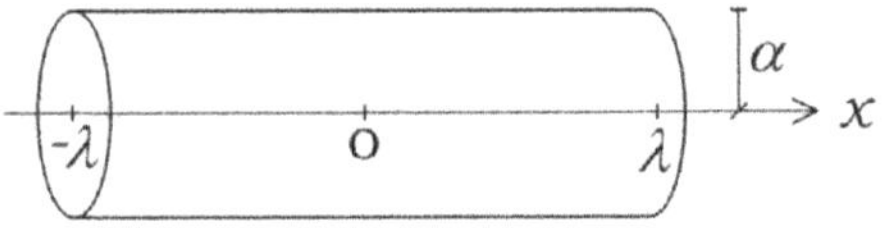

Abbildung A.3: Zylinderförmiger Leiter der Länge 2λ und dem Radius $\alpha \ll \lambda$. Im Fall eines Gleichstroms ist die Dichte der Oberflächenladungen eine lineare Funktion der longitudinalen x-Komponente, das heißt, proportional zu $a + bx$.

Im Fall eines Gleichstroms gilt, dass die Dichte der Oberflächenladungen eine lineare Funktion der longitudinalen x-Komponente ist, das heißt, sie ist proportional zu $a + bx$.[15] Die Integration der durch die Oberflächenladungen erzeugten longitudinalen elektromotorischen Kraft, die auf eine Punktladung

[13] Aus Gleichungen (6.2), (6.14) und mit dem elektrischen Feld (in diesem Fall Weber's elektromorischer Kraft) $E_1 = \Delta\phi/\ell = RI/\ell$ erhält man:

$$\sigma_B = \frac{\varepsilon_0 E_1}{\ln(\ell/a)} \frac{\ell}{a} . \tag{A.1}$$

Daraus ergibt sich σ_B als proportional zu E_1 und zu $(\ell/a)/\ln(\ell/a)$. Wenn ℓ und a verdoppelt werden, mit konstantem E_1, bleibt σ_B konstant. Dies ist ein Beispiel für Webers Schlussfolgerung.

[14] Das heißt, das die auf der Oberfläche eines stromführenden zylinderförmigen Leiters verteilten Ladungen eine Kraft auf eine Testladung aufbringen, die ersetzt werden kann durch die Kraft einer angemessenen Verteilung von Ladungen längs der Achse des Leiters.

[15] Die von Weber eingeführten Terme 2λ bzw. α sind äquivalent zu den Termen ℓ und a in Abbildung 6.1. Weiterhin entspricht der Webersche Term $a + bx$ dem hier verwendeten Ausdruck $\sigma(z) = \sigma_A + \sigma_B z/\ell$, Gleichung (6.2).

im Nullpunkt wirkt, ergibt (für $\lambda \gg \alpha$):

$$\int_{x=-\lambda}^{\lambda} \frac{2\pi\alpha(a+bx)xdx}{(\alpha^2+x^2)^{3/2}} \approx 4\pi\alpha b\left(\log\lambda - \log\frac{e\alpha}{2}\right) , \tag{A.2}$$

mit $e = 2.7183$ als Basis des natürlichen Logarithmus.[16]

Danach wird gezeigt, dass das gleiche Resultat erreicht wird, wenn man annimt, dass alle Oberflächenladungen längs der Achse des Leiters verteilt sind und integriert wird von $x = -\lambda$ bis $x = \lambda$ mit Ausnahme der Region zwischen $x = -e\alpha/2$ und $x = e\alpha/2$ (siehe Abbildung A.4).

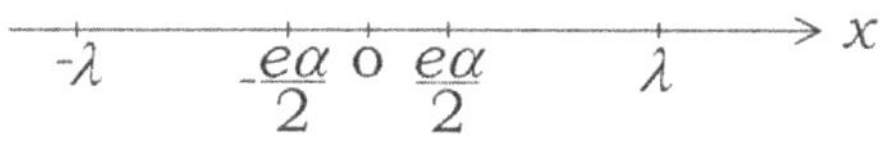

Abbildung A.4: Weber betrachtet alle Oberflächenladungen als verteilt längs der Achse des Zylinders der Länge 2λ. Er stellt fest, dass die lineare Integration von $x = -\lambda$ bis $x = \lambda$ mit Ausnahme der Region zwischen $x = -e\alpha/2$ und $x = e\alpha/2$ zu dem gleichen Ergebnis führt, wie Abbildung A.3 und Gleichung (A.2).

Das heißt, Weber war in der Lage, die Gleichung (A.2) abzuleiten unter der Annahme, dass alle Oberflächenladungen längs der Leiterachse verteilt waren und das longitudinale elektrische Feld am Nullpunkt bestimmt wird durch Integration von $x = -\lambda$ bis $x = -e\alpha/2$ und von $x = e\alpha/2$ bis $x = \lambda$.[17]

Im nächsten Schritt führt Weber die wesentliche Berechnung durch. Er ersetzt den geradlinigen Zylinder mit einem Toroid, einem ringförmigen Leiter, durch den ein axial gerichteter Strom fließt. Er kennzeichnet den größen Radius als r, den kleineren als α unter der Annahme, dass $\alpha \ll r$. Der Wert des elektrostatischen Potential für den Azimutwinkel $\psi = \pi$ rad wird gleich Null gesetzt und als diskontinuierlich angenommen für $\psi = 0$ rad (siehe Abbildung A.5).

Für das Potential $F(\psi)$ [von Weber als $F\psi$ bezeichnet] gilt somit $F(0) = -F(2\pi)$.[18] Daraus folgt $F(\psi) = c(\psi - \pi)$, mit $[F(2\pi) - F(0)]/2\pi r = c/r$ als Wert der tangential gerichteten elektromotorischen Kraft [elektrisches Feld in heutiger Terminologie], die als konstant längs des Ringes angenommen wird. Weber verwendet seinen linearen Ansatz, um eine allgemeine Lösung für das durch alle Oberflächenladungen erzeugte elektrostatische Potential zu finden,

---

[16]Dies Ergebnis ist äquivalent der Gleichung (6.12), mit $E_1 = (a\sigma_B/\ell\varepsilon_0)\ln(\ell/ea)$. Alle von Weber in diesem Abschnitt erzielten Ergebnisse können durch Division mit $4\pi\varepsilon_0$ in das internationale Einheitensystem überführt werden. Webers log hat e zur Basis, so dass dies log als das gebräuchliche ln geschrieben werden kann. In Kapitel 6 wurde zunächst das Potential durch Integration und danach das elektrische Feld mit $\vec{E} = -\nabla\phi$ bestimmt. Weber dagegen integriert das Feld direkt. Das Endergebnis ist wie erwartet das gleiche.

[17]Siehe Sektion A.1.

[18]Am Ort $\psi = 0$ rad sollte sich die Kontaktstelle zwischen Kupfer und Zink, eine chemische Batterie oder eine andere nicht-elektrostatische Quelle einer elektromotorischen Kraft befinden. Die von Weber eingeführten Terme α, r und F entsprechen den hier verwenden Ausdrücken r_0, R_0 bzw. ϕ (siehe Abbildung 13.1).

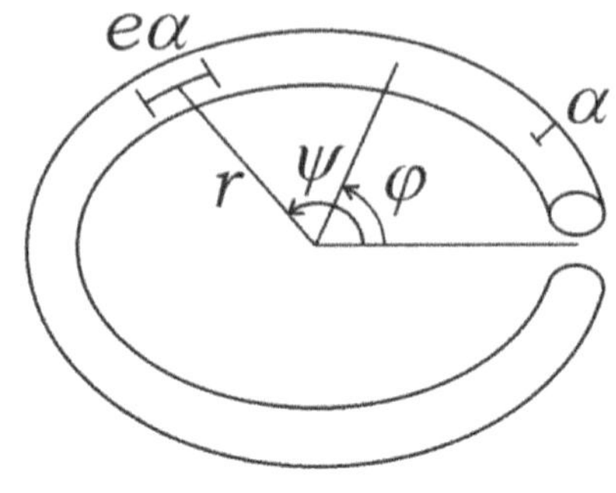

Abbildung A.5: Ringförmiger Leiter mit dem größeren Radius r und kleinerem Radius α, mit $\alpha \ll r$. Das Potential ist diskontinuierlich bei $\psi = 0$ rad und gleich Null bei $\psi = \pi$ rad. Das Ziel ist, das tangential gerichtete elektrische Feld E_ψ, für den Winkel ψ, $E_\psi(\psi)$ zu bestimmen. Der Winkel φ ist der variable Winkel der Integration.

und zwar in Abhängigkeit des Winkels ψ längs des Ringes, in dem integriert wird von $\varphi = \psi + e\alpha/2r$ bis $\varphi = 2\pi + \psi - e\alpha/2r$.[19]

Weber bezeichnet mit $f\varphi d\varphi$ die Menge der freien Elektrizität in dem Bogenelement $rd\varphi$, wobei mit $f\varphi$ die vom Winkel abhängige Dichte freier Ladungen bezeichnet wird (dabei ist noch nicht festgelegt, ob diese Ladungsdichte eine lineare Funktion des Winkels φ ist). [Das heißt, $f(\varphi)$ (heutige Schreibweise statt $f\varphi$) hat die Einheit Ladung pro Winkel oder Coulomb pro Radiant in SI-Einheiten]. Bekannt ist die Ohmsche Hypothese, nach der die Ladungsdichte längs eines gleichförmigen ohmschen Leiters eine lineare Funktion der Länge des Leiters sein soll.[20] Bei der Betrachtung eines ringförmigen Leiters würde dies nach Weber bedeuten, dass die Winkelabhängigkeit der Ladungsdichte gegeben ist durch $f(\varphi) = a(\varphi - \pi)$.[21] Als nächsten Schritt wird von Weber geprüft, ob diese Hypothese für einen Ring zutrifft.

Anstelle einer direkten Berechnung des elektrischen Feldes, wie er sie bei dem geradlinigen Leiter durchgeführt hatte, entscheidet sich Weber jetzt für eine Berechnung des elektrostatischen Potentials.[22] Zu diesem Zweck unterteilt er den Kreisumfang mit Radius r in zwei Abschnitte, ABD und DCA (siehe Abbildung A.6).

Zu den Punkten A, B, D und C gehören die Winkel $\varphi = 0$ rad, $\varphi = \psi$ (wo der Wert des Potentials bestimmt werden soll), $\varphi = 2\psi$ und $\varphi = \psi + \pi$.

[19]Anstelle eines Integrals über die Oberfläche des Rings führt Weber nur eine lineare Integration aus, in dem er den Ring durch eine Kreislinie mit entsprechender linearer Ladungsverteilung ersetzt. Dabei wird das Potential für denjenigen Ort mit Winkel ψ bestimmt, an dem sich die Testladung befinden wird. Man kann auch sagen, dass sich das Integral von $\varphi = 0$ rad bis $\varphi = \pi$ rad erstreckt mit Ausnahme der Region zwischen $\psi - e\alpha/2r$ und $\psi + e\alpha/2r$.

[20]Diese Aussage findet sich in der Arbeit von Ohm, [Ohm66, Seite 456].

[21]Siehe Sektion A.2.

[22]Siehe Sektion A.3.

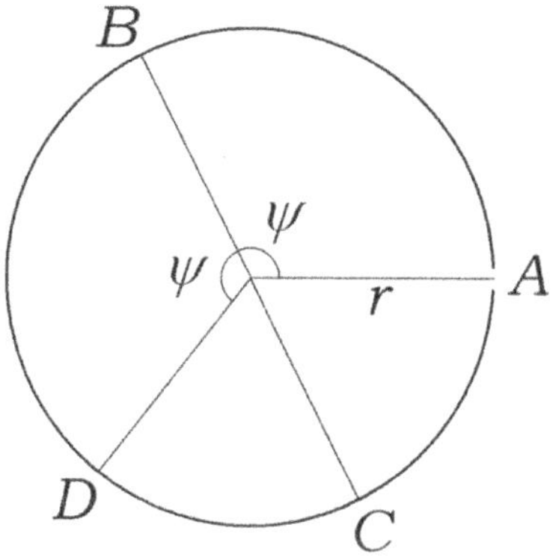

Abbildung A.6: Webers Konfiguration zur Integration des Potentials.

Um das Potential am Punkt B zu bestimmen, das durch die auf dem Bogen ABC verteilten Ladungen erzeugt wird (mit Ausnahme des kleinen Bogenelements $e\alpha/r$ bei B), werden zwei Ladungselemente betrachtet, die symmetrisch zu B mit den Winkeln $\pm\chi$ (von B aus gemessen) angeordnet sind. Für das bei $\varphi = \psi \pm \chi$ befindliche Ladungselement ergibt sich der Ausdruck $a(\psi \pm \chi - \pi)d\chi$ (mit infinitesimaler Bogenlänge $rd\chi$). Jedes dieser Ladungselemente besitzt den gleichen Abstand $2r\sin(\chi/2)$ von B. Durch Addition der Beiträge dieser beiden Ladungselemente ergibt sich das Potential bei B als $a(\psi - \pi)d\chi/r\sin(\chi/2)$. [Durch dieses geschickte Verfahren konnte die Integration von $xdx/\sin x$ vermieden werden.] Durch Integration über die Beiträge aller Elementpaare ergibt sich das Potential.

$$\frac{a(\psi - \pi)}{r}\int_{\chi=\frac{e\alpha}{2r}}^{\psi}\frac{d\chi}{\sin\frac{\chi}{2}} = \frac{2a(\psi - \pi)}{r}\left(\log\tan\frac{\psi}{4} - \log\tan\frac{e\alpha}{8r}\right) . \tag{A.3}$$

In gleicher Weise verfährt Weber, um das Potential am Punkt B zu erhalten, das durch die Ladung längs des Bogens DCA erzeugt wird. Betrachtet werden zwei symmetrisch zu C angeordnete Ladungselemente mit den Winkeln $\pm\chi$ (von C aus gemessen). Von A aus gemessen betragen die Winkelkoordinaten dieser beiden Ladungselemente $\varphi = \psi + \pi \pm \chi$. Beide haben den gleichen Abstand $2r\sin[(\pi-\psi)/2)]$ von B. Das Potential dieser beiden Ladungselemente am Punkt B ergibt dann $a\psi d\chi/r\cos(\chi/2)$. Durch Integration folgt

$$\frac{a\psi}{r}\int_{\chi=0}^{\pi-\psi}\frac{d\chi}{\cos\frac{\chi}{2}} = -\frac{2a\psi}{r}\log\tan\frac{\psi}{4} . \tag{A.4}$$

Durch Addition der Gleichungen (A.3) und (A.4) erhielt Weber den folgenden Ausdruck für das gesamte Potential bei $\varphi = \psi$:[23]

[23]Siehe Sektion A.4.

$$-\frac{2a\psi}{r}\log\tan\frac{e\alpha}{8r}-\frac{2a\pi}{r}\left(\log\tan\frac{\psi}{4}-\log\tan\frac{e\alpha}{8r}\right)\ . \tag{A.5}$$

Durch Ableitung dieses Ausdrucks nach $r\psi$, also durch $d/(rd\psi)$, erhält Weber den folgenden Ausdruck für den Wert der tangentialen Komponente der elektromotorischen Kraft [den Absolutbetrag des elektrischen Feldes in heutigem Sprachgebrauch] für den Winkel ψ, die durch alle Oberflächenladungen längs des Ringes erzeugt wurde (mit Ausnahme der Ladungen auf dem um ψ herum angeordneten Bogenelement $e\alpha/r$):

$$-\frac{2a}{r^2}\log\tan\frac{e\alpha}{8r}-\frac{a\pi}{r^2\sin(\psi/2)}\ . \tag{A.6}$$

Das heißt, dass Weber zunächst das durch Gleichung (A.22) gegebene Potential für den Winkel ψ bestimmte. Er erhielt dann mit Hilfe der Beziehung $E_\psi(\psi)=d\Psi_\psi(\psi)/rd\psi$ den Betrag der tangentialen Komponente des elektrischen Feldes für ψ und schließlich als Ergebnis Gleichung (A.6).[24]

Weber stellt fest, dass dieser Wert nur für $\psi\approx\pi$ rad in etwa konstant ist, d.h. in größerer Entfernung von der Stelle der Diskontinuität des Potential [weit entfernt von der Batterie]. In der Nähe von $\psi=0$ rad oder in der Nähe von $\psi=2\pi$ rad ist der Wert dieser longitudinalen elektromotorischen Kraft kleiner als der Wert bei $\psi=\pi$ rad. Daraus ergibt sich die Schlußfolgerung, dass Ohms Hypothese nur für den mittleren Teil des Leiterkreises zutrifft (das heißt, für $\psi\approx\pi$ rad).

Weber stellt nun fest, dass es notwendig ist, diejenigen Ladungen in die Betrachtung einzubeziehen, die sich innerhalb der Querschnittsebene des Potentialsprungs befinden. Diese Ladungen waren von Ohm nicht betrachtet worden. Hierzu entwirft Weber ein einfaches Model, bestehend aus zwei gegenpoligen Punktladungen $\pm\varepsilon$ mit δ als Abstand (siehe Abbildung A.7).

Die Berechnung der longitudinalen elektromotorischen Kraft [das heißt, des tangentialen elektrischen Feldes längs des Rings], die durch diesen Dipol am Ort mit der Winkelkoordinate ψ hervorgerufenen wird, ergibt (als absolute Größe):[25]

$$\frac{1+\cos^2(\psi/2)}{\sin^3(\psi/2)}\frac{\delta\varepsilon}{8r^3}\ . \tag{A.7}$$

Zu Bestimmung von $\delta\varepsilon$ betrachtet Weber den gesamten Wert der elektromotorischen Kraft [hervorgerufen durch die Oberflächenladung längs des Rings sowie durch den Dipol an der Diskontinuität] und fordert, dass diese gesamte elektromotorische Kraft längs des Rings möglichst konstant sein sollte, also soweit wie möglich unabhängig von ψ. Das bedeutet, dass er den Wert für $\delta\varepsilon$ derart wählt, dass die zweite und dritte Ableitung der elektromotorischen Kraft

[24]Siehe Abschnitt A.5.

[25] Diesem gesamten Ausdruck muß ein Minus-Zeichen vorangestellt werden, um den korrekten algebraische Wert des tangentialen elektrischen Feldes in Bezug auf diesen Dipol anzugeben.

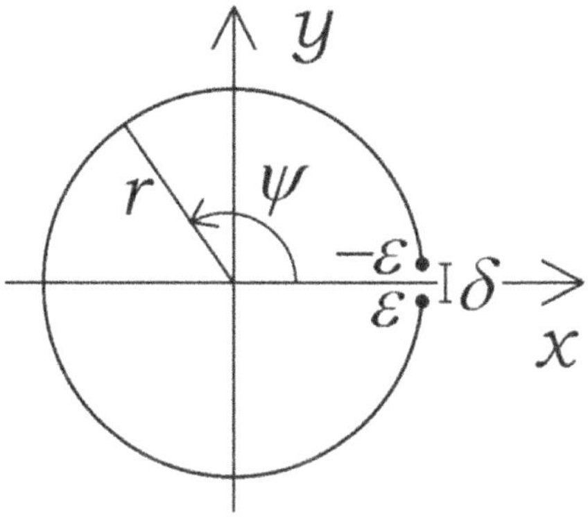

Abbildung A.7: Von Weber vorgeschlagenes vereinfachtes Model (2 gegenpolige Punktladungen $\pm\varepsilon$ mit Abstand δ), um die Oberflächenladungen innerhalb der Potentialdiskontinuität in die Betrachtung einbeziehen zu können.

nach dem Azimutwinkel ψ Null ergibt für $\psi = \pi$ rad. Unter dieser Bedingung erhält er als Ergebnis:[26]

$$\delta\varepsilon = \frac{8a\pi r}{5} \, . \tag{A.8}$$

Die Kombination der Gleichungen (A.7) und (A.8) mit dem vorangegangenen Resultat bezüglich der linearen Hypothese von Ohm ergibt das Endresultat:[27]

$$\frac{2a}{r^2} \log\cot\frac{e\alpha}{8r} + \frac{2a\pi}{5r^2\sin^3(\psi/2)}\left(3\cos^2\frac{\psi}{2} - 2\right) \, . \tag{A.10}$$

In diesem Fall ist der Absolutwert der elektromotorischen Kraft für $\psi \neq \pi$ rad größer als der Absolutwert für $\psi = \pi$ rad, während allein mit der Ohmschen linearen Hypothese ein kleinerer Wert für $\psi \neq \pi$ rad als für $\psi = \pi$ rad gefunden worden war. Weber kommt zu dem Schluß:[28]

> Man ersieht hieraus, dass nach dieser Hypothese der Werth der elektromotorischen Kraft in allen anderen Theilen der Kette grösser ist, als der für die Mitte der Kette gültige Grenzwerth, statt er nach der Ohm'schen Hypothese kleiner war. Die richtige Hypothese über die Vertheilung der freien Elektrizität, aus welcher sich eine überall gleiche elektromotorische Kraft ergeben soll, ist also zwischen den

[26] Dieses Resultat ist ebenfalls korrekt.

[27] Durch Kombination von Gleichung (A.8) mit dem negativen Wert von Gleichung (A.7), (wie in der Fußnote 25 diskutiert) und zusammen mit Gleichung (A.23) erhält man:

$$E_\psi(\psi) = \frac{2a}{r^2}\ln\tan\frac{e\alpha}{8r} + \frac{a\pi}{r^2\sin(\psi/2)} - \frac{e\alpha a}{2r^3}\frac{1}{\sin\frac{e\alpha}{4r}} - \frac{a\pi}{5r^2}\frac{1+\cos^2(\psi/2)}{\sin^3(\psi/2)} \, . \tag{A.9}$$

[28] [Web52] und [Web93, Seite 382].

> von den beiden obigen Hypothesen gegebenen Grenzen eingeschlossen, was so viel heißt als: die elektrische Ladung [auf der Oberfläche] der Kette wächst von dem Indifferenzpunkte zu dem Kontaktpunkte nicht gleichförmig, sondern allmählig beschleunigt.[29]

Weber fährt fort:[30]

> Die daraus hervorgehende, überall gleiche elektromotorische Kraft wird dann muthmaasslich zwischen den durch die beiden obigen Hypothesen gegebenen Grenzwerthen liegen, nämlich
>
> $$\frac{2a}{r^2}\left(\log\cot\frac{e\alpha}{8r}-\frac{\pi}{2}\right) \tag{A.11}$$
>
> und
>
> $$\frac{2a}{r^2}\left(\log\cot\frac{e\alpha}{8r}-\frac{2\pi}{5}\right) . \tag{A.12}$$
>
> Der Faktor a bezieht sich dabei auf das *Gefälle* der elektrischen Ladung in der Mitte der Kette [$\psi = \pi$ rad], wenn man nach Ohm unter Gefälle den Differentialquotienten der Ladung $f\varphi$ [das heißt Ladung pro Winkel $f(\varphi)$] in Beziehung auf den Bogen φ versteht [in anderen Worten $a = df/d\varphi$].

In Abschnitt 31 präsentiert Weber eine mathematische Methode zur Abschätzung der Verteilung von Oberflächenladungen auf einem gleichstromführenden eindimensionalen Leiter (das heißt, auf einem haarförmigen Leiter, der geradlinig oder gekrümmt sein kann) und dies für verschiedene Fälle. Diese Methode kann ebenfalls eine Abschätzung liefern über das durch die Oberflächgenladungen erzeugte elektrische Feld innerhalb des Leiters.

Abschnitt 32 trägt den Titel "Nachweisung, wie die zu einem gleichförmigen und beharrlichen Strome nothwendige Vertheilung der freien Elektricität an der Oberfläche des geschlossenen Leiters entstehe." Hierin betrachtet Weber einen geschlossenen Leiterkreis, in dem nur auf einen Punkt eine elektromotorische Kraft einwirkt [wie z.B. ein Kontakt zwischen Kupfer und Zink]. Nur die Ladungen an diesem Punkt werden anfangen, sich zu bewegen, und dies beeinflußt nach Weber die Verteilung von freien Ladungen längs des gesamten Leiters und

[29] Weber kam somit zu dem Schluß, dass die Dichte der Oberflächenladungen längs eines ohmschen stromführenden Ringes nur in der Umgebung von $\psi = \pi$ rad, das heißt, gegenüber der Batterie, linear mit dem azimutalem Winkel anwächst. Bei Annäherung an die Batterie muß die Dichte der Oberflächenladungen stärker als linear in Abhängigkeit vom Azimut-Winkel anwachsen, um im gesamten Ring ein gleichförmiges tangentiales Feld zu erzeugen. Das heißt, dass die Dichte der Oberflächenladungen ψ nicht mit einer einfachen Funktion wie $\sigma = C_1 + C_2\psi$ beschrieben werden kann. Würde die Dichte linear mit ψ anwachsen, so wäre das tangentiale elektrische Feld nicht in allen Punkte längs des Ringens konstant. Dies ist eine bemerkenswerte Vorhersage, die durch die in Kapitel 13 durchgeführte Rechnung bestätigt wurde (siehe insbesondere die Abbildung 13.6).

[30] [Web52] und [Web93, Seite 382].

zwar derart, dass durch die entstehende Verteilung freier Ladungen eine auf alle Punkte des Kreises einwirkende elektromotorische Kraft entsteht als Ursache für einen konstanten Stromfluß. Es folgt der Hinweis, dass diese Verteilung von Oberflächenladungen kein elektrostatisches Gleichgewicht erzeugt, denn sonst müßte die Summe aller elektrischen Kräfte längs des Leiters senkrecht zu dessen Oberfläche ausgerichtet sein. Vielmehr wird die sich einstellende Verteilung sowohl eine normal zur Oberfläche ausgerichtete Komponente aufweisen als auch eine tangentiale Komponente. Dies zeigt, dass nach Webers Auffassung die freien Ladungen längs der Oberflächen eines stromführenden Leiters nicht stationär sein können, sondern dass sie an dem Stromfluß im Innern des Leiters teilhaben. Diese Fließbewegung bedeutet jedoch nicht, dass sich diese Verteilung in der Zeit ändert. Vielmehr werden bei jedem einzelnen Leiterelement in jedem Augenblick die gleiche Ladungsmenge zu- wie auch abgeführt. [Die Dichte der Oberflächenladungen ist somit nur eine Funktion der Längskoordinate, nicht eine Funktion der Zeit.]

In Abschnitt 33 berichtet Weber, dass während der Drucklegung dieser Arbeit eine Veröffentlichung von Kirchhoff erschienen ist, die das gleiche Thema zum Inhalt hat.[31] Diese Arbeit von Kirchhoff wird im folgenden Anhang vorgestellt. Weber zitiert den letzten Abschnitt aus Kirchhoffs Arbeit. Daraus wird deutlich, dass Weber und Kirchhoff unabhängig von einander im wesentlichen zu dem gleichen Ergebnis gelangten, in dem sie versuchten, die Arbeit von Ohm sowie seine Hypothesen weiterzuentwickeln. Aber nur Weber unternahm den Versuch, die Verteilung von Oberflächenladungen für bestimmte Konfigurationen zu berechnen.

Abschnitt 34 trägt den Titel "Durch Vergleichung elektromotorischer und galvanometrischer Beobachtungen der galvanischen Kette diejenige relative Geschwindigkeit zweier elektrischer Massen zu bestimmen, bei welcher weder Anziehung noch Abstossung Statt findet." Weber findet hier auf theoretischem Weg eine Beziehung zwischen der Fundamentalkonstanten in seinem Kraftgesetz (1846) und den Größen Stromstärke, Widerstand und elektromotorische Kraft in einem gleichstromführenden Leiterkreis. Aus dem Weberschen Kraftgesetz Gleichung (1.1) folgt, dass zwei sich annähernde oder von einander entfernende Ladungen nicht miteinander wechselwirken, sofern sie sich mit einer konstanten relativen Geschwindigkeit $\dot{r} = \sqrt{2}c$ ($c = 3 \times 10^8$ m/s in heutiger Schreibweise) bewegen und dies gilt unabhängig von der Polarität der Ladungen. Das bedeutet, dass die Coulomb-Komponente der Kraft neutralisiert wird durch die Geschwindigkeitskomponente, womit die Wechselwirkung verschwindet. Erst in den Jahren 1855-56 gelang es Weber und Kohlrausch, den Wert dieser Fundamentalkonstante experimentell zu bestimmen (siehe Abschnitt 1.4 für weitere Informationen.)

Abschnitt 35 trägt den Titel "Ueber das Verhältniss der Geschwindigkeit der Strömung zur Geschwindigkeit der Fortplanzung des Stroms." Hier präsentiert Weber einen ersten theoretischen Vergleich der Driftgeschwindigkeit von Ladungen in einem gleichstromführenden Leiter mit der Ausbreitungsgeschwindigkeit

[31] [Kir49].

eines sich ändernden Stromes längs dieses Leiters. Die numerischen Werte für diese beiden Geschwindigkeiten waren zu der damaligen Zeit wegen fehlender experimenteller Daten auch in ihrer Größenordnung unbekannt.

Abschnitt 36 trägt den Titel "Ueber die Ursachen des Widerstands der Leiter." Weber beginnt mit der Feststellung, dass es für ein vollständiges Verständnis des Widerstandes nicht ausreicht, denselben nur über seine Wirkung zu definieren (als Verhältnis zwischen elektromotrischer Kraft und Stromstärke gemäß dem Ohmschen Gesetz). Vielmehr ist es notwendig, den Widerstand aus seinen Ursache heraus zu definieren. Insbesondere erscheint es wichtig zu erfahren, ob der Widerstand durch die festen Teile des Stromes oder durch die elektrische Flüssigkeit entsteht. In Webers Worten:[32]

> Es fragt sich also ferner, woher die Kräfte rühren, welche bei einem gleichförmigen und beharrlichen Strome den fortwirkenden elektromotorischen Kräften das Gleichgewicht halten und dadurch eine fernere Beschleunigung der elektrischen Fluida in ihrer Bewegung verhindern? Sind diese Kräfte rein elektrische Kräfte, oder sind es Kräfte, welche die ponderablen Theile auf die elektrischen Fluida, die an ihnen vorbeigehen, ausüben?

Bei seinen Überlegungen geht Weber zunächst von der Fechtnerschen Hypothese aus, d. h. von einer Doppelströmung, bestehend aus gleichen Teilen positiver und negativer Ladungen mit entgegengesetzt orientierter Geschwindigkeit relativ zum Leiter. Er stellt sich die Frage, ob die Ursache für die behindernden Kräfte möglicherweise in dem Zusammentreffen der beiden Ströme auf Grund elektromagnetischer Kräfte zu suchen ist. In diesem Zusammenhang betrachtet Weber ein vereinfachtes Model, in dem sich nur negative Ladungen relativ zu Leiter bewegen, während die positiven Ladungen von dem Gitter festgehalten werden. Hiermit entfernt sich Weber von der Fechtnerschen Hypothese und kommt dem modernen Model eine Stromes in einem metallischen Leiter nahe, in dem sich nur Elektronen relativ zum Gitter bewegen. Zu der damaligen Zeit war weder die Existenz von Elektronen noch die Größenordnung der Driftgeschwindigkeit beweglicher Ladungsträgen bekannt. Weber stellt sich als Möglichkeit vor, dass die negativen Ladungen den Kepplerschen Gesetzen folgend entsprechende elliptische Bahnen um die positiven Ladungen herum ausführen und zwar auf Grund einer Zentralkraft, die mit $1/r^2$ abfällt. Dabei nimmt er an, dass diejenige Komponenten seines Fundamentalgesetzes (1.1), die eine Abhängigkeit von der relativen Geschwindigkeit und relativen Beschleunigung enthalten, im Vergleich zur Coulomb-Komponente zu vernachlässigen sind. Wirkt eine elektromotorische Kraft [ein externes elektrisches Feld] auf den Leiter, so werden dadurch diese Bahnen zu Spiralen verformt. Die Amplituden dieser Spiralen werden sich vergrößern, bis sie in den Anziehungsbereich einer anderen positiven Ladung im Leiter gelangt und beginnt, um diese zu kreisen und so fort zum nächsten und übernächsten. Dieser Transport negativer Ladung zur nächsten positiven Ladung wird sich fortsetzen, solange die elektromotorische Kraft auf

32 [Web52] und [Web93, Seiten 401-402].

den Leiter einwirkt. In dem Augenblick, in dem diese Kraft verschwindet, umkreist die negative Ladung die dann erreichten positiven Ladung dauerhaft und die Bewegung negativer Ladung wird gestoppt. Weber schließt diese Kapitel mit der Anmerkung, dass es zwar schwierig aber wichtig wäre, die Zeitspanne zu berechnen, die die negative Ladung benötigt, um auf seiner spiralförmigen Bahn von einer positiven Ladung zur nächsten zu gelangen. Die Schwierigkeit dieser Berechnung zeigt sich in der Störungtheorie der Astronomie.[33]

Der fünfte Teil der Weberschen Arbeit ist von besonderer Bedeutung. Hier wird deutlich, dass Weber einer der Pioniere war, der auf die Existenz von Oberflächenladungen auf stromführenden Leitern hingewiesen hat. Eine chemische Batterie oder die Kontaktstelle zwischen zwei verschiedenen Metallen, wie Kupfer und Zink, erzeugt eine Potentialdifferenz zwischen zwei Punkten. Aber das gleichförmige elektrische Feld innerhalb eines Leiters mit axialer Ausrichtung wird durch die freien Ladungen längs der Oberfläche des Leiters erzeugt. Weber sagte richtig voraus, dass sich diese Oberflächenladungen zusammen mit dem Hauptstrom bewegen, denn das axial gerichte elektrische Feld wirkt nicht nur im Inneren, sondern auch längs der Oberfläche des Leiters. Weiterhin war Weber wahrscheinlich der erste, der versuchte, die Verteilung dieser Oberflächenladungen an einem bestimmten Beispiel zu berechnen. Weber betrachtete den Fall eines ringförmigen Leiters mit endlichem Leiterdurchmesser (viel kleiner als die Länge des Leiters) mit einer elektromotorischen Kraft nicht-elektrostatischen Ursprungs, die in einem Spalt an einem bestimmten Punkt wirksam ist. Nach Durchführung einer recht erfindungsreichen Rechnung konnte er zeigen, dass die Verteilung von Oberflächenladungen nur in dem Gebiet gegenüber der Batterie linear mit dem Azimuth-Winkel anwächst. Er zeigte weiterhin, dass die Dichte der Oberflächenladungen bei Annäherung an den Spalt stärker als linear mit dem Azimuth-Winkel anwachsen muß, ein bemerkenswertes Ergebnis, dass 150 Jahre später bestätigt wurde durch die in Kapitel 13 vorgestellte vollstände Lösung in analytischer Form. Weber ging sogar noch weiter und versuchte, die Ursache der strömungsbehindernden Kräfte zu verstehen und zwar mit Begriffen von mikroskopischen Kräften elektromagnetischen Ursprungs zwischen den interagierenden strömenden Ladungen. Dies ist eine Arbeit der besonderen Art, die mehr Anerkennung und Beachtung verdient hätte.

Im Anschluß an die Untersuchung zu Oberflächenladungen führte Weber im Jahr 1864 eine weitere sehr wichtige Studie durch mit dem Titel: "Elektrodynamische Maassbestimmungen, insbesondere über elektrische Schwingungen."[34] Dies ist die fünfte Arbeit in der Serie der "Elektrodynamische Maaßbestimmungen." Die wesentlichen theoretischen Ableitungen in dieser Arbeit wurden 1857

[33]Webers Idee, dass der elektrische Widerstand mit einer Newtonische Zentralkraft und einer $1/r^2$-Abhängigkeit zu erklären ist, erscheint aus heutiger Sicht aus zwei Gründen für inakzeptable. (1) Newtonische Kräfte sind konservativ und sind (2) unabhängig von der Geschwindigkeit der interagierenden Körper. Die strömungsbehindernden Kräfte, die dem Ohmschen Gesetz zugrunde liegen, sind dagegen nichtkonservativ und proportional zu der Driftgeschwindigkeit der beweglichen Ladungsträger. Der Ursprung dieser Kräfte muß somit an einer anderen Stelle gesucht werden. Der Ursprung dieser strömungsbehindernden Kräfte stellt ein schwieriges physikalische Problem dar, für das es bis auf den heutigen Tag keine klare Antwort gibt.

[34][Web64].

oder schon vorher niedergelegt, aber zu dieser Zeit noch nicht veröffentlicht. Eine entsprechende Studie wurde zuerst von Kirchhoff im Jahr 1857 veröffentlicht. Da im nächsten Anhang diese Arbeit von Kirchhoff vorgestellt wird, erfolgt hier keine nähere Analyse der entsprechenden Ergebnisse von Weber, die später erschienen. Die Arbeit von Kirchhoff' erschien in *Poggendorff's Annalen*, nun bekannt als *Annalen der Physik*. Poggendorff veröffentlichte eine Anmerkung nach dem Erscheinen der Kirchhoffschen Arbeit, in der er darlegte, dass er nach Kenntnisnahme der Kirchhoffschen Arbeit die Gelegeneheit hatte, Weber in Berlin zu treffen. Weber zeigte ihm eine Arbeit, die er zur Veröffentlichung vorgesehen hatte, mit den im Wesentlichen identischen Resultaten wie die von Kirchhoff. Aber Weber hatte sie zurückgehalten, um die Ergebnisse von Experimenten zu diesem Thema abzuwarten, die er zusammen mit Kohlrausch durchzuführen beabsichtigte.[35] Diese Arbeit von Weber erschien im Jahr 1864. Sie handelt von der Ausbreitung elektromagnetischer Signale entlang von Leitern, wobei veränderbare Ströme und der Einfluß aller Oberflächenladungen berücksichtigt wurden. Wie im folgenden gezeigt wird, gelang es Weber und Kirchhoff, die Telegraphengleichung abzuleiten.

A.1 Anmerkung 1

Die Idee Webers besteht darin, eine lineare Ladungsdichte gemäß $2\pi\alpha(a+bx)$ anzunehmen mit der Testladung am Nullpunkt. Dies ist eine sehr interessante Methode, die die Berechnung des Integrals deutlich vereinfacht und einer Überprüfung standhält.

Diese Rechnung kann verallgemeinert werden, um das longitudinale elektrische Feld an einem beliebigen Punkt x', $E_{x'}(x')$ zu bestimmen:

$$E_{x'}(x') = \left(\int_{x=-\lambda}^{x'-e\alpha/2} + \int_{x=x'+e\alpha/2}^{\lambda}\right) \frac{2\pi\alpha(a+bx)(x'-x)dx}{[(x'-x)^2]^{3/2}}$$

$$= -2\pi\alpha\left[b\ln\frac{4(\lambda^2-x'^2)}{e^2\alpha^2} - \frac{2(a+bx')x'}{\lambda^2-x'^2}\right] . \quad (A.13)$$

Für $x'=0$ folgt Webers Ergebnis, nämlich

$$E_{x'}(0) = -4\pi\alpha b\ln\frac{2\lambda}{e\alpha} . \quad (A.14)$$

Im folgenden wird ein alternatives Verfahren zur Bestimmung des elektrischen Feldes vorgestellt. Wie gleich gezeigt wird, wandte Weber dieses Verfahren bei der Untersuchung des ringförmigen Leiters an.

Sofern Weber die Absicht hatte, das elektrische Feld vom Potential abzuleiten, hätte er das Potential an einem beliebigen Punkt bestimmen müssen (und nicht nur am Ursprung $x'=0$). Die Integrale hätten sich erstrecken müssen von

[35] [Pog57].

$x = -\lambda$ bis $x = x' - e\alpha/2$ und von $x = x' + e\alpha/2$ bis $x = \lambda$. $\Phi(x')$ sei die Funktion, die das in dieser Weise bestimmte Potential bei x' repräsentiert (später wird gezeigt, dass es von dem wirklichen Potential $\phi(x')$ verschieden ist). Mit einem Ladungselement $dq = 2\pi\alpha(a + bx)dx$ erhält man:

$$\Phi(x') = \left(\int_{x=-\lambda}^{x'-e\alpha/2} + \int_{x=x'+e\alpha/2}^{\lambda}\right) \frac{2\pi\alpha(a+bx)dx}{\sqrt{(x'-x)^2}}$$

$$= 2\pi\alpha\left[(a+bx')\ln\frac{4(\lambda^2 - x'^2)}{e^2\alpha^2} - 2bx'\right] . \tag{A.15}$$

Aus diesem Ausdruckt folgt:

$$-\frac{\partial\Phi(x')}{\partial x'} = -2\pi\alpha\left[b\ln\frac{4(\lambda^2 - x'^2)}{e^2\alpha^2} - \frac{2(a+bx')x'}{\lambda^2 - x'^2} - 2b\right] . \tag{A.16}$$

Und dies ist verschieden von dem durch Gleichung (A.13) gegebenen elektrischen Feld! Zum Beispiel erhält man aus Gleichung (A.16) $x' \to 0$ als Ergebnis $-4\pi\alpha b\ln(2\lambda/e^2\alpha)$ und somit einen Unterschied von $1/e$ innerhalb des Logarithmus im Vergleich mit dem vorherigen Ergebnis, das Weber durch direkte Integration des elektrischen Felds erhielt.

Das heißt, das man nicht, wie man erwarten würde, als Ergebnis $E_{x'}(x') = -\partial\Phi(x')/\partial x'$ erhält, obwohl allgemein $\vec{E} = -\nabla\phi$ gilt. Der Grund für diese Differenz ist nicht einfach zu lokalisieren, sollte aber aufgeklärt werden, bevor die Rechnung fortgesetzt wird. Der Grund liegt in der besonderen Weberschen Näherungsmethode, die bei der Bestimmung von $E_{x'}(x')$ oder $\Phi(x')$ verwendet wurde. Bei dieser Methode tritt der Ort des Beobachtungspunktes x' nicht nur im Integral, sondern auch in den Grenzen des Integrals auf. Das Problem entsteht aus dem folgenden mathematischen Ergebnis, das für beliebige Funktionen und Variablen gilt:[36]

$$\frac{\partial}{\partial\alpha}\int_{x=f(\alpha)}^{x=g(\alpha)} F(\alpha,x)dx = \int_{x=f(\alpha)}^{x=g(\alpha)} \frac{\partial F(\alpha,x)}{\partial\alpha}dx$$

$$+ \left\{\frac{\partial g(\alpha)}{\partial\alpha}F[\alpha,g(\alpha)] - \frac{\partial f(\alpha)}{\partial\alpha}F[\alpha,f(\alpha)]\right\} . \tag{A.17}$$

Um ausgehend von Gleichung (A.15) die Gleichung (A.13) zu erreichen, hätte der folgenden Ausdruck (aus Gleichung (A.17) verwendet werden müssen):

$$E_{x'}(x') = -\frac{\partial\Phi(x')}{\partial x'} + \frac{\partial(x' - e\alpha/2)}{\partial x'}\frac{2\pi\alpha[a + b(x' - e\alpha/2)]}{\sqrt{[x' - (x' - e\alpha/2)]^2}}$$

$$- \frac{\partial(x' + e\alpha/2)}{\partial x'}\frac{2\pi\alpha[a + b(x' + e\alpha/2)]}{\sqrt{[x' - (x' + e\alpha/2)]^2}}$$

[36] [Pat77, Seite 44].

$$= -\frac{\partial \Phi(x')}{\partial x'} - 4\pi\alpha b \ . \tag{A.18}$$

Diese Gleichung stimmt mit Gleichung (A.13) überein, wenn Gleichung (A.16) verwendet wird. Dies ist somit der korrekte Ansatz, wenn das elektrische Feld $E(x')$ unter Verwendung der Weberschen Näherungsmethode bestimmt wird und mit dem Äquivalent einer Potentialfunktion begonnen wird. Das heißt, dass dieser Ansatz verfolgt werden muß, wenn man von der Funktion $\Phi(x')$ ausgehend durch Differentiation $E(x')$ bestimmen will. Hierauf wird bei der folgenden Weberschen Rechnung Bezug genommen.

A.2 Anmerkung 2

Es ist zu beachten, dass das hier verwendete a nicht in Verbindung steht mit dem a in dem vorigen Ausdruck $a + bx$ für die Dichte von Oberflächenladungen für einen Zylinder. Webers Näherung ist analog zu dem in Kapitel 6 verwendeten Verfahren. Das heißt, er vermutet eine Verteilung von Ladungen als Quelle und bestimmt von da ausgehend das Potential und das elektrische Feld. Der im Kapitel 13 verwendete Ansatz ist entgegengesetzt. Hier wurde das Potential längs der Oberfläche des Leiters vorgegeben und durch Lösung der Laplace-Gleichung das Potential im gesamten Raum abgeleitet. Daraus ergab sich das elektrische Feld als negativer Gradient des Potentials und schließlich die Oberflächenladungen durch Anwendung des Gaußschen Gesetzes an der Grenzfläche zwischen Leiter und externem Medium. Für den Ring ergab sich eine Dichte von Oberflächenladungen, die in größerer Entfernung zur Batterie reduziert wird zu $\sigma(\varphi) = \sigma_A + \sigma_B \varphi / 2\pi$. Die von Weber bestimmte Dichte von Oberflächenladungen in Abhängigkeit des Winkels $f(\varphi)$ ergab sich als Produkt von R_0 mit der eindimensionalen Ladungsdichte. Das heißt (in großer Entfernung von der Batterie und unter Verwendung von $\eta_0 \gg 1$, $a \approx R_0$, $a/\sinh \eta_0 = r_0$ und $\cosh \eta_0 = R_0/r_0$):

$$f(\varphi) = R_0 \left(\lambda_A + \lambda_B \frac{\varphi}{2\pi} \right) = 2\pi r_0 R_0 \left(\sigma_A + \sigma_B \frac{\varphi}{2\pi} \right)$$

$$= 2\pi R_0 \varepsilon_0 \left[\frac{\phi_A}{\ln(8R_0/r_0)} + g(\eta_0) \phi_B \frac{\varphi}{2\pi} \right] \ . \tag{A.19}$$

Aus dem Vergleich dieses Ausdrucks mit Webers Ausdruck $f(\varphi) = a(\varphi - \pi)$ folgt, dass die von Weber verwendete Größe a äquivalent ist zu der hier verwendeten Größe $r_0 R_0 \sigma_B = R_0 \varepsilon_0 g(\eta_0) \phi_B$.

A.3 Anmerkung 3

Im Prinzip hätte Webers das folgende Integral bestimmen müssen:

$$\Phi(\psi) \equiv \left[\int_{\varphi=0}^{\psi - e\alpha/2r} + \int_{\varphi=\psi+e\alpha/2r}^{2\pi}\right] \frac{a(\varphi-\pi)d\varphi}{r\sqrt{2}\sqrt{1-\cos(\psi-\varphi)}} . \quad \text{(A.20)}$$

Der Versuch einer solchen Integration hätte zu einer Bestimmung von $\int x dx / \sin x$ geführt. Die Lösung dieses unbestimmten Integrals ergibt eine unendliche Reihe, wie folgt:[37]

$$\int \frac{x dx}{\sin x} = x + \sum_{k=1}^{\infty} (-1)^{k+1} \frac{2(2^{2k-1}-1)}{(2k+1)!} B_{2k} x^{2k+1} . \quad \text{(A.21)}$$

Es ist schwierig, diese unendliche Reihe in eine geschlossenen Form zu bringen.

Anstelle einer direkten Bestimmung dieses Integral verfolgte Weber einen sehr geschickten Ansatz, in dem er, wie unten gezeigt wird, die Symmetrie der Ladungsverteilung längs des Leiterumfangs ausnutzte und auf diese Weise das Integral umging.

A.4 Anmerkung 4

Dies Endergebnis von Weber kann geschrieben werden als

$$\Phi(\psi) \equiv \left[\int_{\varphi=0}^{\psi - e\alpha/2r} + \int_{\varphi=\psi+e\alpha/2r}^{2\pi}\right] \frac{a(\varphi-\pi)d\varphi}{r\sqrt{2}\sqrt{1-\cos(\psi-\varphi)}}$$

$$= -\frac{2a\psi}{r} \log\tan\frac{e\alpha}{8r} - \frac{2a\pi}{r}\left(\log\tan\frac{\psi}{4} - \log\tan\frac{e\alpha}{8r}\right) . \quad \text{(A.22)}$$

A.5 Anmerkung 5

Weber hätte die tangentiale Komponente des elektrischen Feldes durch direkte Integration bestimmen können. Das heißt

$$E_\psi(\psi) = \left(\int_{\varphi=0}^{\psi - e\alpha/2r} + \int_{\varphi=\psi+e\alpha/2r}^{2\pi}\right) \frac{a(\varphi-\pi)\sin(\psi-\varphi)d\varphi}{\sqrt{8}r^2[1-\cos(\psi-\varphi)]^{3/2}}$$

$$= \frac{2a}{r^2}\ln\tan\frac{e\alpha}{8r} + \frac{a\pi}{r^2\sin(\psi/2)} - \frac{e\alpha a}{2r^3}\frac{1}{\sin\frac{e\alpha}{4r}} . \quad \text{(A.23)}$$

Der letzte Term auf der rechten Seite erscheint nicht in dem Ausdruck von Webers Gleichung (A.6). Der Grund hierfür entspricht dem in Abschnitt A.1 diskutierten Problem.

Um ausgehend von Gleichung (A.22) und unter Berücksichtigung von Gleichung (A.17) die Gleichung (A.23) abzuleiten, hätte Weber den folgenden Ausdruck verwenden müssen:

[37] [GR94, Seite 233].

$$E_\psi(\psi) = -\frac{1}{r}\frac{\partial \Phi}{\partial \psi} + \frac{\partial(\psi - e\alpha/2r)}{\partial \psi} \frac{a(\psi - e\alpha/2r - \pi)}{r^2\sqrt{2}\sqrt{1-\cos(\psi - (\psi - e\alpha/2r))}}$$

$$- \frac{\partial(\psi + e\alpha/2r)}{\partial \psi} \frac{a(\psi + e\alpha/2r - \pi)}{r^2\sqrt{2}\sqrt{1-\cos(\psi - (\psi + e\alpha/2r))}}$$

$$= -\frac{1}{r}\frac{\partial \Phi}{\partial \psi} - \frac{e\alpha a}{2r^3 \sin\frac{e\alpha}{4r}} \; . \tag{A.24}$$

Dies stimmt überein mit Gleichung (A.23), basierend auf Gleichung (A.22). Mit $\psi = \pi$ rad und mit $\alpha \ll r$ erhält man ausgehend von Gleichung (A.23):

$$E_\psi(\psi = \pi \text{ rad}) \approx \frac{2a}{r^2}\left(\ln\frac{\alpha}{8r} + \frac{\pi}{2}\right) \; . \tag{A.25}$$

Unter Austausch der Weberschen Größe a mit dem hier verwendeten $r_0 R_0 \sigma_B$ (wie in Abschnitt A.2 gezeigt) und ebenso der Größen α bzw. r mit der hier verwendeten Größen r_0 bzw. R_0 kann die letztere Gleichung wie folgt geschrieben werden (in dem die rechte Seite durch $4\pi\varepsilon_0$ geteilt wird, um das elektrische Feld in internationalen Einheiten zu erhalten):

$$E_\psi(\psi = \pi \text{ rad}) \approx -\frac{r_0 \sigma_B}{2\pi\varepsilon_0 R_0}\left(\ln\frac{8R_0}{r_0} - \frac{\pi}{2}\right) \; . \tag{A.26}$$

Anhang B

Gustav Kirchhoff und Oberflächenladungen

Im folgenden werden drei Veröffentlichungen von Kirchhoff diskutiert, eine aus dem Jahr 1849 und zwei aus 1857.[1]

In der ersten Arbeit,[2] verweist Kirchhoff auf einen Fehler in der Ohmschen Hypothese, die besagt, dass eine gleichförmige Dichte von Elektrizität innerhalb eines Leiters stationär existieren kann. Ohm nahm außerdem an, dass die elektroskopischen oder elektromotorischen Kräfte, die längs eines ohmschen stromführenden Leiters wirken, proportional sind zur Änderung dieser Ladungsdichte in Bezug auf die Längskoordinate (im Fall eines geradlinigen Leiters). Dagegen stellt Kirchhoff fest, dass innerhalb eines Leiters im elektrostatischen Gleichgewicht nicht die Dichte der Ladungen, sondern das elektrische Potential konstant ist. Die elektromotorische Kraft innerhalb eines ohmschen stromführenden Leiters ist proportional zu den Veränderungen dieses Potentials als Funktion der Längenkoordinate, wobei dieses Potential seinen Ursprung hat in den freien, über die Oberfläche des Leiters verteilten Ladungen. Kirchhoff zeigt, dass das Potential auch im Fall eines Gleichstroms der Laplace-Gleichung innerhalb des Leiters genügt. Allerdings versucht Kirchhoff nicht, die Verteilung dieser Oberflächenladungen für irgendwelche Spezialfälle zu berechnen. Am Schluß der ersten Arbeit zeigt er, dass das Webersche Kraftgetz kompatibel ist mit dem Ohmschen Gesetz unter Einschluß von freien Ladungen auf der Oberfläche von ohmschen Leitern.

In der ersten Arbeit von 1857,[3] leitet Kirchhoff die Telegraphengleichung ab, bezogen auf die Ausbreitung von Signalen längs eines dünnen Leiters. In Bezug auf eine Veröffentlichung von 1999,[4] werden im folgenden die wesentlichen Resultate der Kirchhoffschen Arbeit vorgestellt und zwar in vektorieller Schreib-

[1] [Kir49], [Kir57a] und [Kir57b].
[2] [Kir49].
[3] [Kir57a].
[4] [Ass99a].

weise und unter Verwendung internationaler Einheiten. Die Veröffentlichung einer simultan erstellten, ausführlicheren Arbeit von Weber wurde verzögert und erschien erst im Jahr 1864. Beide Forscher arbeiteten unabhängig von einander und sagten die Existenz von Schwingungen des elektrischen Stromes voraus, die sich mit Lichtgeschwindigkeit längs eines Leiterkreises mit vernachlässigbarem Widerstand ausbreiten.

In seiner ersten Arbeit von 1857 betrachtet Kirchhoff einen Leiterkreis von kreisförmigem Querschnitt, der sowohl offen als auch geschlossen sein kann. Die Leiterelemente können geradlinig oder gekrümmt sein, solange die folgende Bedingung erfüllt ist:[5]

> Die in den vier, mit Zahlen bezeichneten Gleichungen enthaltene Theorie will ich jetzt weiter entwickeln unter der Voraussetzung, daß die Gestalt der Mittellinie des Drahtes der Art ist, daß nie die Entfernung zweier Punkte derselben, zwischen denen ein endliches Stück des Drahtes liegt, unendlich klein ist. Es wird durch diese Voraussetzung der Fall ausgeschlossen, daß Inductionsrollen sich in der Leitung befinden.

Ausgehend vom Ohmschen Gesetz und unter Berücksichtigung der freien Elektrizität längs der Oberfläche der Leiter sowie der Induktion auf Grund von Änderungen der Stromstärke in allen Leiterteilen schrieb Kirchhoff:

$$\vec{J} = -g\left(\nabla\phi + \frac{\partial\vec{A}}{\partial t}\right) . \tag{B.1}$$

Hier ist $\vec{J}$ die Stromdichte, g die Leitfähigkeit des Leiters, ϕ das elektrische Potential und $\vec{A}$ eine Funktion analog zu dem modernen magnetischen Vektorpotential (das Kirchhoff aus der Weberschen Kraftgesetz ableitete). Kirchhoff berechnete ϕ durch Integration der Wirkung aller freien Oberflächenladungen:

$$\phi(x,y,z,t) = \frac{1}{4\pi\varepsilon_0}\int\int\frac{\sigma(x',y',z',t)da'}{|\vec{r}-\vec{r}\,'|} . \tag{B.2}$$

Hier ist $\vec{r} = x\hat{x} + y\hat{y} + z\hat{z}$ der Punkt, an dem das Potential berechnet wird, t ist die Zeit und σ ist die freie Oberflächenladung. Kirchhoff führt dann eine bemerkenswerte Rechnung durch, in dem er diese Gleichung integriert über die gesamte Oberfläche des Leiters der Länge ℓ und dem Radius α, ohne das Verhalten von σ zu spezifizieren in Bezug auf die Variablen x', y', z' oder t, sondern nur mit der Forderung, dass $\alpha \ll \ell$. Weiterhin nimmt er an, dass die Stromdichte an allen Stellen einen endlichen Wert aufweist und außerdem konstant ist für alle Punkte auf dem Umfang eines Leiterquerschnitts (das heißt, dass Effekte, hervorgerufen durch Krümmungen des Leiters, vernachlässigt wurden). Mit nur diesen Annahmen erreicht Kirchhoff als Ergebnis schließlich:

$$\phi(s,t) = \frac{\alpha\sigma(s,t)}{\varepsilon_0}\ln\frac{\ell}{\alpha} . \tag{B.3}$$

[5] [Kir57a, Seite 202].

Hier ist s eine variable Entfernung längs des Leiters, gemessen von einem festen Ursprung (siehe Abbildung B.1). Diese Gleichung entspricht der hier abgeleiten Gleichung (6.8). Während letztere für einen geradlinigen stromführenden Leiter abgeleitet wurde, ist die Kirchhoffsche Gleichung für geradlinige oder leicht gekrümmte Leiter gültig. Zusätzlich können in dieser Rechnung das Potential, der Strom und die Dichte der Oberflächenladungen von der Zeit abhängig sein. Dies ist ein bemerkenswertes Ergebnis, zu dem auch Weber gelangte und dann 1864 veröffentlichte.[6]

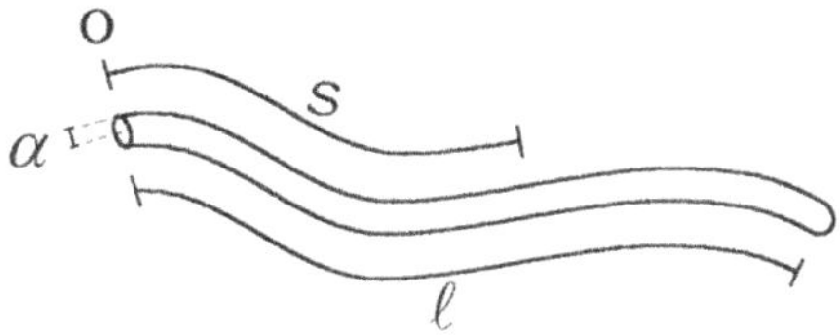

Abbildung B.1: Ein langer gekrümmter Leiter der Länge ℓ und mit Radius α. Die Variable s repräsentiert eine Entfernung längs des Leiters, gemessen von einem festen Ursprung O.

Kirchhoff bestimmte das Vektorpotential $\vec{A}$, ausgehend von dem Weberschen Kraftgesetz Gleichung (1.1). Das heißt, dass die Komponente dieser Kraft, die von der Beschleunigung der Ladungen abhängt, geschrieben werden kann als $-q\partial\vec{A}/\partial t$. Das Vektorpotential ergibt sich zu

$$\vec{A}(x,y,z,t) = \frac{\mu_0}{4\pi}\int\int\int\left[\vec{J}(x',y',z',t)\cdot(\vec{r}-\vec{r}\,')\right](\vec{r}-\vec{r}\,')\frac{dx'dy'dz'}{|\vec{r}-\vec{r}\,'|^3} \,. \quad \text{(B.4)}$$

Die Integration erstreckt sich über das Volumen des Leiters.

Nach Integration dieses Ausdrucks erhielt Kirchhoff als Ergebnis:

$$\vec{A}(s,t) = \frac{\mu_0}{2\pi}I(s,t)\left(\ln\frac{\ell}{\alpha}\right)\hat{s} \,, \quad \text{(B.5)}$$

mit $I(s,t)$ als variable Stromstärke.

Sei $I = J\pi\alpha^2$ und sei $R = \ell/(\pi g\alpha^2)$ der Widerstand des Leiters, so kann die longitudinale Komponente des Ohmschen Gesetzes (Gleichung (B.1)) geschrieben werden als

$$\frac{\partial\sigma}{\partial s} + \frac{1}{2\pi\alpha}\frac{1}{c^2}\frac{\partial I}{\partial t} = -\frac{\varepsilon_0 R}{\alpha\ell\ln(\ell/\alpha)}I \,. \quad \text{(B.6)}$$

Um die beiden unbekannten Größen σ und I zu verbinden, benutze Kirchhoff das Gesetz von der Ladungserhaltung, dass er wie folgt formulierte:

$$\frac{\partial I}{\partial s} = -2\pi\alpha\frac{\partial\sigma}{\partial t} \,. \quad \text{(B.7)}$$

[6] [Web64].

Soweit bekannt ist dies das erste Mal, dass dieses fundamentale Gesetzt von der Erhaltung der Ladung veröffenticht wurde.

Werden diese beiden Beziehungen gleichgesetzt, so ergibt sie die Telegraphengleichung:

$$\frac{\partial^2 \xi}{\partial s^2} - \frac{1}{c^2}\frac{\partial^2 \xi}{\partial t^2} = \frac{2\pi\varepsilon_0 R}{\ell \ln(\ell/\alpha)}\frac{\partial \xi}{\partial t} \ . \tag{B.8}$$

Dabei kann ξ stehen für I, σ, ϕ oder die longitudinale Komponente von $\vec{A}$.

Für den Fall, dass der Widerstand zu vernachlässigen ist, folgt aus dieser Gleichung die Voraussage, dass sich Signale längs des Drahtes mit Lichtgeschwindigkeit ausbreiten. Kirchhoff schreibt über die Fortplanzungsgeschwindgkeit einer elektrischen Welle, die hat sich hier ergeben:[7]

> [...] also als unabhängig sowohl von dem Querschnitt, als von der Leitungsfähigkeit des Drahtes, als endlich von der Dichtigkeit der Elektricität; ihr Werth ist der von 41950 Meilen in einer Sekunde, also sehr nahe gleich der Geschwindigkeit des Lichtes im leeren Raume.

Auf den Seiten 123 und 125 des zweiten Teils von Band 4 von Webers gesammelten Werken (Original von 1864) finden sich ähnliche Gleichung wie Gleichung (B.8).[8]

In der zweiten Arbeit aus dem Jahr 1857,[9] verallgemeinert Kirchhoff das Ergebnis seiner ersten Arbeit, in dem er einen dreidimensionalen Körper von beliebiger Form betrachtet. Diese Arbeit wurde 1994 kurz vorgestellt.[10] Die Ergebnisse sind im wesentlichen die gleichen wie vorher, aber nun zeigt Kirchhoff, dass es möglich ist, dass sich freie Ladungen in dem gesamten Volumen des Leiters verteilen, sofern der Strom räumlich und zeitlich variiert.

Die Arbeit von Kirchhoff wurde kürzlich unter Verwendung internationaler Einheiten entsprechend umgeschrieben und auf die Ausbreitung von elektromagnetischen Signalen in einem Koaxialkabel angewendet, eine Situation, die von Kirchhoff nicht betrachtet wurde.[11]

Es muß betont werden, dass die Arbeiten von Kirchhoff im Jahr 1857 veröffentlicht wurden, bevor Maxwell seine Gleichungen in Jahren 1861 bis 1864 formulierte und damit die elektromagnetische Theorie des Lichtes etablierte. Als Maxwell den Verschiebungsstrom $(1/c^2)\partial\vec{E}/\partial t$ einführte, verwendete er die Webersche Konstante c. Ihm war außerdem bekannt, dass die von Weber und Kohlrausch durchgeführten Messungen von 1854-56 ergeben hatten, dass c den gleichen Wert aufwies wie die Größe der Lichtgeschwindigkeit. Maxwell kannte ebenfalls die Kirchhoffsche Ableitung der Telegraphen-Gleichung, die die Ausbreitung von elektromagnetischen Signalen mit Lichtgeschwindigkeit zum Ergebnis hatte. Die Arbeit von Kirchhoff wurde nur einmal von Maxwell zitiert

---

[7] [Kir57a, Seiten 209-210].

[8] [Web64] und [Web94].

[9] [Kir57b].

[10] [GA94].

[11] [Ass00], [AH05], [HA00] und [HA01].

in einer Anmerkung zum Paragraph 805, Seite 450 seiner *Treatise*.[12] Bemerkenswerter Weise erscheint dieses spezielle Zitat nicht im Index am Ende von Maxwells *Treatise*. Aus diesem Grund dürfte es von vielen Autoren nicht bemerkt worden sein. In der Anmerkung 26 in der Arbeit von Schaffer findet sich ein wichtiger Hinweis auf den Kenntnisstand Maxwells bezüglich der ersten Arbeit von Kirchhoff aus dem Jahre 1857:[13]

> In den frühen 1870ger Jahren verfaßte Maxwell detaillierte Anmerkungen zu der Kirchhoffschen Arbeit über Elektrizität in Leitern: siehe Cambridge University Library MSS ADD 7655 Vn/1, p. 44 ff.

Wie schon oben erwähnt, wurde die Arbeit von Kirchhoff im Jahr 1857 früher veröffentlicht als die Arbeit von Weber von 1864, obwohl sie beide unabhängig von einander im wesentlichen zu dem gleichen Ergebnis gelangten und dies zu der gleichen Zeit, wie es 1857 durch Poggendorf, dem Herausgeber der *Annalen der Physik* (damals *Poggendorff's Annalen*), bezeugt wurde.[14]

---

[12] [Max54, Band 2, Anmerkung zum Paragraph 805, Seite 450].
[13] [Sch95].
[14] [Pog57].

Literaturverzeichnis

[AC92] A. K. T. Assis and R. A. Clemente. The ultimate speed implied by theories of Weber's type. *International Journal of Theoretical Physics*, 31:1063–1073, 1992.

[AC93] A. K. T. Assis and R. A. Clemente. The influence of temperature on gravitation. *Il Nuovo Cimento B*, 108:713–716, 1993.

[AC98] A. K. T. Assis and J. I. Cisneros. The problem of surface charges and fields in coaxial cables and its importance for relativistic physics. In F. Selleri, editor, *Open Questions in Relativistic Physics*, pages 177–185, Montreal, 1998. Apeiron.

[AC00] A. K. T. Assis and J. I. Cisneros. Surface charges and fields in a resistive coaxial cable carrying a constant current. *IEEE Transactions on Circuits and Systems I*, 47:63–66, 2000.

[AGV00] A. K. T. Assis and J. Guala-Valverde. Mass in relational mechanics. *Apeiron*, 7:131–132, 2000.

[AGV02] A. K. T. Assis and J. Guala-Valverde. On absolute and relative motions in physics. *Journal of New Energy*, 6:8–12, 2002.

[AGV03] A. K. T. Assis and J. Guala-Valverde. Frequency in relational mechanics. *Annales de la Fondation Louis de Broglie*, 28:83–97, 2003.

[AH05] A. K. T. Assis and J. A. Hernandes. Telegraphy equation from Weber's electrodynamics. *IEEE Transactions on Systems and Circuits II*, 52:289–292, 2005.

[AH07] A. K. T. Assis and J. A. Hernandes. *The Electric Force of a Current: Weber and the Surface Charges of Resistive Conductors Carrying Steady Currents*. Apeiron, Montreal, 2007. ISBN: 9780973291155. Available at: <www.ifi.unicamp.br/~assis>.

[AH09] A. K. T. Assis and J. A. Hernandes. *A Força Elétrica de uma Corrente: Weber e as Cargas Superficiais de Condutores Resistivos com Correntes Constantes*, volume 73 of *Coleção Acadêmica*. Edusp and Edufal, São Paulo and Maceió, 2009. ISBNs: 9788531411236 and 9788571774315.

[AHL01] A. K. T. Assis, J. A. Hernandes, and J. E. Lamesa. Surface charges in conductor plates carrying constant currents. *Foundations of Physics*, 31:1501–1511, 2001.

[AHR92] J. M. Aguirregabiria, A. Hernandez, and M. Rivas. An example of surface-charge distribution on conductors carrying steady currents. *American Journal of Physics*, 60:138–141, 1992.

[AHR96] J. M. Aguirregabiria, A. Hernandez, and M. Rivas. Surface charges and energy flow in a ring rotating in a magnetic field. *American Journal of Physics*, 64:892–895, 1996.

[AM99] A. K. T. Assis and A. J. Mania. Surface charges and electric field in a two-wire resistive transmission line. *Revista Brasileira de Ensino de Física*, 21:469–475, 1999.

[Amp20] A.-M. Ampère. Mémoire présenté à l'Académie royale des Sciences, le 2 octobre 1820, où se trouve compris le résumé de ce qui avait été lu à la même Académie les 18 et 25 septembre 1820, sur les effets des courans électriques. *Annales de Chimie et de Physique*, 15:59–76, 1820.

[Amp65] A.-M. Ampère. The effects of electric currents. In R. A. R. Tricker, *Early Electrodynamics — The First Law of Circulation*, pages 140–154, New York, 1965. Pergamon. Partial English translation by O. M. Blunn of Ampère's works published in *Annales de Chimie et de Physique*, Vol. 15, pp. 59-76 and 170-218 (1820).

[Arc89] T. Archibald. Energy and the mathematization of electrodynamics in Germany, 1845-1875. *Archives Internationales d'Histoire des Sciences*, 39:276–308, 1989.

[ARM99] A. K. T. Assis, W. A. Rodrigues Jr., and A. J. Mania. The electric field outside a stationary resistive wire carrying a constant current. *Foundations of Physics*, 29:729–753, 1999.

[ARW02] A. K. T. Assis, K. Reich, and K. H. Wiederkehr. Gauss and Weber's creation of the absolute system of units in physics. *21st Century Science & Technology*, Vol. 15, No. 3:40–48, 2002.

[ARW04] A. K. T. Assis, K. Reich, and K. H. Wiederkehr. On the electromagnetic and electrostatic units of current and the meaning of the absolute system of units — For the 200th anniversary of Wilhelm Weber's birth. *Sudhoffs Archiv*, 88:10–31, 2004.

[Ass90] A. K. T. Assis. Deriving Ampère's law from Weber's law. *Hadronic Journal*, 13:441–451, 1990.

[Ass91] A. K. T. Assis. Can a steady current generate an electric field? *Physics Essays*, 4:109–114, 1991.

[Ass92] A. K. T. Assis. *Curso de Eletrodinâmica de Weber*. Setor de Publicações do Instituto de Física da Universidade Estadual de Campinas — UNICAMP, Campinas, 1992. Notas de Física IFGW Número 5. Available at: <www.ifi.unicamp.br/~assis>.

[Ass94] A. K. T. Assis. *Weber's Electrodynamics*. Kluwer Academic Publishers, Dordrecht, 1994. ISBN: 0792331370.

[Ass95] A. K. T. Assis. *Eletrodinâmica de Weber — Teoria, Aplicações e Exercícios*. Editora da Universidade Estadual de Campinas — UNICAMP, Campinas, 1995. ISBN: 8526803581.

[Ass98] A. K. T. Assis. *Mecânica Relacional*. Editora do Centro de Lógica, Epistemologia e História da Ciência da UNICAMP/FAPESP, Campinas, 1998. ISBN: 8586497010. Available at: <www.ifi.unicamp.br/~assis>.

[Ass99a] A. K. T. Assis. Arguments in favour of action at a distance. In A. E. Chubykalo, V. Pope, and R. Smirnov-Rueda, editors, *Instantaneous Action at a Distance in Modern Physics — "Pro" and "Contra"*, pages 45–56, Commack, 1999. Nova Science Publishers.

[Ass99b] A. K. T. Assis. *Relational Mechanics*. Apeiron, Montreal, 1999. ISBN: 0968368921. Available at: <www.ifi.unicamp.br/~assis>.

[Ass99c] A. K. T. Assis. *Uma Nova Física*. Editora Perspectiva, São Paulo, 1999. ISBN: 8527301997.

[Ass00] A. K. T. Assis. On the propagation of electromagnetic signals in wires and coaxial cables according to Weber's electrodynamics. *Foundations of Physics*, 30:1107–1121, 2000.

[AT00] A. K. T. Assis and H. Torres Silva. Comparison between Weber's electrodynamics and classical electrodynamics. *Pramana Journal of Physics*, 55:393–404, 2000.

[Ath89] W. A. Atherton. Gauss and Weber: An unlikely partnership. *Electronics and Wireless World*, 95:521–522, 1989.

[AW95] G. B. Arfken and H. J. Weber. *Mathematical Methods for Physicists*. Academic Press, San Diego, fourth edition, 1995.

[AW03] A. K. T. Assis and K. H. Wiederkehr. Weber quoting Maxwell. *Mitteilungen der Gauss-Gesellschaft*, 40:53–74, 2003.

[BA98] Marcelo Bueno and A. K. T. Assis. *Cálculo de Indutância e de Força em Circuitos Elétricos*. Editora da UFSC e Editora da UEM, Florianópolis e Maringá, 1998. ISBN: 8532801196.

[BA01] M. d. A. Bueno and A. K. T. Assis. *Inductance and Force Calculations in Electrical Circuits*. Nova Science Publishers, Huntington, New York, 2001. ISBN: 1560729171.

[Bar04] D. F. Bartlett. Analogies between electricity and gravity. *Metrologia*, 41:S115–S124, 2004.

[BC91a] U. Bartocci and M. M. Capria. Some remarks on classical electromagnetism and the principle of relativity. *American Journal of Physics*, 59:1030–1032, 1991.

[BC91b] U. Bartocci and M. M. Capria. Symmetries and asymmetries in classical and relativistic electrodynamics. *Foundations of Physics*, 21:787–801, 1991.

[BC96] A. Benseghir and J.-L. Closset. The electrostatics-electrokinetics transition: historical and educational difficulties. *International Journal of Science Education*, 18:179–191, 1996.

[BC97] F. Bunchaft and S. Carneiro. Weber-like interactions and energy conservation. *Foundations of Physics Letters*, 10:393–401, 1997.

[BCM01] U. Bartocci, F. Cardone, and R. Mignani. Looking for a possible breakdown of local Lorentz invariance for electromagnetic phenomena: theory and first experimental results. *Foundations of Physics Letters*, 14:51–64, 2001.

[BE90] D. F. Bartlett and W. F. Edwards. Invariance of charge to Lorentz transformation. *Physics Letters A*, 151:259–262, 1990.

[Bil92] N. Bilić. Comment on Lorentz invariance/noninvariance of the electric charge. *Physics Letters A*, 162:87–90, 1992.

[Blo82] C. Blondel. *A.-M. Ampère et la Création de l'Électrodynamique (1820-1827)*. Bibliothèque Nationale, Paris, 1982.

[Blo89] C. Blondel. Vision physique "éthérienne", mathématisation "laplacienne": l'électrodynamique d'Ampère. *Revue d'Histoire des Sciences*, 42:123–137, 1989.

[BM90] D. F. Bartlett and S. Maglic. Test of an anomalous electromagnetic effect. *Review of Scientific Instruments*, 61:2637–2639, 1990.

[Bon81] G. Bonnet. Electric field arising from a steady current passing through a superconductor. *Physics Letters A*, 82:465–467, 1981.

[BS50] L. Bergmann and C. Schaefer. *Lehrbuch der Experimentalphysik*, volume 2: Elektrizitätslehre. Walter de Gruyter, Berlin, 1950.

[BS87] L. Bergmann and C. Schaefer. *Lehrbuch der Experimentalphysik*, volume 2: Elektrizität und Magnetismus. Walter de Gruyter, Berlin, seventh edition, 1987.

[Bus26] V. Bush. The force between moving charges. *Journal of Mathematical Physics*, 5:129–157, 1926.

[BW77] D. F. Bartlett and B. F. L. Ward. Is an electron's charge independent of its velocity? *Physical Review D*, 16:3453–3458, 1977.

[CA91] R. A. Clemente and A. K. T. Assis. Two-body problem for Weber-like interactions. *International Journal of Theoretical Physics*, 30:537–545, 1991.

[CL81] C. A. Coombes and H. Laue. Electric fields and charge distributions associated with steady currents. *American Journal of Physics*, 49:450–451, 1981.

[Cla77] R. Clausius. Ueber die Ableitung eines neuen elektrodynamischen Grundgesetzes. *Journal für die reine und angewandte Mathematik*, 82:85–130, 1877.

[Cla80] R. Clausius. Ueber die Vergleichung der elektrodynamische Grundgesetze mit der Erfahrung. *Annalen der Physik*, 10:608–618, 1880.

[CM00] F. Cardone and R. Mignani. Observation of a DC voltage induced by a steady magnetic field: A possible electromagnetic breakdown of Lorentz invariance? *Physics Essays*, 13:645–656, 2000.

[CSa] R. W. Chabay and B. A. Sherwood. A unified treatment of electrostatics and circuits. Unpublished manuscript. Available at: www4.ncsu.edu/˜rwchabay/mi/circuit.pdf.

[CSb] R. W. Chabay and B. A. Sherwood. Video demonstrating surface charge on a high-voltage circuit. Available at: www4.ncsu.edu/˜rwchabay/mi/.

[CS95] R. W. Chabay and B. A. Sherwood. *Electric and Magnetic Interactions*. Wiley, New York, 1995.

[CS02] R. W. Chabay and B. A. Sherwood. *Matter & Interactions*, volume 2: Electric and Magnetic Interactions. Wiley, New York, 2002.

[Cur82] J. C. Curé. A modified version of the Millikan oil drop experiment to test the probable existence of a new electrodynamic field. *Physics Letters B*, 116:158–160, 1982.

[D'A96] S. D'Agostino. Absolute systems of units and dimensions of physical quantities: a link between Weber's electrodynamics and Maxwell's electromagnetic theory of light. *Physis*, 33:5–51, 1996.

[D'A00] S. D'Agostino. *A History of the Ideas of Theoretical Physics*. Kluwer, Dordrecht, 2000.

[Dar00] O. Darrigol. *Electrodynamics from Ampère to Einstein.* Oxford University Press, Oxford, 2000.

[Edw74] W. F. Edwards. Inertia and an alternative approach to the theory of interactions. *Proceedings of the Utah Academy of Science, Arts, and Letters*, 51, Part 2:1–7, 1974.

[EG90] B.-S. Eylon and U. Ganiel. Macro-micro relationships: the missing link between electrostatics and electrodynamics in students' reasoning. *International Journal of Science Education*, 12:79–94, 1990.

[EKL76] W. F. Edwards, C. S. Kenyon, and D. K. Lemon. Continuing investigation into possible electric fields arising from steady conduction currents. *Physical Review D*, 14:922–938, 1976.

[FK97] J. Fukai and E. T. Kinzer. Compatibility of Weber's force with Maxwell's equations. *Galilean Electrodynamics*, 8:53–55, 1997.

[FLS64] R. P. Feynman, R. B. Leighton, and M. Sands. *The Feynman Lectures on Physics.* Addison-Wesley, Reading, 1964. Volume 2: Mainly Electromagnetism and Matter.

[Fuk03] J. Fukai. *A Promenade Along Electrodynamics.* Vales Lake Publishing, Pueblo West, 2003.

[GA94] P. Graneau and A. K. T. Assis. Kirchhoff on the motion of electricity in conductors. *Apeiron*, 19:19–25, 1994.

[Gal93] G. Galeczki. The ultimate speed and Weber's potential. *Physics Essays*, 6:448–450, 1993.

[GG93] P. Graneau and N. Graneau. *Newton Versus Einstein — How Matter Interacts with Matter.* Carlton Press, New York, 1993.

[GG96] P. Graneau and N. Graneau. *Newtonian Electrodynamics.* World Scientific, Singapore, 1996.

[Glu99] A. G. Gluckman. On W. E. Weber's "Grundprincip der Elektrodynamik" and related earlier and contemporary studies. *Physics Essays*, 12:682–698, 1999.

[GM95] G. Galeczki and P. Marquardt. Über die longitudinalen Ampèreschen Kräfte und Webers Elektrodynamik. *Fusion*, 16:15–17, 1995.

[GPR01] N. Graneau, T. Phipps Jr., and D. Roscoe. An experimental confirmation of longitudinal electrodynamic forces. *European Journal of Physics D*, 15:87–97, 2001.

[GR94] I. S. Gradshteyn and I. M. Ryzhik. *Table of Integrals, Series, and Products*. Academic Press, New York, 5th edition, 1994.

[Gra85] P. Graneau. *Ampere-Neumann Electrodynamics of Metals*. Hadronic Press, Nonantum, 1985.

[Gra88] R. I. Gray. *Unified Physics*. Dahlgren, Virginia, 1988.

[Gra94] P. Graneau. *Ampere-Neumann Electrodynamics of Metals*. Hadronic Press, Palm Harbor, 2nd edition, 1994.

[Gri89] D. J. Griffiths. *Introduction to Electrodynamics*. Prentice Hall, Englewood Cliffs, 2nd edition, 1989.

[GV92] J. Guala-Valverde. Gravitational redshift revisited. *Galilean Electrodynamics*, 3:58, 1992.

[GV98] J. Guala-Valverde. Gravitational mutual energy in Weber-type mechanics. *Physics Essays*, 11:164–165, 1998.

[GV99] J. Guala-Valverde. *Inercia y Gravitacion*. Fundacion Julio Palacios, Neuquen, Argentina, 1999. In collaboration with J. Tramaglia and R. Rapacioli. Available at: http://www.educ.ar/recursos/ver?rec_id=90380.

[GV01] J. Guala-Valverde. A new theorem in relational mechanics. *Apeiron*, 8:132–138, 2001.

[GV04] J. Guala-Valverde. Distant matter in physics. *Annales de la Fondation Louis de Broglie*, 29:635–640, 2004.

[GVAB05] J. Guala-Valverde, R. Achilles, and R. Blas. Inertial mass: a changing entity? — Weber vs. Einstein, Weber plus Einstein or none? *Apeiron*, 12:351–352, 2005.

[GVM01] J. Guala-Valverde and P. Mazzoni. The unipolar dynamotor: a genuine relational engine. *Apeiron*, 8:41–52, 2001.

[GVMA02] J. Guala-Valverde, P. Mazzoni, and R. Achilles. The homopolar motor: A true relativistic engine. *American Journal of Physics*, 70:1052–1055, 2002.

[HA00] J. A. Hernandes and A. K. T. Assis. Propagação de sinais em condutores com a eletrodinâmica de Weber e comparação com o eletromagnetismo clássico. In SBF, editor, *Anais do XXI Encontro Nacional de Física de Partículas e Campos, São Lourenço, 23 a 27/10/00*, page 1, São Paulo, 2000. Sociedade Brasileira de Física. Published at: www.sbf1.if.usp.br/eventos/enfpc/xxi/procs/res89/.

[HA01] J. A. Hernandes and A. K. T. Assis. Propagação de sinais em condutores segundo a eletrodinâmica de Weber. *Ciência e Natura*, 23:7–26, 2001.

[HA03a] J. A. Hernandes and A. K. T. Assis. Electric potential for a resistive toroidal conductor carrying a steady azimuthal current. *Physical Review E*, Vol. 68, 046611. DOI: 10.1103/PhysRevE.68.046611, 2003.

[HA03b] J. A. Hernandes and A. K. T. Assis. The potential, electric field and surface charges for a resistive long straight strip carrying a steady current. *American Journal of Physics*, 71:938–942, 2003.

[HA04] J. A. Hernandes and A. K. T. Assis. Surface charges and external electric field in a toroid carrying a steady current. *Brazilian Journal of Physics*, 34:1738–1744, 2004.

[HA05a] J. A. Hernandes and A. K. T. Assis. The electric field outside and inside a resistive spherical shell carrying a steady azimuthal current. *Physica Scripta*, 72:212–217, 2005.

[HA05b] J. A. Hernandes and A. K. T. Assis. Electric potential due to an infinite conducting cylinder with internal or external point charge. *Journal of Electrostatics*, 63:1115–1131, 2005.

[Hae85] H. Haertel. The electric voltage: What do students understand? What can be done to help for a better understanding? In R. Duit, W. Jung, and C. v. Rhöneck, editors, *Aspects of Understanding Electricity. Proceedings of an International Workshop*, pages 353–362, Kiel, 1985. IPN-Arbeitsberichte 59. Available at: www.astrophysik.uni-kiel.de/~hhaertel/PUB/voltage_IPN.pdf.

[Hae87] H. Haertel. A qualitative approach to electricity. Institute for Research on Learning, Palo Alto, CA, Report No. IRL87-0001. A revised part of the full paper is available at: www.astrophysik.uni-kiel.de/~hhaertel/PUB/voltage_IRL.pdf, 1987.

[Hae12a] H. Haertel. Der alles andere als einfache elektrische Stromkreis. *Praxis der Naturwissenschaften - Physik in der Schule*, 5:17–25, 2012.

[Hae12b] H. Haertel. Spannung und Oberflächenladungen: Was Wilhelm Weber schon vor mehr als 150 Jahren wusste. *Praxis der Naturwissenschaften - Physik in der Schule*, 5:25–31, 2012.

[Har82] P. M. Harman. *Energy, Force, and Matter — The Conceptual Development of Nineteenth-Century Physics.* Cambridge University Press, Cambridge, 1982.

[Hay90] H. Hayden. Possible explanation for the Edwards effect. *Galilean Electrodynamics*, 1:33–35, 1990.

[HCA04] J. A. Hernandes, E. Capelas de Oliveira, and A. K. T. Assis. Potential, electric field and surface charges close to the battery for a resistive cylindrical shell carrying a steady longitudinal current. *Revista de la Facultad de Ingeniería (Chile)*, 12:13–20, 2004.

[HCA05] J. A. Hernandes, E. Capelas de Oliveira, and A. K. T. Assis. Resistive plates carrying a steady current: electric potential and surface charges close to the battery. *Foundations of Physics Letters*, 18:275–289, 2005.

[Hea84] M. A. Heald. Electric fields and charges in elementary circuits. *American Journal of Physics*, 52:522–526, 1984.

[Hec96a] L. Hecht. Experimental apparatus and instrumentation. *21st Century*, 9(3):35–40, 1996.

[Hec96b] L. Hecht. The significance of the 1845 Gauss-Weber correspondence. *21st Century*, 9(3):22–34, 1996.

[Hec97] L. Hecht. Wilhelm Weber: giant of 19th century physics. *21st Century*, 10(2):53–54, 1997.

[Hof87a] J. R. Hofmann. Ampère, electrodynamics, and experimental evidence. *Osiris*, 3 (2nd Series):45–76, 1987.

[Hof87b] J. R. Hofmann. Ampère's invention of equilibrium apparatus: a response to experimental anomaly. *The British Journal for the History of Science*, 20:309–341, 1987.

[Hof88] J. R. Hofmann. Ampère's electrodynamics and the acceptability of guiding assumptions. In A. Donovan *et al.*, editor, *Scrutinizing Science*, pages 201–217. Kluwer Academic Publishers, Dordrecht, 1988.

[Hof96] J. R. Hofmann. *André-Marie Ampère, Enlightenment and Electrodynamics.* Cambridge University Press, Cambridge, 1996.

[Ive90] T. Ivesić. The relativistic electric fields arising from steady conduction currents. *Physics Letters A*, 144:427–431, 1990.

[Ive91] T. Ivezić. Electric fields from steady currents and unexplained electromagnetic experiments. *Physical Review A*, 44:2682–2685, 1991.

[Jac62] J. D. Jackson. *Classical Electrodynamics.* John Wiley & Sons, New York, 1962.

[Jac75] J. D. Jackson. *Classical Electrodynamics.* John Wiley & Sons, New York, second edition, 1975.

[Jac96] J. D. Jackson. Surface charges on circuit wires and resistors play three roles. *American Journal of Physics*, 64:855–870, 1996.

[Jac99] J. D. Jackson. *Classical Electrodynamics*. John Wiley & Sons, New York, third edition, 1999.

[JBK62] O. Jefimenko, T. L. Barnett, and W. H. Kelly. Confinement and shaping of electric fields by current-carrying conductors. *Proceedings of the West Virginia Academy of Science*, 34:163–167, 1962.

[Jef62] O. Jefimenko. Demonstration of the electric fields of current-carrying conductors. *American Journal of Physics*, 30:19–21, 1962.

[Jef66] O. D. Jefimenko. *Electricity and Magnetism*. Appleton-Century-Crofts, New York, 1966.

[Jef77] O. Jefimenko. Electric fields in conductors. *Physics Teacher*, 15:52–53, 1977.

[Jef89] O. D. Jefimenko. *Electricity and Magnetism*. Electret Scientific Company, Star City, 2nd edition, 1989.

[Jef96] O. D. Jefimenko. Is magnetic field due to an electric current a relativistic effect? *European Journal of Physics*, 17:180–182, 1996.

[JM86] C. Jungnickel and R. McCormmach. *Intellectual Mastery of Nature — Theoretical Physics from Ohm to Einstein*, volume 1-2. University of Chicago Press, Chicago, 1986.

[JP04] J. E. Junginger and Z. D. Popovic. An experimental investigation of the influence of an electrostatic potential on electron mass as predicted by Weber's force law. *Canadian Journal of Physics*, 82:731–735, 2004.

[KE91] C. S. Kenyon and W. F. Edwards. Test of current-dependent electric fields. *Physics Letters A*, 156:391–394, 1991.

[KF96] E. T. Kinzer and J. Fukai. Weber's force and Maxwell's equations. *Foundations of Physics Letters*, 9:457–461, 1996.

[Kir49] G. Kirchhoff. Ueber eine Ableitung der Ohm'schen Gesetze, welche sich an die Theorie der Elektrostatik anschliesst. *Annalen der Physik*, 78:506–513, 1849. Reprinted in G. Kirchhoff's *Gesammelte Abhandlungen* (Barth, Leipzig, 1882), pp. 49-55.

[Kir57a] G. Kirchhoff. Ueber die Bewegung der Elektricität in Drähten. *Annalen der Physik*, 100:193–217, 1857. Reprinted in G. Kirchhoff's *Gesammelte Abhandlungen* (Barth, Leipzig, 1882), pp. 131-154.

[Kir57b] G. Kirchhoff. Ueber die Bewegung der Elektricität in Leitern. *Annalen der Physik*, 102:529–544, 1857. Reprinted in G. Kirchhoff's *Gesammelte Abhandlungen* (Barth, Leipzig, 1882), pp. 154-168.

[Kir57] F. Kirchner. Determination of the velocity of light from electromagnetic measurements according to W. Weber and R. Kohlrausch. *American Journal of Physics*, 25:623–629, 1957.

[KW57] R. Kohlrausch and W. Weber. Elektrodynamische Maassbestimmungen insbesondere Zurückführung der Stromintensitäts-Messungen auf mechanisches Maass. *Abhandlungen der Königl. Sächs. Gesellschaft der Wissenschaften, mathematisch-physische Klasse*, 3:221–290, 1857. Reprinted in Wilhelm Weber's *Werke*, Vol. 3, H. Weber (ed.), (Springer, Berlin, 1893), pp. 609-676.

[LCL88] P. Lorrain, D. R. Corson, and F. Lorrain. *Electromagnetic Fields and Waves*. W. H. Freeman and Co., New York, 3rd edition, 1988.

[LEK92] D. K. Lemon, W. F. Edwards, and C. S. Kenyon. Electric potentials associated with steady conduction currents in superconducting coils. *Physics Letters A*, 162:105–114, 1992.

[LF03] G. F. Leal Ferreira and Mariângela T. de Figueiredo. A eletrostática na corrente elétrica em fios. *Revista Brasileira de Ensino de Física*, 25:374–377, 2003.

[Luh00] J. Luhr. Die Entstehung eines Demonstrationsexperiments: Zur Geschichte der Ampère'schen Stromwaage. In P. Heering, F. Rieß, and C. Sichau, editors, *Im Labor der Physikgeschichte — Zur Untersuchung historischer Experimentalpraxis*, pages 135–156. BIS der Carl von Ossietzky, Oldenburg, 2000.

[Mar41] A. Marcus. The electric field associated with a steady current in long cylindrical conductor. *American Journal of Physics*, 9:225–226, 1941.

[Max81] J. C. Maxwell. *An Elementary Treatise on Electricity*. Clarendon Press, Oxford, 1881.

[Max54] J. C. Maxwell. *A Treatise on Electricity and Magnetism*. Dover, New York, 1954.

[Mel98] M. A. Melehy. Thermal momentum in thermodynamics, part 2. Interfacial electrification: a new consequence of the first and second laws. *Physics Essays*, 11:430–433, 1998.

[Mik99] V. F. Mikhailov. The action of an electrostatic potential on the electron mass. *Annales de la Fondation Louis de Broglie*, 24:161–169, 1999.

[Mik01] V. F. Mikhailov. Influence of an electrostatic potential on the inertial electron mass. *Annales de la Fondation Louis de Broglie*, 26:33–38, 2001.

[Mik03] V. F. Mikhailov. Influence of a field-less electrostatic potential on the inertial electron mass. *Annales de la Fondation Louis de Broglie*, 28:231–236, 2003.

[Mor85] W. R. Moreau *et al.* Charge density in circuits. *American Journal of Physics*, 53:552–553, 1985.

[Mor89] W. R. Moreau. Charge distributions on DC circuits and Kirchhoff's laws. *European Journal of Physics*, 10:286–290, 1989.

[MR68] M. A. Matzek and B. R. Russell. On the transverse electric field within a conductor carrying a steady current. *American Journal of Physics*, 36:905–907, 1968.

[Neu64] C. Neumann. *Theorie der Elektricitäts- und Wärme-Vertheilung in einem Ringe.* Verlag der Buchhandlung des Waisenhauses, Halle, 1864.

[Oer20] H. C. Oersted. Experiments on the effect of a current of electricity on the magnetic needle. *Annals of Philosophy*, 16:273–277, 1820. Translated from a printed account drawn up in Latin by the author and transmitted by him to the Editor of the *Annals of Philosophy*.

[Oer65] H. C. Oersted. Experiments on the effect of a current of electricity on the magnetic needle. In R. A. R. Tricker, *Early Electrodynamics — The First Law of Circulation*, pages 113–117, New York, 1965. Pergamon. Reprinted from Thomson's *Annals of Philosophy*, October, 1820.

[Ohm66] G. S. Ohm. The galvanic circuit investigated mathematically. In R. Taylor, editor, *Scientific Memoirs*, Vol. 2, pages 401–506, New York, 1966. Johnson Reprint Corporation. English translation by W. Francis.

[O'R65] A. O'Rahilly. *Electromagnetic Theory — A Critical Examination of Fundamentals.* Dover, New York, 1965.

[Par70] S. Parker. Electrostatics and current flow. *American Journal of Physics*, 38:720–723, 1970.

[Pat77] R. K. Pathria. *Statistical Mechanics.* Pergamon Press, Oxford, 1977.

[PG98] T. E. Phipps, Jr. and J. Guala Valverde. Simulation of Ampèrian current elements by magnetic toroids. *21st Century*, 11:55–65, 1998.

[Phi90a] T. E. Phipps Jr. Toward modernization of Weber's force law. *Physics Essays*, 3:414–420, 1990.

[Phi90b] T. E. Phipps Jr. Weber-type laws of action-at-a-distance in modern physics. *Apeiron*, 8:8–14, 1990.

[Phi92] T. E. Phipps Jr. Derivation of a modernized Weber force law. *Physics Essays*, 5:425–428, 1992.

[Phi96] T. E. Phipps, Jr. Clock rates in a machian universe. *Toth-Maatian Review*, 13:5910–5917, 1996.

[Phi06] T. E. Phipps Jr. *Old Physics for New — a worldview alternative to Einstein's relativity theory.* Apeiron, Montreal, 2006.

[PK74] J. M. Pearson and A. Kilambi. Velocity-dependent nuclear forces and Weber's electrodynamics. *American Journal of Physics*, 42:971–975, 1974.

[PKT88] D. Psillos, P. Koumaras, and A. Tiberghien. Voltage presented as a primary concept in an introductory teaching sequence on DC circuits. *International Journal of Science Education*, 10:29–43, 1988.

[Pog57] J. C. Poggendorff. Bermerkung zu dem Aufsatz des Herrn Prof. Kirchhoff. *Annalen der Physik*, 100:351–352, 1857. Reprinted in W. Weber's *Werke*, Vol. 4, p. 242, H. Weber (ed.), (Springer, Berlin, 1894).

[Pop71] B. D. Popović. *Introductory Engineering Electromagnetics.* Addison-Wesley, Reading, 1971.

[Poy85] J. H. Poynting. On the connexion between electric current and the electric and magnetic inductions in the surrounding field. *Transactions of the Royal Society of London A*, 176:277–306, 1885.

[PP62] W. K. H. Panofsky and M. Phillips. *Classical Electricity and Magnetism.* Addison-Wesley, Reading, 2nd edition, 1962.

[Pre02] N. W. Preyer. Transient behavior of simple RC circuits. *American Journal of Physics*, 70:1187–1193, 2002.

[Pur65] E. M. Purcell. *Electricity and Magnetism*, volume 2 of *Berkeley Physics Course.* McGraw-Hill, New York, 1965.

[Rag92] S. Ragusa. Gravitation with a modified Weber force. *Foundations of Physics Letters*, 5:585–589, 1992.

[Rap01] R. A. Rapacioli. More about the claimed identity between inertial and gravitational mass. *Apeiron*, 8:1–9, 2001.

[Rei77] K. Reich. *Carl Friedrich Gauß — 1777/1977.* Heinz Moos Verlag, München, 1977.

[RG93] R. C. Ritter and G. T. Gillies. Torsion balances, torsion pendulums, and related devices. *Review of Scientific Instruments*, 64:283–309, 1993.

[RMC93] J. R. Reitz, F. J. Milford, and R. W. Christy. *Foundations of Electromagnetic Theory.* Addison-Wesley, Reading, 4th edition, 1993.

[Roh65] F. Rohrlich. *Classical Charged Particles — Foundations of Their Theory.* Addison-Wesley, Reading, 1965.

[Ros57] L. Rosenfeld. The velocity of light and the evolution of electrodynamics. *Il Nuovo Cimento*, Supplement to vol. 4:1630–1669, 1957.

[Ros63] W. G. V. Rosser. What makes an electric current "flow". *American Journal of Physics*, 31:884–885, 1963.

[Ros70] W. G. V. Rosser. Magnitudes of surface charge distributions associated with electric current flow. *American Journal of Physics*, 38:265–266, 1970.

[Ros81] L. Rosenfeld. Kirchhoff, Gustav Robert. In C. C. Gillispie, editor, *Dictionary of Scientific Biography*, Vol. 7, pages 379–383, New York, 1981. Charles Scribner's Sons.

[Rus68] B. R. Russell. Surface charges on conductors carrying steady currents. *American Journal of Physics*, 36:527–529, 1968.

[Rus83] B. R. Russell. Surface charges and leaky shields. *American Journal of Physics*, 51:269–270, 1983.

[San85] R. Sansbury. Detection of a force between a charged metal foil and a current-carrying conductor. *Review of Scientific Instruments*, 56:415–417, 1985.

[Sas94] W. M. Saslow. Consider a spherical batery... *American Journal of Physics*, 62:495–501, 1994.

[Sch32] C. Schaefer. *Einführung in die theoretische Physik*, volume 3, part 1. Walter de Gruyter, Berlin, 1932.

[Sch95] S. Schaffer. Accurate measurement is an English science. In M. Norton Wise, editor, *The Values of Precision*, chapter 6, pages 137–172. Princeton University Press, Princeton, 1995.

[See58] S. Seely. *Introduction to Electromagnetic Fields.* McGraw-Hill, New York, 1958.

[Shi02] G. G. Shishkin *et al.* Investigation of possible electric potential arising from a constant current through a superconductor coil. *Journal of Physics D*, 35:497–502, 2002.

[Sin92] A. K. Singal. On the charge invariance and relativistic electric fields from a steady conduction current. *Physics Letters A*, 162:91–95, 1992.

[Ski69] R. Skinner. *Mechanics*. Blaisdell, Waltham, 1969.

[Smy68] W. R. Smythe. *Static and Dynamic Electricity*. McGraw-Hill, New York, 3rd edition, 1968.

[Som64] A. Sommerfeld. *Electrodynamics*. Academic Press, New York, 1964.

[Str41] J. A. Stratton. *Electromagnetic Theory*. McGraw-Hill, New York, 1941.

[Str92] V. N. Strel'tsov. The electric field of a current-carrying conductor. *Hadronic Journal*, 15:457–461, 1992.

[TA01] H. Torres S. and A. K. T. Assis. The influence of the electric field outside a resistive solenoid on the Aharonov-Bohm effect. *Revista de la Facultad de Ingenieria de la Universidad de Tarapaca (Chile)*, 9:29–34, 2001.

[Ten96] J. Tennenbaum. An introduction to 'The significance of the 1845 Gauss-Weber correspondence'. *21st Century*, 9(3):2–5, 1996.

[TGB99] B. A. Thacker, U. Ganiel, and D. Boys. Macroscopic phenomena and microscopic processes: Students understanding of transients in direct current electric circuits. *American Journal of Physics*, 67, Suppl. 1:S25–S31, 1999.

[VF80] R. N. Varney and L. H. Fisher. Electromotive force: Volta's forgotten concept. *American Journal of Physics*, 48:405–408, 1980.

[VF84] R. N. Varney and L. H. Fisher. Electric field associated with stationary currents. *American Journal of Physics*, 52:1097–1099, 1984.

[Web46] W. Weber. Elektrodynamische Maassbestimmungen — Über ein allgemeines Grundgesetz der elektrischen Wirkung. *Abhandlungen bei Begründung der Königl. Sächs. Gesellschaft der Wissenschaften am Tage der zweihundertjährigen Geburtstagfeier Leibnizen's herausgegeben von der Fürstl. Jablonowskischen Gesellschaft (Leipzig)*, pages 211–378, 1846. Reprinted in Wilhelm Weber's *Werke*, Vol. 3, H. Weber (ed.), (Springer, Berlin, 1893), pp. 25-214.

[Web52] W. Weber. Elektrodynamische Maassbestimmungen insbesondere Widerstandsmessungen. *Abhandlungen der Königl. Sächs. Gesellschaft der Wissenschaften, mathematisch-physische Klasse*, 1:199–381, 1852. Reprinted in Wilhelm Weber's *Werke*, Vol. 3, H. Weber (ed.), (Springer, Berlin, 1893), pp. 301-471.

[Web55] W. Weber. Vorwort bei der Übergabe der Abhandlung: *Elektrodynamische Maassbestimmungen, insbesondere Zurückführung der Stromintensitäts-Messungen auf mechanisches Maass. Berichte über die Verhandlungen der Königl. Sächs. Gesellschaft der Wissenschaften zu Leipzig, mathematisch-physische Klasse*, 17:55–61, 1855. Reprinted in Wilhelm Weber's *Werke*, Vol. 3, H. Weber (ed.), (Springer, Berlin, 1893), pp. 591-596.

[Web64] W. Weber. Elektrodynamische Maassbestimmungen insbesondere über elektrische Schwingungen. *Abhandlungen der Königl. Sächs. Geselschaft der Wissenschaften, mathematisch-physische Klasse*, 6:571–716, 1864. Reprinted in Wilhelm Weber's *Werke*, Vol. 4, H. Weber (ed.), (Springer, Berlin, 1894), pp. 105-241.

[Web92a] W. Weber. *Wilhelm Weber's Werke,* E. Riecke (ed.), volume 2, *Magnetismus.* Springer, Berlin, 1892.

[Web92b] W. Weber. *Wilhelm Weber's Werke,* W. Voigt, (ed.), volume 1, *Akustik, Mechanik, Optik und Wärmelehre.* Springer, Berlin, 1892.

[Web93] W. Weber. *Wilhelm Weber's Werke, H. Weber (ed.),* volume 3, *Galvanismus und Elektrodynamik,* first part. Springer, Berlin, 1893.

[Web94] W. Weber. *Wilhelm Weber's Werke,* H. Weber, (ed.), volume 4, *Galvanismus und Elektrodynamik,* second part. Springer, Berlin, 1894.

[Web65] E. Weber. *Electromagnetic Theory — Static Fields and Their Mapping.* Dover, New York, 1965. Formerly titled: Electromagnetic Fields, Theory and Applications.

[Wel05] R. Welti. Las cargas superficiales y el flujo de energía en un circuito simple. *Revista Brasileira de Ensino de Física*, 27:577–582, 2005.

[Wes87] J. P. Wesley. Weber electrodynamics extended to include radiation. *Speculations in Science and Technology*, 10:47–61, 1987.

[Wes90a] J. P. Wesley. Weber electrodynamics, Part I. General theory, steady current effects. *Foundations of Physics Letters*, 3:443–469, 1990.

[Wes90b] J. P. Wesley. Weber electrodynamics, Part II. Unipolar induction, Z-antenna. *Foundations of Physics Letters*, 3:471–490, 1990.

[Wes90c] J. P. Wesley. Weber electrodynamics, Part III. Mechanics, gravitation. *Foundations of Physics Letters*, 3:581–605, 1990.

[Wes91] J. P. Wesley. *Selected Topics in Advanced Fundamental Physics.* Benjamin Wesley Publisher, Blumberg, 1991.

[Wes02] J. P. Wesley. *Selected Topics in Scientific Physics.* Benjamin Wesley Publisher, Blumberg, 2002.

[Whi73] E. T. Whittaker. *A History of the Theories of Aether and Electricity*, volume 1: *The Classical Theories.* Humanities Press, New York, 1973.

[Whi88] C. K. Whitney. Current elements in relativistic field theory. *Physics Letters A*, 128:232–234, 1988.

[Wie60] K. H. Wiederkehr. Wilhelm Webers Stellung in der Entwicklung der Elektrizitätslehre. Dissertation, Hamburg, 1960.

[Wie67] K. H. Wiederkehr. *Wilhelm Eduard Weber — Erforscher der Wellenbewegung und der Elektrizität (1804-1891)*, volume 32 of *Grosse Naturforscher*, H. Degen (ed.). Wissenschaftliche Verlagsgesellschaft, Stuttgart, 1967.

[Wie93a] K. H. Wiederkehr. Das Experiment von Wilhelm Weber und Rudolf Kohlrausch 1855 und Maxwells elektromagnetische Lichttheorie. In W. Schröder, editor, *The Earth and the Universe (A Festschrift in honour of Hans-Jürgen Treder)*, pages 452–463. Interdivisional Commission on History of the International Association of Geomagnetism and Aeronomy, Bremen-Rönnebeck, 1993.

[Wie93b] K. H. Wiederkehr. W. Weber und die Entwicklung der Elektrodynamik. In G. Berg, W. Eisenberg, W. Hergert, and W. Schreier, editors, *II. Weber — Symposium Die Gebrüder Weber — Wegbereiter interdisziplinärer Forshcung in Halle und Leipzig am 16. Oktober und 18. November 1993*, pages 39–54. Fachbereich Physik der Martin-Luther-Universität Halle-Wittenberg und Wilhelm-Weber-Gesellschaft e. V., 1993.

[Wie93c] K. H. Wiederkehr. Wilhelm Weber und die Entwicklung in der Geomagnetik und Elektrodynamik. In G. Berg, W. Eisenberg, W. Hergert, and H. Thieme, editors, *I. Weber — Symposium anläßlich des 100. Todestages W. Webers in Halle und Wittenberg am 20. und 21. Juni 1991*, pages 1–14. Fachbereich Physik der Martin-Luther-Universität Halle-Wittenberg und Wilhelm-Weber-Gesellschaft e. V., 1993.

[Wie94] K. H. Wiederkehr. Wilhelm Weber und Maxwells elektromagnetische Lichttheorie. *Gesnerus, Part. 3/4*, 51:256–267, 1994.

[Wie97] K. H. Wiederkehr. Carl Friedrich Gauss (1777-1855) und Wilhelm Weber (1804-1891). In K. v. Meÿenn, editor, *Die Grossen Physiker*, Vol. 1, pages 357–370 and 522–524. Verlag C. H. Beck, München, 1997.

[Wie04] K. H. Wiederkehr. Ein bisher unveröffentlichter Brief von Rudolf Kohlrausch an Andreas v. Ettingshausen von 1854, das Kohlrausch-Weber-Experiment von 1854/55 und die Lichtgeschwindigkeit in Wilhelm Webers Elektrodynamik. *NTM International Journal of History and Ethics of Natural Sciences, Technology and Medicine*, 12:129–145, 2004.

[Wil83] L. P. Williams. What were Ampère's earliest discoveries in electrodynamics? *Isis*, 74:492–508, 1983.

[Wil89] L. P. Williams. André-Marie Ampère. *Scientific American*, January:72–79, 1989.

[Wis81] M. N. Wise. German concepts of force, energy, and the electromagnetic ether: 1845–1880. In G. N. Cantor and M. J. S. Hodge, editors, *Conceptions of Ether — Studies in the History of Ether Theories 1740–1900*, pages 269–307, Cambridge, 1981. Cambridge University Press.

[WK56] W. Weber and R. Kohlrausch. Über die Elektricitätsmenge, welche bei galvanischen Strömen durch den Querschnitt der Kette fliesst. *Annalen der Physik und Chemie,* J. C. Poggendoff (ed.), 99:10–25, 1856. Reprinted in Wilhelm Weber's *Werke*, Vol. 3, H. Weber (ed.), (Springer, Berlin, 1893), pp. 597-608.

[WK68] W. Weber and R. Kohlrausch. Über die Einführung absoluter elektrischer Maße. In S. Balke, H. Gericke, W. Hartner, G. Kerstein, F. Klemm, A. Portmann, H. Schimank, and K. Vogel, editors, *Ostwalds Klassiker der exakten Wissenschaften, new series, Vol. 5.* Friedrich-Vieweg & Sohn, Braunschweig, 1968. Commented by F. Kohlrausch and K. H. Wiederkehr.

[WM06] J. P. Wesley and P. Marquardt. *Light a Photon Flux and Other Topics.* Benjamin Wesley Publisher, Blumberg, 2006.

[Woo68] A. E. Woodruff. The contributions of Hermann von Helmholtz to electrodynamics. *Isis*, 59:300–311, 1968.

[Woo81] A. E. Woodruff. Weber, Wilhelm Eduard. In C. C. Gillispie, editor, *Dictionary of Scientific Biography,* Vol. 14, pages 203–209, New York, 1981. Charles Scribner's Sons.

[WW93] E. H. Weber and W. Weber. *Wilhelm Weber's Werke,* E. Riecke (ed.), volume 5, *Wellenlehre auf Experimente gegründet oder über die Wellen tropfbarer Flüssigkeiten mit Anwendung auf die Schall- und Lichtwellen.* Springer, Berlin, 1893. Originally published in 1825.

[WW94] W. Weber and E. Weber. *Wilhelm Weber's Werke,* F. Merkel and O. Fischer (editors), volume 6, *Mechanik der menschlichen Gehwerkzeuge. Eine anatomisch-physiologische Untersuchung.* Springer, Berlin, 1894. Originally published in 1836.

Made in the USA
Monee, IL
04 November 2026

67376427R00128